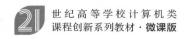
21 世纪高等学校计算机类
课程创新系列教材·微课版

Java Web 应用开发
从入门到实战 微课视频版

钱荣华 江兆银 / 主编
张莉 钟帅 朱勇 屠凯 / 副主编

清华大学出版社
北京

内 容 简 介

本书依据高等学校计算机软件专业的人才培养目标和定位要求，从初学者的角度，循序渐进地介绍关于Java Web应用开发的基本技术。全书分为四部分：第一部分为基础篇，包括第1~3章，分别介绍Web应用开发概述、JavaScript语言、Java Web基础；第二部分为Java Web技术篇，包括第4~9章，分别介绍Servlet基础、请求和响应、JSP技术、会话及会话技术、EL和JSTL、Servlet高级；第三部分为Java Web提高篇，包括第10~12章，分别介绍JDBC、Ajax技术、Spring框架；第四部分为实训篇，包括第13章Java Web实训，介绍基于MVC模式和基于Spring MVC模式的学生管理系统的实现。

本书适合作为高等学校软件技术等计算机专业的教材，也适合作为相关程序员和软件开发爱好者的参考书。

本书封面贴有清华大学出版社防伪标签，无标签者不得销售。
版权所有，侵权必究。举报：010-62782989，beiqinquan@tup.tsinghua.edu.cn。

图书在版编目(CIP)数据

Java Web 应用开发从入门到实战：微课视频版/钱荣华，江兆银主编. —北京：清华大学出版社，2021.9 (2024.8重印)
21世纪高等学校计算机类课程创新系列教材：微课版
ISBN 978-7-302-58591-6

Ⅰ.①J… Ⅱ.①钱…②江… Ⅲ.①JAVA语言－程序设计－高等学校－教材 Ⅳ.①TP312.8

中国版本图书馆CIP数据核字(2021)第131519号

责任编辑：陈景辉
封面设计：刘　键
责任校对：刘玉霞
责任印制：刘海龙

出版发行：清华大学出版社
网　　址：https://www.tup.com.cn，https://www.wqxuetang.com
地　　址：北京清华大学学研大厦A座　　邮　编：100084
社 总 机：010-83470000　　邮　购：010-62786544
投稿与读者服务：010-62776969，c-service@tup.tsinghua.edu.cn
质量反馈：010-62772015，zhiliang@tup.tsinghua.edu.cn
课件下载：https://www.tup.com.cn，010-83470236

印 装 者：三河市天利华印刷装订有限公司
经　　销：全国新华书店
开　　本：185mm×260mm　　印　张：19.25　　字　数：493千字
版　　次：2021年9月第1版　　印　次：2024年8月第6次印刷
印　　数：7001~8500
定　　价：59.90元

产品编号：089819-01

前言

"Java Web 开发"是全国高等学校计算机专业的核心课程。本书以高等院校对软件技术人才的培养目标和定位要求为标准，按照高等学校教学改革和课程改革的要求，以企业需求为基础，明确课程目标，围绕真实工作任务，以校企合作的方式进行设计和编写。本书对每个知识点都进行了深入的分析，并配以精心设计的案例，真正做到了由浅入深，由易到难。

本书主要内容

Java Web 开发涉及的软件较多，相关的软件版本更新迭代较快，不同版本之间的组合会有不稳定的情况。为便于教学，本书案例使用的软件环境为 JDK8、Tomcat 8.5、Eclipse Photon(4.8)。书中源码介绍基于 JDK 8 和 Tomcat 8.5 的开发文档。

本书分为四部分，共 13 章。

第一部分基础篇。

第 1 章 Web 应用开发概述，主要介绍网络程序开发体系结构、Web 简介、Web 应用技术、常用网上资源。

第 2 章 JavaScript 语言，包括 JavaScript 概述、JavaScript 语法、JavaScript 常用事件和对象、jQuery 框架、验证用户注册页面。

第 3 章 Java Web 基础，包括 XML 基础、HTTP 协议、开发环境配置。

第二部分 Java Web 技术篇。

第 4 章 Servlet 基础，包括 Servlet 开发入门、Servlet 的生命周期、HttpServlet 类、Servlet 虚拟路径的映射、ServletConfig 接口与 ServletContext 接口。

第 5 章请求和响应，包括 HttpServletResponse 接口及其应用、HttpServletRequest 接口及其应用、RequestDispatcher 接口及其应用。

第 6 章 JSP 技术，包括 JSP 概述、JSP 基本语法、JSP 指令、JSP 隐式对象、JSP 动作元素、JSP 开发模式。

第 7 章会话及会话技术，包括会话概述、Cookie 对象和 Session 对象。

第 8 章 EL 和 JSTL。

第 9 章 Servlet 高级，包括 Filter 和 Listener。

第三部分 Java Web 提高篇。

第 10 章 JDBC，包括 JDBC 概述、JDBC 常用的 API、使用 JDBC 完成学生信息的增加、删除、修改和查询操作。

第 11 章 Ajax 技术，包括 Ajax 概述、XMLHttpRequest 对象的应用、Ajax 编程步骤、jQuery Ajax 方法、Ajax 的优缺点。

第 12 章 Spring 框架，包括 Spring 框架概述、Spring 入门案例、IoC/DI、面向切面编程、Spring MVC 简介。

第四部分实训篇。

第13章 Java Web实训,包括项目设计、基于MVC的系统设计、基于Spring MVC的系统设计。

本书特色

(1) 本书以项目引导、任务驱动的方式,对基础理论知识点进行详细讲解。

(2) 读者可通过阅读源码,理解Java Web的原理和先进的编程技巧。

(3) 本书内容全面,配以丰富的实战案例,适合不同层次的人员阅读与使用。

配套资源

为便于教学,本书配有500分钟微课视频、源代码、教学课件、教学大纲、题库、安装程序。

(1) 获取微课视频方式:读者可以先扫描本书封底的文泉云盘防盗码,再扫描书中相应的视频二维码,观看教学视频。

(2) 获取源代码、安装程序方式:先扫描本书封底的文泉云盘防盗码,再扫描下方二维码,即可获取。

源代码

安装程序

(3) 其他配套资源可以扫描本书封底的"书圈"二维码下载。

读者对象

本书可作为专业技术的入门教材,旨在将一些复杂的、难以理解的思想和问题简单化,主要面向广大从事Java Web开发的专业人员和全国高等学校的师生及相关领域的科研人员。

致谢

本书由钱荣华、江兆银任主编,张莉、钟帅、朱勇、屠凯任副主编,其他参与编写的人员有王睿、周粉妹、朱福珍、姜文秀等,在近一年的编写过程中大家都付出了辛勤的汗水。

在本书的编写过程中得到了扬州市职业大学信息工程学院和中兴软件技术(济南)有限公司各位同仁的支持和帮助,在此一并表示衷心的感谢。

本书的编写参考了诸多相关资料,在此也对相关作者表示衷心的感谢。限于编者水平和时间仓促,书中难免存在疏漏之处,欢迎读者批评指正。

编　者

2021年8月

目 录

第一部分 基 础 篇

第1章 Web应用开发概述 ………………………………………………………… 3
- 1.1 网络程序开发体系结构 …………………………………………………… 3
  - 1.1.1 C/S结构 …………………………………………………………… 3
  - 1.1.2 B/S结构 …………………………………………………………… 3
  - 1.1.3 C/S和B/S两种网络程序开发体系结构的优缺点 ………………… 5
- 1.2 Web简介 …………………………………………………………………… 5
  - 1.2.1 网页的构成元素 …………………………………………………… 5
  - 1.2.2 网页的分类 ………………………………………………………… 6
- 1.3 Web应用技术 ……………………………………………………………… 7
  - 1.3.1 客户端应用技术 …………………………………………………… 7
  - 1.3.2 服务器端应用技术 ………………………………………………… 8
- 1.4 常用网上资源 ……………………………………………………………… 9
- 1.5 本章小结 …………………………………………………………………… 9

第2章 JavaScript语言 …………………………………………………………… 10
- 2.1 JavaScript概述 ……………………………………………………………… 10
  - 2.1.1 了解JavaScript ……………………………………………………… 10
  - 2.1.2 JavaScript的发展历程 ……………………………………………… 10
  - 2.1.3 JavaScript的组成 …………………………………………………… 11
  - 2.1.4 JavaScript的引入 …………………………………………………… 11
- 2.2 JavaScript语法 ……………………………………………………………… 13
  - 2.2.1 JavaScript的语法基础 ……………………………………………… 14
  - 2.2.2 JavaScript的数据类型 ……………………………………………… 16
  - 2.2.3 JavaScript的运算符 ………………………………………………… 17
  - 2.2.4 JavaScript的流程控制语句 ………………………………………… 19
  - 2.2.5 JavaScript的函数 …………………………………………………… 23
- 2.3 JavaScript常用事件和对象 ………………………………………………… 24
  - 2.3.1 JavaScript常用事件 ………………………………………………… 24
  - 2.3.2 JavaScript常用对象 ………………………………………………… 24
  - 2.3.3 DOM技术 …………………………………………………………… 28

2.4 jQuery 框架 · 30
- 2.4.1 jQuery 简介 · 30
- 2.4.2 jQuery 的使用 · 31
- 2.4.3 jQuery 的语法 · 31
- 2.4.4 jQuery 选择器 · 32
- 2.4.5 jQuery 的事件 · 35

2.5 验证用户注册页面 · 36

2.6 本章小结 · 41

第 3 章 Java Web 基础 · 42

3.1 XML 基础 · 42
- 3.1.1 XML 文档简介 · 42
- 3.1.2 XML 语法 · 43
- 3.1.3 XML 的应用 · 45

3.2 HTTP 协议 · 45
- 3.2.1 HTTP 概述 · 45
- 3.2.2 HTTP 请求消息 · 51
- 3.2.3 HTTP 响应消息 · 56

3.3 开发环境配置 · 58
- 3.3.1 开发工具介绍 · 58
- 3.3.2 在 Eclipse 中配置 JDK · 59
- 3.3.3 在 Eclipse 中配置 Tomcat · 60
- 3.3.4 创建第一个 Java Web 项目 · 62

3.4 本章小结 · 65

第二部分 Java Web 技术篇

第 4 章 Servlet 基础 · 69

4.1 Servlet 开发入门 · 69
- 4.1.1 Servlet 简介 · 69
- 4.1.2 Servlet 的常用接口和类 · 70
- 4.1.3 GenericServlet 类应用 · 71

4.2 Servlet 的生命周期 · 75
- 4.2.1 Servlet 的生命周期概述 · 75
- 4.2.2 对 Servlet 进行配置 · 76
- 4.2.3 Servlet 自动加载 · 78

4.3 HttpServlet 类 · 79
- 4.3.1 HttpServlet 类的常用方法 · 79
- 4.3.2 HttpServlet 类应用 · 81

4.4 Servlet 虚拟路径的映射 · 83
- 4.4.1 多重映射 · 83

	4.4.2 通配符 …………………………………………………………………… 83
	4.4.3 默认 Servlet ……………………………………………………………… 84
4.5	ServletConfig 接口与 ServletContext 接口 ……………………………………… 84
	4.5.1 ServletConfig 接口的定义及其应用 …………………………………… 85
	4.5.2 ServletContext 接口的定义及其应用 ………………………………… 86
4.6	本章小结 ………………………………………………………………………… 91

第 5 章 请求和响应 …………………………………………………………………… 92

5.1	HttpServletResponse 接口及其应用 ……………………………………………… 93
	5.1.1 HttpServletResponse 接口 …………………………………………… 93
	5.1.2 HttpServletResponse 应用 ………………………………………… 100
5.2	HttpServletRequest 接口及其应用 ……………………………………………… 105
	5.2.1 HttpServletRequest 接口 …………………………………………… 105
	5.2.2 HttpServletRequest 应用 …………………………………………… 109
5.3	RequestDispatcher 接口及其应用 ……………………………………………… 114
	5.3.1 RequestDispatcher 接口 …………………………………………… 114
	5.3.2 RequestDispatcher 应用 …………………………………………… 115
5.4	本章小结 ………………………………………………………………………… 120

第 6 章 JSP 技术 ……………………………………………………………………… 121

6.1	JSP 概述 ………………………………………………………………………… 121
	6.1.1 什么是 JSP ………………………………………………………… 121
	6.1.2 编写第一个 JSP 文件 ……………………………………………… 122
	6.1.3 JSP 运行原理 ……………………………………………………… 124
6.2	JSP 基本语法 …………………………………………………………………… 128
	6.2.1 JSP 脚本小程序 ……………………………………………………… 128
	6.2.2 JSP 声明语句 ……………………………………………………… 129
	6.2.3 JSP 表达式 ………………………………………………………… 130
	6.2.4 JSP 注释 …………………………………………………………… 130
6.3	JSP 指令 ………………………………………………………………………… 131
	6.3.1 page 指令 ………………………………………………………… 131
	6.3.2 include 指令 ……………………………………………………… 132
6.4	JSP 隐式对象 …………………………………………………………………… 135
	6.4.1 out 对象 …………………………………………………………… 135
	6.4.2 pageContext 对象 ………………………………………………… 138
	6.4.3 exception 对象 …………………………………………………… 139
6.5	JSP 动作元素 …………………………………………………………………… 141
	6.5.1 <jsp:include>动作元素 …………………………………………… 142
	6.5.2 <jsp:forward>动作元素 ………………………………………… 145
	6.5.3 <jsp:param>动作元素 …………………………………………… 145
6.6	JSP 开发模式 …………………………………………………………………… 146

  6.6.1 纯 JSP 模式 …………………………………………………………………… 146

  6.6.2 JSP Model1 模式 ………………………………………………………… 147

  6.6.3 JSP Model2 模式 ………………………………………………………… 149

6.7 本章小结 …………………………………………………………………………… 151

第 7 章 会话及会话技术 …………………………………………………………… 152

7.1 会话概述 …………………………………………………………………………… 152

7.2 Cookie 对象 ………………………………………………………………………… 152

  7.2.1 Cookie 概述 ……………………………………………………………… 152

  7.2.2 Cookie API ………………………………………………………………… 153

7.3 Session 对象 ………………………………………………………………………… 159

  7.3.1 Session 概述 ……………………………………………………………… 159

  7.3.2 Session API ……………………………………………………………… 161

7.4 本章小结 …………………………………………………………………………… 163

第 8 章 EL 和 JSTL ………………………………………………………………… 164

8.1 EL …………………………………………………………………………………… 164

  8.1.1 EL 概述 …………………………………………………………………… 164

  8.1.2 EL 中的变量 ……………………………………………………………… 165

  8.1.3 EL 中的常量 ……………………………………………………………… 166

  8.1.4 EL 运算符 ………………………………………………………………… 166

  8.1.5 EL 隐式对象 ……………………………………………………………… 167

8.2 JSTL ………………………………………………………………………………… 169

  8.2.1 JSTL 概述 ………………………………………………………………… 169

  8.2.2 JSTL 的使用 ……………………………………………………………… 170

  8.2.3 Core 标签库 ……………………………………………………………… 171

8.3 本章小结 …………………………………………………………………………… 176

第 9 章 Servlet 高级 ………………………………………………………………… 177

9.1 Filter ………………………………………………………………………………… 177

  9.1.1 Filter 概述 ………………………………………………………………… 177

  9.1.2 Filter 应用 ………………………………………………………………… 190

9.2 Listener ……………………………………………………………………………… 196

  9.2.1 Servlet 事件监听器概述 ………………………………………………… 197

  9.2.2 监听域对象的生命周期 ………………………………………………… 197

  9.2.3 监听域对象的属性变更 ………………………………………………… 200

  9.2.4 感知被 HttpSession 绑定的事件监听器 ……………………………… 202

9.3 本章小结 …………………………………………………………………………… 203

第三部分　Java Web 提高篇

第 10 章　JDBC …… 207
10.1　JDBC 概述 …… 207
10.1.1　什么是 JDBC …… 207
10.1.2　MySQL 数据库环境搭建 …… 207
10.2　JDBC 常用的 API …… 208
10.2.1　Driver 接口 …… 208
10.2.2　DriverManager 类 …… 209
10.2.3　Connection 接口 …… 211
10.2.4　Statement 接口 …… 212
10.2.5　ResultSet 接口 …… 212
10.2.6　PreparedStatement 接口 …… 215
10.3　使用 JDBC 完成学生信息的增加、删除、修改和查询操作 …… 217
10.4　本章小结 …… 225

第 11 章　Ajax 技术 …… 226
11.1　Ajax 概述 …… 226
11.2　XMLHttpRequest 对象的应用 …… 228
11.3　Ajax 编程步骤 …… 230
11.4　jQuery Ajax 方法 …… 232
11.5　Ajax 的优缺点 …… 234
11.6　本章小结 …… 234

第 12 章　Spring 框架 …… 235
12.1　Spring 框架概述 …… 235
12.1.1　Spring 框架简介 …… 235
12.1.2　Spring 的体系架构 …… 236
12.2　Spring 入门案例 …… 238
12.2.1　搭建入门案例 …… 238
12.2.2　入门案例详解 …… 240
12.3　IoC/DI …… 241
12.3.1　什么是 IoC …… 241
12.3.2　IoC 能做什么 …… 242
12.3.3　Spring IoC 容器概述 …… 242
12.3.4　DI …… 243
12.3.5　依赖注入的方式 …… 244
12.3.6　特殊注解组件 …… 250
12.4　面向切面编程 …… 252
12.4.1　什么是 AOP …… 252

  12.4.2 AOP 核心概念 ………………………………………………………… 252
  12.4.3 Spring 对 AOP 的支持 …………………………………………………… 253
  12.4.4 AOP 案例 ………………………………………………………………… 254
 12.5 Spring MVC 简介 …………………………………………………………………… 257
  12.5.1 MVC 设计模式 …………………………………………………………… 257
  12.5.2 Spring MVC 的优势 ……………………………………………………… 257
  12.5.3 Spring MVC 的运行原理 ………………………………………………… 258
  12.5.4 使用 Spring MVC ………………………………………………………… 259
 12.6 本章小结 …………………………………………………………………………… 262

第四部分　实　训　篇

第 13 章　Java Web 实训 …………………………………………………………………… 265

 13.1 项目设计 …………………………………………………………………………… 265
  13.1.1 项目概述 ………………………………………………………………… 265
  13.1.2 数据库设计 ……………………………………………………………… 265
 13.2 基于 MVC 的系统设计 …………………………………………………………… 267
  13.2.1 项目环境搭建 …………………………………………………………… 267
  13.2.2 系统页面设计 …………………………………………………………… 267
  13.2.3 系统模型设计 …………………………………………………………… 283
  13.2.4 过滤器设计 ……………………………………………………………… 286
  13.2.5 Servlet 控制器设计 ……………………………………………………… 287
 13.3 基于 Spring MVC 的系统设计 …………………………………………………… 292
  13.3.1 Spring MVC 环境搭建 …………………………………………………… 292
  13.3.2 配置文件 ………………………………………………………………… 293
  13.3.3 Controller 控制类 ………………………………………………………… 294
 13.4 本章小结 …………………………………………………………………………… 295

第一部分
基 础 篇

第1章　Web应用开发概述

互联网作为世界最大的计算机网络,由分布在全球的众多 Web 服务器构成。这些服务器中包含了海量的以 Web 网页为载体的信息,用户可以在世界的任何地方访问这些信息。由于现阶段的网络程序开发以 Web 应用为核心,因此,了解 Web 网页相关知识和网络程序开发的相关技术是很有必要的。

通过本章的学习,您可以:

(1) 了解网络程序开发的两种体系结构;
(2) 了解网页的构成元素和网页的分类;
(3) 了解 Web 应用程序开发所使用到的两种应用技术;
(4) 了解 Java Web 应用开发学习过程中常用的软件和常见的学习社区。

1.1　网络程序开发体系结构

视频讲解

随着网络技术的不断发展,单机的软件程序越来越难以满足实际的网络需求,于是各式各样的网络程序开发体系结构就应运而生了。其中,应用最为广泛的网络程序开发体系结构分为两种:一种是基于客户机/服务器(Client/Server,C/S)结构;另一种是基于浏览器/服务器(Brower/Server,B/S)结构。

1.1.1　C/S 结构

C/S 结构由美国 Borland 公司研发。其通常采用客户端-服务器端两层架构。客户端负责与用户的交互。客户端通常是一台个人计算机,通过局域网与服务器相连,接收用户的请求,通过网络向服务器发出请求,并将服务器处理的结果呈现给用户。

在 C/S 结构中,服务器通常采用高性能的计算机或工作站,应用程序通常采用大型数据库系统(如 Oracle 或 SQL Server),包含多个用户共享的信息与功能,负责执行后台任务。服务器在及时应答客户端请求的同时,还要能够提供完善的安全保护措施,确保服务器数据的完整性,允许多个客户端同时访问服务器。C/S 结构示意如图 1-1 所示。

C/S 结构可以充分利用服务器硬件的优势,将任务合理分配给客户端和服务器,降低了系统的通信开销。在 2000 年以后,C/S 结构占据网络程序开发体系结构的主流地位。

1.1.2　B/S 结构

随着 Internet 和 WWW 的流行,以前广泛使用的 C/S 结构已经无法满足全球的网络开放、互联互通和信息共享的要求,于是新的网络程序开发体系结构——B/S 结构便应运而生了。

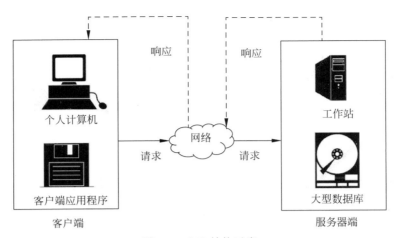

图 1-1　C/S 结构示意

B/S 结构由美国微软公司研发,是 Web 兴起后的一种网络体系结构,通常采用三层架构,如下所述。

(1) 第一层为安装了浏览器的个人计算机,即客户端。客户端只有基本的输入/输出功能。Web 浏览器是客户端最主要的应用软件。

(2) 第二层为 Web 服务器,主要负责信息的传送工作。当用户想要访问更高层的数据库时,首先会向 Web 服务器发送访问请求,在 Web 服务器统一请求后再向数据库服务器发送访问请求。这个请求是用 SQL 语句编写的。

(3) 第三层是数据库服务器,它是 B/S 结构的核心所在。当数据库服务器收到 Web 服务器的访问请求后,会对 SQL 语句进行处理,并将处理后的结果返还给 Web 服务器。Web 服务器将收到的数据转换为 HTML 文本并返还给客户端的 Web 浏览器,最终转化为打开浏览器看到的结果。B/S 结构示意如图 1-2 所示。

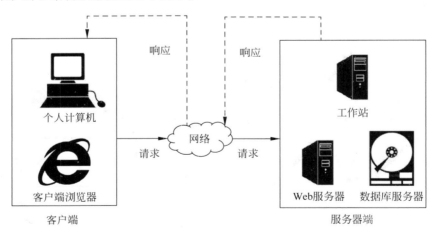

图 1-2　B/S 结构示意

在 B/S 结构中,客户端计算机只要安装了浏览器(如 Internet Explorer),并借助 Web 浏览器,向 Web 服务器发出访问请求,由数据库服务器进行处理,并将处理结果逐级传回客户端。这种结构统一了客户端,将系统功能实现的核心部分集中在服务器上,简化了系统的开发维护和使用,是一种全新的网络程序开发体系结构。B/S结构已经成为当今网络软件的首选结构。

1.1.3　C/S和B/S两种网络程序开发体系结构的优缺点

C/S结构和B/S结构是当今世界网络程序开发体系结构的两大主流,其拥有各自的市场份额和客户群。这两种结构的优缺点如下所述。

1. 网络硬件方面

C/S结构是建立在局域网基础上的,局域网之间通过专门的服务器提供连接和数据交换服务;由于客户端和服务器端都要实时处理任务,所以C/S对于客户端的硬件要求较高。B/S结构是建立在广域网基础上的,无须配备专门的网络硬件;由于服务器端需要实时处理大量的数据,所以B/S结构对服务器端的硬件要求较高。

2. 系统开发维护升级方面

采用C/S结构时,不同的客户端需要开发不同的程序,软件的安装调试和升级需要在所有客户端的计算机上进行。采用B/S结构时,客户端只需要借助浏览器便可进行信息处理,而无须开发安装专门的客户端软件;后期的软件的维护升级只需要在服务器端进行,客户端只要重新登录系统就可以使用最新版本的软件。

因此,C/S结构的开发和维护成本比B/S结构的高。

3. 客户端负载方面

在C/S结构中,客户端除了负责与用户交互外,还要通过网络向服务器端发送请求,并及时处理服务器端的反馈信息;客户端的功能越复杂,程序也越庞大,负载也越大。在B/S结构中,客户端只需要进行简单的输入/输出和信息发布等工作,服务器端负责主要的逻辑事务处理;客户端的负载较轻,服务器端的负载较重。

4. 响应速度方面

在C/S结构中,客户端和服务器端通过局域网直接相连,中间几乎没有阻隔,响应速度快。在B/S结构中,客户端和服务器端通过广域网间接相连,响应速度较慢。尤其是在用户快速增多,访问量急剧增加时,B/S结构的服务器端负载过大,响应速度也会快速降低,可见,C/S结构的响应速度的优势更加明显。

5. 系统安全性方面

C/S结构采用点对点的结构模式,一般面向相对固定的用户群,数据处理基于安全性较高的网络协议,对信息安全的控制能力较强,安全性可以得到较好的保障。B/S结构采用一点对多点、多点对多点的结构模式,使用的人数较多且不固定,安全性主要由服务器端的管理密码进行控制,安全性较低。

1.2　Web 简 介

网站(Website)是指在因特网上,根据一定的规则,使用超文本标记语言(HTML)等工具制作的用于展示特定内容的相关网页的集合。网页是网站中的一个页面,是承载各种网站应用的平台。简单地说,网站是一种通信工具,如同布告栏一般。人们可以通过网站发布或收集信息;而网页是构成网站的基本元素,网站就是由网页组成的。

1.2.1　网页的构成元素

网页的构成元素主要有三类:文本、图像和超链接。文本是网页的主体;图像的视觉效果比文本要强很多,有很好的修饰作用;超链接可以实现同一网站中不同页面之间的跳转或者不同网站之间的跳转,还可以下载文件或发送电子邮件。此外,网页的元素还包括动画、音乐和程序等。

1.2.2 网页的分类

网页有多种分类方法,传统意义上的分类是将网页分为静态网页和动态网页。

1. 静态网页

静态网页是网站建设的基础,早期的网站一般由静态网页制作而成,称为静态网站。静态网页使用 HTML 进行编写,文件扩展名为 .html 或 .htm。静态网页的页面中供人们浏览的数据始终不变。静态网页包含文本、图像和声音等少量信息,但是没有后台数据库、不含程序且不可交互,适用于一般更新较少的展示型网站。静态网页制作完毕后,按照一定的组织结构存放在静态网站的 Web 服务器上。用户使用浏览器通过 HTTP 协议请求服务器上的 Web 页面,静态网站的 Web 服务器将接收到的用户请求处理后,再发送给客户端浏览器,最终显示给用户。静态网站工作流程示意如图 1-3 所示。

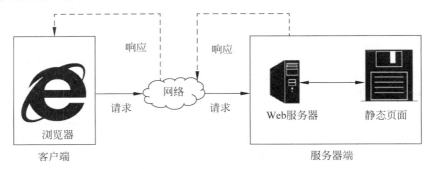

图 1-3 静态网站工作流程示意

2. 动态网页

动态网页是和静态网页相对的另一种形式的网页。静态网页随着页面代码的生成,页面的内容和显示效果不会发生变化;而动态网页的页面代码虽然没有变,但是显示的内容可以随时间、环境的变化而发生变化。动态网页具有交互性,页面的内容可以动态更新。

随着网络的发展,很多线下业务开始向网上发展,基于互联网的 Web 应用也变得越来越复杂。用户所访问的资源已不仅仅局限于服务器上存放的静态网页,更多的应用需要根据用户的请求动态地生成网页信息。动态网站主要是由动态网页组成的网站。动态网站除了使用 HTML 编写外,还会使用动态脚本语言编写。编写完成的程序按照一定的组织结构存放在 Web 服务器上,由 Web 服务器对动态脚本代码进行处理,并转化为浏览器可以解析的 HTML 代码返回给客户端浏览器,最终显示给用户。动态网站工作流程示意如图 1-4 所示。

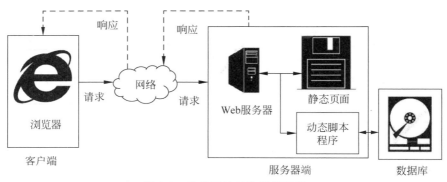

图 1-4 动态网站工作流程示意

由此可见,动态网页和静态网页之间存在较大的区别。在更新和维护方面,静态网页没有数据库的支持,静态网站的制作和维护较困难;动态网页以数据库技术为基础,根据不同的需求动态地生成不同的网页内容,大大降低动态网站维护的工作量。在交互性方面,静态网页绝大部分内容都是固定不变的,交互性较差;而动态网页可以实现更多的功能,如用户的登录、注册、查询等,交互性很出色。在响应速度方面,静态网页内容相对固定,容易被搜索引擎检索,且不需要连接数据库,因此响应速度较快;动态网页实际上并不是独立存在于服务器上的网页文件,只有当用户提交请求时服务器端才返回一个完整的网页,其中涉及数据库的连接、访问、查询等一系列过程,响应速度相对较慢。

1.3 Web 应用技术

视频讲解

在开发 Web 应用程序时,一般需要应用两方面的技术:一是客户端应用技术,主要用于展现详细内容;二是服务器端应用技术,主要用于进行业务逻辑的处理和数据库的交互。

1.3.1 客户端应用技术

在进行 Web 应用开发时,需要客户端技术的支持。现阶段比较常见的客户端技术有 HTML、CSS、Flash 和客户端脚本 4 种。

1. HTML

超文本标记语言(Hyper Text Markup Language,HTML)由 Web 的发明者 Tim Berners-Lee 和 Daniel W. Connolly 于 1990 年创建。HTML 是客户端技术的基础,借助 HTML,将相关信息编写成 HTML 文档,通过浏览器来识别并"翻译"成可以识别的网页信息。若在 HTML 文档中加入标签,则网页可以显示字体、图形和闪烁效果;若在 HTML 文档中增加结构和标记,则网页可以显示表单、框架、图像、音乐等多媒体信息;还可以通过超链接方式将文档中的文字、图片等内容与其他信息媒体相关联。HTML 是通用的网络语言,简单易用。随着互联网的飞速发展,使用 HTML 编写的网页交互性差、过于简单的缺陷也越发明显。

2. CSS

CSS(Cascading Style Sheets,层叠样式表)是一种用来表现 HTML 或 XML 等文件样式的计算机语言。其具有强大的设置文本和背景属性的能力,可以对页面的字体、颜色、背景、布局等效果实现精确设置。CSS 样式表可以将所有的样式声明统一存放管理,易于使用和修改;可以在多个页面中使用同一个 CSS 样式表,实现多个页面风格的统一。CSS 样式表的复用最大限度地缩减了页面的体积,减少了下载的时间。CSS 提高了开发者对信息展现格式的控制能力,特别是在目前流行的 CSS+DIV 布局的网站中,CSS 的作用更是举足轻重。

3. Flash

Flash 是由美国的 Macromedia 公司于 1999 年 6 月推出的网页动画设计软件,是一种交互式动画设计工具。借助 Flash 可以将动画、音频、视频及应用程序融为一体,制作出高品质的网页动态效果。Flash 以流式控制技术和矢量技术为核心,制作的动画短小精悍,广泛应用于网页动画的设计中。

4. 客户端脚本

脚本(Script)是使用特定的描述性语言,依据一定的格式编写的可执行文件。客户端脚本是指嵌入网页中的特定程序,代码由浏览器进行解释执行。客户端脚本不仅可以检测浏览器、响应用户动作以及验证表单数据等,还能对页面元素进行控制,实现页面的特殊的动态效果,从而增加页面的灵活性。常用的脚本语言有 JavaScript 和 VBScript,目前应用较为广泛的脚本语言为 JavaScript。

1.3.2 服务器端应用技术

在进行动态网站开发时,需要服务器端技术的支持。现阶段比较常见的服务器端应用技术有 CGI、ASP、PHP、ASP.NET 和 JSP 5 种。

1. CGI

CGI(Common Gateway Interface,通用网关接口)为外部扩展应用程序与 Web 服务器交互的标准接口。CGI 是最早用来创建动态网页的技术,根据 CGI 标准可以使用不同的语言来编写适合的外部扩展应用程序,对客户端浏览器输入的数据进行处理,完成客户端与服务器的交互操作。CGI 规范定义了 Web 服务器如何向扩展应用程序发送消息,在收到扩展应用程序的信息后又如何进行处理等内容。对于许多静态的 HTML 网页无法实现的功能,通过 CGI 可以实现,如表单的处理、对数据库的访问、搜索引擎、基于 Web 的数据库访问等。虽然 CGI 是当前应用程序的基础技术,但编制比较困难;每次页面被请求时,服务器都要重新将 CGI 程序编写成可执行的代码,效率低下。在 CGI 中最常用的语言有 C/C++、Java 和 Perl(文本分析报告语言)。

2. ASP

ASP(Active Server Page,动态服务页面)是由微软公司开发的替代 CGI 脚本程序的服务器端脚本语言。ASP 通过在页面代码中嵌入 VBScript 或 JavaScript 脚本语言生成动态内容,将执行结果与静态内容部分结合并以 HTML 格式传送到客户端浏览器上。利用 ASP 可以向网页中添加交互式内容(如在线表单),也可以创建使用 HTML 网页作为用户界面的 Web 应用程序。ASP 简单易学,文件易于修改和测试,使用各种浏览器都可以正常浏览 ASP 开发的网页。在动态网站的开发早期,ASP 是一种使用广泛的主流技术。但随着互联网技术的快速发展,ASP 已经辉煌不在,微软也不再对 ASP 进行更新和技术支持。

3. PHP

PHP(Hypertext Preprocessor,超文本预处理器)是一种开源的 Web 服务器脚本语言,其独特的语法类似 C 语言,并融合了 C++、Java 和 Perl 语言的特点。它可以在页面中增加脚本代码生成动态内容,对于一些复杂的操作可以封装到类或函数中。PHP 作为当今最热门的动态网站开发语言之一,具有成本低、操作简单易行、数据库连接方便、扩展性强、内置丰富的函数库、数据运行速度快等优点。由于 PHP 代码完全公开,具有公认的安全性能,现被广泛应用于对安全性要求较高的银行和电商等大型企业的 UNIX/Linux 平台。

4. ASP.NET

ASP.NET 是微软公司开发的用于创建动态 Web 应用程序的服务器端技术,是微软.NET 应用体系框架的重要组成部分。它支持多语言,可以使用任意.NET 兼容的语言来编写 ASP.NET 应用程序;它利用提前绑定、即时编译、本地优化和缓存服务来提高性能;它与底层框架.NET 紧密结合,为动态 Web 开发技术提供了丰富的类库资源;它拥有大量功能强大的服务器控件,提供从显示、日历、表格到用户输入验证等通用功能,大大简化了 Web 页面的创建任务,使 Web 应用的开发变得更加简单;它提供标准化的 Web 服务支持能力,允许使用和创建 Web 服务。

5. JSP

JSP(Java Server Pages,Java 服务器页面)是一种动态网页技术标准。JSP 以 Java 语言作为脚本语言,部署于网络服务器上,可以快速响应客户端发送的请求,根据请求内容动态地生成 Web 网页,返回给请求者,并与服务器上的其他 Java 程序共同处理复杂的业务需求。JSP 将 Java 代码与 JSP 标记嵌入由 HTML 代码显示的静态页面中,实现以静态页面为模板,动态生成其中的部分内容。JSP 可以被预编译，程序的运行速度有了很大的提高。JSP 系统支持多平台，几乎可以在所有平台上的任意环境中开发、部署和扩展；同时，JSP 系统拥有多样化和功能强大的开发工具供开发者使用，提高了开发效率，降低了开发难度。

1.4 常用网上资源

在 Java Web 应用开发的学习过程中，通常需要通过网络下载所需学习资源，完善自身的知识储备；同时也可以通过各种技术社区和论坛与其他技术人员交流心得和经验。为了方便读者更好地学习 Java Web 应用开发，现向大家推荐一些 Java Web 应用开发的相关资源，希望对读者有所帮助。

在 Java Web 应用开发的学习过程中，需要通过网络下载所需学习资源。现阶段常用的 Java Web 开发软件有如下 5 款。

1. JDK

JDK(Java Development Kit，Java 语言的软件开发工具包)为整个 Java 开发的核心，主要用于移动设备和嵌入式设备的 Java 应用程序开发。它包含了 Java 的运行环境和工具。版本历经多次更新，目前最常用的版本为标准版 Java SE。

2. Eclipse

Eclipse 是著名的跨平台的自由集成开发环境(IDE)，最初主要用来进行 Java 语言的开发。Eclipse 本身只是一个开放源代码、基于 Java 的可扩展开发平台，通过安装不同的插件构建了开放的开发环境，并支持不同的计算机语言，如 C++、Python 等。

3. Notepad++

Notepad++是美国微软公司 Windows 操作系统下的一套文本编辑器软件。它有完整的中文化接口，支持众多计算机程序语言，如 C、C++、Java、SQL 等，非常适合编写计算机程序代码；同时它具有所见即所得、语法高亮、字词自动完成、支持不同浏览器等功能。

4. MySQL

MySQL 是一款多用户、多线程、开源的 SQL(结构化查询语言)关系数据库管理系统。它以客户端/服务器端结构进行构建，由一个服务器端守护程序 mysqld 以及许多不同的客户端程序和库组成。MySQL 功能强大、系统结构精巧、灵活性高、应用编程接口(API)丰富、提供多语言支持，深受广大自由软件爱好者甚至商业软件用户的青睐。

5. Tomcat

Tomcat 服务器是一款免费的开放源代码的 Web 应用服务器，属于轻量级应用服务器，在中小型系统和并发访问用户不是很多的场合下普遍使用，是开发和调试 JSP 程序的首选。

因为 Tomcat 技术先进、性能稳定，而且免费，因而深受 Java 爱好者的喜爱并得到了部分软件开发商的认可，成为目前比较流行的 Web 应用服务器。目前最流行的版本为 Tomcat 9。

1.5 本章小结

本章 1.1 节介绍了网络程序开发的两种体系结构，并从 5 方面对这两种结构进行了比较。1.2 节简单介绍了网页的构成元素和网页的分类，详细介绍了静态网站和动态网站的工作流程。1.3 节介绍了 Web 应用程序开发所使用的两种应用技术，使读者初步了解 Web 应用开发所需技术。1.4 节介绍了 Java Web 应用开发学习过程中常用的软件。使读者对 Java Web 开发有一个初步认识。

第 2 章　JavaScript 语　言

在网页设计过程中使用脚本语言,不仅可以减小网页规模、提高网页浏览速度,还可以赋予网页丰富的表现效果。JavaScript 是目前非常流行的网页特效脚本语言。它是一种描述性语言,用户可以使用多种文本编辑工具进行编辑并在浏览器中预览。JavaScript 已经成为许多网页开发技术人员的首选脚本语言。因此,熟练掌握 JavaScript 语言并将其运用到网页开发过程中便显得非常重要。

通过本章的学习,您可以:

(1) 了解 JavaScript 语言的基本概念和组成;
(2) 掌握 JavaScript 语言的语法基础;
(3) 掌握 JavaScript 语言的常用事件和对象;
(4) 了解 jQuery 技术的语法和特点。

视频讲解

2.1　JavaScript 概　述

JavaScript 程序是网页设计制作中典型的客户端(浏览器端)程序。

2.1.1　了解 JavaScript

JavaScript 即 Java 脚本。它是一种基于对象和事件驱动的解释性脚本编程语言,具有与 Java 语言和 C 语言类似的语法。其程序代码无须进行预编译,可直接嵌入 HTML 网页文件中,由客户端的浏览器解释执行,将静态网页转变成支持用户交互并响应应用事件的动态网页。目前的 HTML 网页都借助 JavaScript 实现改进设计、数据验证、控制浏览器、创建 Cookie 等功能。JavaScript 语言有如下特点:

(1) JavaScript 主要用于向 HTML 页面中添加交互行为;
(2) JavaScript 是一种解释型的脚本语言,边解释边执行;
(3) JavaScript 是面向对象的;
(4) JavaScript 是弱类型的;
(5) JavaScript 具有友好的跨平台特性。JavaScript 语言不依赖于操作系统,仅与浏览器相关;
(6) JavaScript 具有较好的安全性。JavaScript 语言编写的程序不被允许访问本地硬盘,不能将数据存入服务器,不允许对网络文档进行修改和删除。

2.1.2　JavaScript 的发展历程

JavaScript 由网景(Netscape)公司的 Brendan Eich 于 1995 年借助 Netscape 浏览器设计开发实现。其最初的名称为 Livescript,后来由于 Netscape 公司与 Sun Microsystems 公司合作,管理层希望它外观看上去像 Java,于是将其改名为 JavaScript,即"Java + Script"。

JavaScript 发展初期并没有确定统一的标准,当时除了 JavaScript 语言外,还有微软公司开发的 JScript 语言和 CEnvi 公司开发的 ScriptEase 语言,这 3 种脚本语言都可以在浏览器中运行。1997 年,在欧洲计算机制造商协会(ECMA)的协调下,由 Netscape、Sun Microsystems、微软和 Borland 4 家公司组成的工作组确定了统一的脚本语言标准 ECMA-262,即 ECMAScript。

ECMAScript 自诞生之日起,经历了多次重大的版本更新。2015 年 6 月 17 日,ECMA 公布了第六版,正式命名为 ECMAScript 2015。目前,ECMA-262 规范即脚本语言的设计标准。各大浏览器厂商在其产品上为了实现 JavaScript 功能,出于兼容性考虑,都会遵循 ECMA-262 规范。

2.1.3　JavaScript 的组成

完整的 JavaScript 脚本语言由 ECMAScript 规范标准、浏览器对象模型(BOM)和文档对象模型(DOM) 3 部分内容组成。三者的具体功能描述如下所述。

(1) ECMAScript:描述 JavaScript 语言的语法和基本对象。

(2) 浏览器对象模型(BOM):描述 JavaScript 语言与浏览器进行交互的方法和接口。

(3) 文档对象模型(DOM):描述 JavaScript 语言处理网页内容的方法和接口。

JavaScript 组成示意如图 2-1 所示。

图 2-1　JavaScript 组成示意

2.1.4　JavaScript 的引入

要使 JavaScript 实现交互,需要在 HTML 页面中引入 JavaScript 代码。常用的引入方式有内嵌式引用、外链式引用和直接在 HTML 页面中引用 3 种。

1. 内嵌式引入 JavaScript 代码

在 HTML 文件中通过<script>标签及其相关属性引入 JavaScript 代码。当浏览器读到<script>标签时,就会解释执行其中的脚本。JavaScript 内嵌式使用方式的代码如下:

```
1   < script type = "text/javascript">
2       JavaScript 语句
3   </script>
```

【例 2-1】　在 HTML 页面中使用内嵌式引入 JavaScript 代码。

创建文件夹,命名为 ch02_demo,在 ch02_demo 文件夹中使用记事本创建文本文件,命名为 js1.html,如文件 2-1 所示。

文件 2-1　js1.html 文件

```
1   <!DOCTYPE html >
2   < html >
3       < head >
4           < meta charset = "UTF - 8">
5           < title>内嵌式引入 JavaScript 代码</title>
6           < script type = "text/javascript">
7               document.write("内嵌式引入 JavaScript 代码");
8           </script>
9       </head>
10      < body >
```

```
11        <h1>欢迎学习JavaScript!</h1>
12    </body>
13 </html>
```

内嵌式引入 JavaScript 代码的运行结果如图 2-2 所示。

图 2-2　内嵌式引入 JavaScript 代码的运行结果

2. 外链式引入 JavaScript 代码

在实际工作中,有时会希望在若干个页面中实现相同的 JavaScript 效果,针对这种情况,使用外部 JavaScript 引入就显得尤为重要。外部 JavaScript 文件是将 JavaScript 代码写入一个外部文件中,以"*.js"为扩展名保存,然后将该文件指定给<script>标签中的 src 属性,这样就可以使用这个外部文件了。引用外部文件的代码格式如下:

```
1  <script type="text/javascript"  src="JavaScript 文件的路径"></script>
```

【例 2-2】　在 HTML 页面中使用外链式引入 JavaScript 代码。

首先在 ch02_demo 文件夹中创建文件夹,命名为 js,在 js 文件夹使用记事本创建一个文本文件,命名为 js1.js,用记事本打开 js1.js 文件,写入代码"document.write("Hello, JavaScript!");",并保存。

接着,复制 js1.html 文件,重命名为 js2.html,并更改为外链式。js2.html 文件代码如文件 2-2 所示。

文件 2-2　js2.html 文件代码

```
1  <!DOCTYPE html>
2  <html>
3      <head>
4          <meta charset="GB2312">
5          <title>外链式引入 JavaScript 代码</title>
6          <script type="text/javascript" src="js/js1.js"></script>
7      </head>
8      <body>
9          <h1>欢迎学习 JavaScript!</h1>
10     </body>
11 </html>
```

外链式引入 JavaScript 代码的运行结果如图 2-3 所示。

3. 直接在 HTML 标签中引入 JavaScript 代码

有时需要在页面中加入简短的代码来实现一个简单的页面效果,如在单击按钮时弹出一个对话框等,通常会在按钮事件中加入 JavaScript 处理程序。

图 2-3 外链式引入 JavaScript 代码的运行结果

【例 2-3】 在单击按钮时,弹出消息提示框。

复制 js1.html 文件,重命名为 js3.html,删除<script>标签,添加<input>标签。修改后的 js3.html 文件代码如文件 2-3 所示。

文件 2-3 js3.html 文件代码

```
1  <!DOCTYPE html>
2  <html>
3      <head>
4      <meta charset = "GB2312">
5          <title>直接在 HTML 标签中引入 JavaScript 代码</title>
6      </head>
7      <body>
8          <input name = "button" type = "button" value = "弹出消息框"
           onclick = "javascript:alert('Hello,JavaScript!');"/>
9      </body>
10 </html>
```

在文件 2-3 中,主要代码为第 8 行。其中,onclick 是单击的事件处理程序,当用户单击按钮时,就会执行"javascript:"后面的 JavaScript 命令;alert()是一个函数,作用是向页面弹出一个对话框。运行结果如图 2-4 所示。

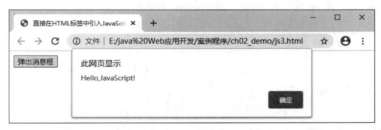

图 2-4 直接在 HTML 标签中引入 JavaScript 代码的运行结果

上述 3 种引入 JavaScrip 代码的方法适用于不同的场合。

(1) 内嵌式引入 JavaScript 代码的方式适用于 JavaScript 代码量少的单个页面。
(2) 外链式引入 JavaScript 代码的方式适用于代码较多,可重复应用于多个页面。
(3) 直接在 HTMT 标签中引入 JavaScript 代码的方式适合于代码极少的情况,仅用于当前标签。但由于这种引入方式增加了 HTML 代码,故在实际开发中极少应用。

2.2 JavaScript 语法

任何一种语言都有自己独特的语法规则,语法规则定义了语言结构。JavaScrip 作为一种计算机脚本语言,也有相应的语法规则。

2.2.1 JavaScript 的语法基础

JavaScript 与 Java 在语法上有相似的内容,但不完全相似。两者的区别和联系主要体现在以下 7 个方面。

1. 区分大小写

JavaScript 的变量名、函数名等都是区分大小写的,这一点和 Java 语言是相同的。例如,变量 test 与变量 Test 代表两个不同的变量。

2. 使用大括号标记代码块

JavaScript 与 Java 语言都是使用一对大括号来标记代码块。被封装在括号内的语句由上往下的顺序执行。

3. 语句的结束标记可有可无

与 Java 语言不同,JavaScript 并不要求必须以英文状态的分号(;)作为一行语句的结束标记。如果一行语句的结束处没有分号,JavaScript 就会自动将该行代码的结尾作为语句的结束。

【例 2-4】 相同的语句末尾添加和不添加分号。其代码如下:

```
1    alert("你好!JavaScript!");
2    alert("你好!JavaScript!")
```

通过运行上述代码可以发现,相同的语句末尾分别添加分号和不添加分号,运行结果没有区别。为了培养良好的代码编写习惯,建议读者尤其初学者在每行代码的结尾加上分号,以保证每行代码的完整性和准确性。

4. 注释

不是所有的 JavaScript 语句都是需要执行的"命令"。为了提高代码的可读性,可以通过添加注释对特定的语句进行解释说明。代码在执行过程中会自动忽略注释。

JavaScript 提供了两种类型的注释:单行注释和多行注释。

(1) 单行注释:使用双斜线(//)开头,后面的文字为注释内容。单行注释可以放置在一行语句之前,也可以放置在一行语句之后。

(2) 多行注释:以单斜线加星号(/*)开头,并以星号加单斜线(*/)结尾,中间的内容为注释内容。多行注释一般放置在一行或一组语句之前。

【例 2-5】 在 JavaScript 代码中添加单行注释和多行注释。其代码如下:

```
1    /*定义变量 studentNum1
2    并赋值为 20001*/
3    var studentNum1 = 20001;
4    var studentNum2 = 20002;          //定义变量 studentNum2 并赋值为 20002
5    var studentNum3 = 20003;          //定义变量 studentNum3 并赋值为 20003
```

5. 标识符

JavaScript 的标识符是指用来识别各种值的合法名称。常见的标识符为变量名和函数名。JavaScript 标识符有其独有的命名规则,不符合规则的即为非法标识符。JavaScript 标识符命名规则如下:

(1) 第一个字符为字母(英文字母和其他语言的字母)、美元符号($)或下画线(_);

(2) 第二个字符和以后的字符可以是字母、美元符号、下画线或数字。

【例 2-6】 合法的标识符和非法的标识符。其代码如下:

```
1    Arg0
2    _tmp
3    $ elem
4    1a                     //第一个字符不能是数字
5    -d                     //第一个字符不能是横线
6    A*b+c                  //标识符中不能包含星号、运算符
```

6. 关键字和保留字

JavaScript 的关键字是指系统已经定义好、具有特定含义、成为 JavaScript 语法组成部分的标识符。JavaScript 的关键字不可以作为标识符使用。按字母顺序排列的 JavaScript 关键字如表 2-1 所示。

表 2-1 JavaScript 关键字

abstract	continue	finally	instanceof	private	this
boolean	default	float	int	public	throw
break	do	for	interface	return	typeof
byte	double	function	long	short	true
case	else	goto	native	static	var
catch	extends	implements	new	super	void
char	false	import	null	switch	while
class	final	in	package	synchronized	with

所谓保留字,是指在当前的语言版本中还没有成为关键字,但是有可能在以后的版本中成为关键字的一类标识符。同样地,也不能将保留字作为标识符使用。

7. 变量

JavaScript 的变量名也属于标识符。变量是指程序中已经命名的存储单元,主要作用是提供存放信息的容器。使用变量前必须明确变量的命名规则、声明方法和作用域三部分内容。

(1) 变量的命名规则。

JavaScript 的变量命名规则除了遵循标识符的命名规则外,第一个字符只能是字母或下画线,不能使用关键字。JavaScript 的变量名严格区分大小写,例如变量 name 和变量 Name 代表两个不同的变量。

(2) 变量的声明方法。

JavaScript 的变量是弱类型的,在声明变量时必须使用关键字 var。可以使用一个 var 同时声明多个变量,也可以在声明变量的同时进行赋值。如果只是声明变量而没有对其赋值,那么变量的值默认为 undefined。变量声明的语法格式如下:

```
1    var a,b
2    var c = 2
3    var name = "张明"
```

(3) 变量的作用域。

变量的作用域是指变量在程序中的有效范围。JavaScript 变量的作用域将变量分为全局变量和局部变量。全局变量是定义在所有函数之外,在整段代码中都发挥作用;局部变量是定义在函数体内,只在函数体内发挥作用。

2.2.2 JavaScript 的数据类型

JavaScript 的数据类型主要由数值型、字符型、布尔型、控制字符、空值和未定义值共 6 种类型组成。

1. 数值型

JavaScript 的数值型数据又可以分为整型和浮点型两种。

(1) 整型。

JavaScript 的整型数据由正整数、负整数和 0 组成。JavaScript 不但能够处理十进制的数据,还能处理八进制和十六进制的数据。八进制整型数据以数字 0 开头,其后跟随一个数字序列,序列中的每个数字在 0~7;十六进制整型数据以"0x"开头,其后跟随一个数字序列,序列中的每个数字在 0~9 和字母 a~字母 f。

(2) 浮点型。

JavaScript 的浮点型数据由整数部分加小数部分组成。浮点型数据只能采用十进制。同时也可以使用科学计数法和标准方法表示。

【例 2-7】 定义整型和浮点型数据。其代码如下:

```
1    2020                //表示十进制整型
2    079                 //表示八进制整型
3    0xfa79              //表示十六进制整型
4    3.1415              //采用标准方法表示浮点型
5    3.1E3               //采用科学计数法表示浮点型
```

2. 字符型

JavaScript 的字符型数据指的是使用单引号或双引号封装起来的一个或多个字符。使用单引号和双引号一般情况下没有区别,只是输出纯字符串时使用单引号比使用双引号省去了检索的过程,所以效率较高。JavaScript 与 Java 不同,没有 char 数据类型。如果要表示单个字符,必须使用长度为 1 的字符串。

【例 2-8】 定义字符型数据。其代码如下:

```
1    'a'                 //表示字符型
2    "abc"               //表示字符串型
```

3. 布尔型

布尔型数据的值只有两个: true 和 false。这两个值是区分大小写的,通常用来说明某种状态。在 JavaScript 中,一般使用整数 0 表示 false,非 0 的整数表示 true。

4. 控制字符

JavaScript 的控制字符是指以反斜杠(\)开头的不可显示的特殊字符,也被称为转义字符。控制字符主要作用是解决引号匹配混乱的问题。JavaScript 常用控制字符如表 2-2 所示。

表 2-2 JavaScript 常用控制字符

控制字符	作 用	控制字符	作 用
\b	退格	\n	换行
\f	换页	\t	Tab 符
\r	回车符	\'	单引号
\"	双引号	\\	反斜杠

5. 空值

JavaScript 的空值(null)不等于 0 或者空的字符和字符串,它是用来定义空的或者不存在的引用。例如引用一个已经声明但没有赋值的变量,便会返回空值 null。

6. 未定义值

JavaScript 的未定义值(undefined)是指当引用了一个没有声明的变量时,便会返回未定义值。

2.2.3 JavaScript 的运算符

运算符是用来对数据进行计算或者比较等操作的符号。JavaScript 常用的运算符主要有赋值运算符、算术运算符、比较运算符、逻辑运算符、字符串运算符和条件运算符六大类。

1. 赋值运算符

JavaScript 中最基本的赋值运算符即"=",只使用"="进行运算的操作称为简单赋值运算。如果将"="与其他运算符(如算术运算符或逻辑运算符等)混合进行的运算称为复合赋值运算。JavaScript 常用赋值运算符如表 2-3 所示。

表 2-3 JavaScript 常用赋值运算符

运 算 符	名 称	运 算 符	名 称
=	赋值	*=	乘赋值
+=	加赋值	/=	除赋值
-=	减赋值	%=	模赋值

【例 2-9】 赋值运算符示例。其代码如下:

```
1   a = 2           //对 a 赋值 2
2   b += 2          //等于 b = b + 2
3   c -= 2          //等于 c = c - 2
4   e *= 2          //等于 e = e * 2
5   f /= 2          //等于 f = f / 2
6   g %= 2          //等于 g = g % 2
```

2. 算术运算符

JavaScript 算术运算符用于进行加、减、乘、除等运算。JavaScript 常用算术运算符如表 2-4 所示。

表 2-4 JavaScript 常用算术运算符

运 算 符	名 称	运 算 符	名 称
+	加法运算	%	余数运算
-	减法运算	++	自增运算
*	乘法运算	--	自减运算
/	除法运算		

【例 2-10】 算术运算符示例。其代码如下:

```
1   var a = 15/3        //a = 5
2   var b = 15 % 4      //b = 3
3   var c = 2++         //c = 2
4   var d = ++2         //d = 3
```

```
5    var e = 3 --                    //e = 3
6    var f = -- 3                    //f = 2
```

3. 比较运算符

JavaScript 的比较运算符用于两个数字或字符串的比较,最后返回一个布尔值(true 或 false)。JavaScript 常用比较运算符如表 2-5 所示。

表 2-5 JavaScript 常用比较运算符

运算符	名称	运算符	名称
<	小于	==	等于
>	大于	===	绝对等于
<=	小于或等于	!=	不等于
>=	大于或等于	!==	不绝对等于

【例 2-11】 比较运算符示例。其代码如下:

```
1    1 < 2                           //返回值 true
2    1 > 2                           //返回值 false
3    1 <= 2                          //返回值 true
4    1 >= 2                          //返回值 false
5    "1" == 1                        //返回值 true(只根据表面值判断)
6    "1" === 1                       //返回值 false(同时根据表面值和数据类型判断)
7    "1" != 1                        //返回值 false(只根据表面值判断)
8    "1" !== 1                       //返回值 true(同时根据表面值和数据类型判断)
```

4. 逻辑运算符

JavaScript 中的逻辑运算符常用于 if、while 和 for 语句中,表示复杂的比较运算,最后返回一个布尔值(true 或 false)。JavaScript 常用逻辑运算符如表 2-6 所示。

表 2-6 JavaScript 常用逻辑运算符

运算符	名称	运算符	名称
!	逻辑非	||	逻辑或
&&	逻辑与		

【例 2-12】 逻辑运算符示例。其代码如下:

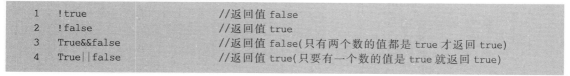
```
1    !true                           //返回值 false
2    !false                          //返回值 true
3    True&&false                     //返回值 false(只有两个数的值都是 true 才返回 true)
4    True||false                     //返回值 true(只要有一个数的值是 true 就返回 true)
```

5. 字符串运算符

JavaScript 中的字符串运算符用于两个字符串型数据之间,作用是将两个字符串连接起来。除了可以使用比较运算符外,一般还可以使用"+"和"+="运算符。

【例 2-13】 字符串运算符示例。其代码如下:

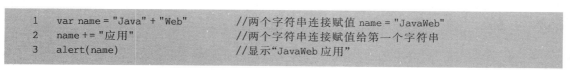
```
1    var name = "Java" + "Web"       //两个字符串连接赋值 name = "JavaWeb"
2    name += "应用"                  //两个字符串连接赋值给第一个字符串
3    alert(name)                     //显示"JavaWeb 应用"
```

6. 条件运算符

JavaScript 的条件运算符是仅有的三目运算符,语法格式为

```
1    操作数 1?操作数 2:操作数 3
```

结果由操作数 1 的值决定。如果操作数 1 的值为 true,结果为操作数 2 的值;否则为操作数 3 的值。

【例 2-14】 条件运算符示例。其代码如下:

```
1    var a = 1
2    var b = 2
3    var c = a > b?a:b              //c = 2(b 的值)
```

2.2.4 JavaScript 的流程控制语句

所谓程序的流程,是指一段完整的代码中每条语句的执行次序。流程控制便是使用特定的语句控制程序中部分语句执行的先后次序或执行的次数。流程控制语句对于任何编程语言都是非常重要的。JavaScript 提供的流程控制语句有顺序语句、条件语句和循环语句 3 种。

1. 顺序语句

顺序语句是最基本、最常见的流程控制语句。程序按照语句的书写顺序依次执行,语句在前的先执行,语句在后的后执行。顺序语句只能够满足设计简单程序的要求。

2. 条件语句

在进行计算机编程过程中,若需要根据不同的条件选择执行不同的语句或语句序列,就需要使用第二种流程控制语句——条件语句。条件语句也是常见的流程控制语句之一。程序在执行条件语句时,首先判断条件表达式是否为真,然后根据条件表达式的值选择执行不同的语句或语句序列。

条件语句有两种基本格式:if…else 语句和 switch 多分支语句。

(1) if…else 语句。

if…else 语句的语法格式如下:

```
1    if(表达式){
2       语句序列 1                    //表达式值为 true
3    }else{
4       语句序列 2                    //表达式值为 false
5    }
```

if…else 语句的执行流程:首先判断小括号里的表达式的值是否为 true,如果是,就执行第一个大括号里的语句序列 1(语句序列 1 可以是一条语句,也可以是多条语句,下同);如果表达式的值为 false,就执行第二个大括号里的语句序列 2。if…else 语句执行流程示意如图 2-5 所示。

if…else 语句的基本格式中可供判断选择的条件表达式只有一个。当遇到可供判断选择的条件表达式有两个或两个以上时,单个的 if…else 语句便无法满足要求。这时便可以采用 if…else if 语句。在严格意义上,if…else if 语句不是单独的语句,而是由多个 if…else 语句组合而成,目的是实现多路径选择。

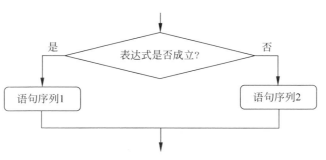

图 2-5　if…else 语句执行流程示意

【例 2-15】　计算 2020 年的总天数。

```
1    var year = 2020;
2    var days = 0;
3    if(year % 400 == 0||(year % 4 == 0&&year % 100!= 0)) {      //判断 2020 年是否为闰年
4         days = 366;
5    }else{
6         days = 365;
7    }
```

（2）switch 语句。

if…else 语句是最简单、最基本的条件语句。但是采用 if…else 语句实现多路径选择的程序结构不清晰，可读性不强。在最坏的情况下，所有的表达式可能均为 false，程序便无法执行语句序列。这时可以执行 switch 语句。switch 语句除具有结构清晰、可读性强、容易维护的优点外，还允许在所有的表达式均为 false 的情况下执行默认的语句序列。switch 语句的语法格式如下：

```
1    switch(表达式){
2         case 常量表达式 1:语句序列 1;break;
3         case 常量表达式 2:语句序列 2;break;
4         …
5         case 常量表达式 n:语句序列 n;break;
6         default: 语句序列 n + 1; break;
7    }
```

switch 语句的执行流程：首先计算小括号里的表达式的值，如果和某一个常量表达式的值相同，便执行常量表达式后面的语句或语句序列，直到遇到 break 语句或者"}"为止。如果小括号里的表达式的值和所有的常量表达式的值都不同，就执行 default 后面的语句或语句序列，直到遇到 break 语句或者"}"为止。switch 语句执行流程示意如图 2-6 所示。

【例 2-16】　判断当天是星期几。其代码如下：

```
1    var now = new Date();
2    var today = now.getDay();
3    var week;
4    switch(today){
5         case 1:week = "星期一";break;
6         case 2:week = "星期二";break;
7         case 3:week = "星期三";break;
8         case 4:week = "星期四";break;
```

```
9        case 5:week = "星期五";break;
10       case 6:week = "星期六";break;
11       default:week = "星期日";break;
12    }
13    document.write("今天是" + week);
```

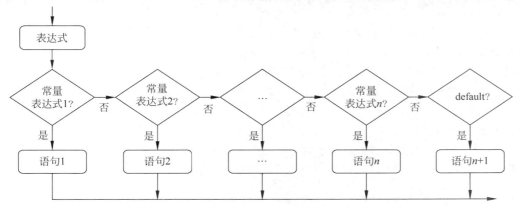

图 2-6 switch 语句执行流程示意

3. 循环语句

在进行计算机编程过程中,有些语句或语句序列需要执行很多遍。如果采用顺序语句,就需要编写大量重复的语句。为了减少重复的工作量,可以将需要重复执行的语句封装在循环语句中,程序可以在"预设条件"的控制下重复执行多次。

循环语句有 3 种基本格式:while 语句、do…while 语句和 for 语句。

(1) while 语句。

while 语句也称前测试循环语句,结构简单易懂。while 语句的语法格式如下:

```
1    while(表达式){
2       语句序列(循环体)
3    }
```

while 语句的执行流程:首先判断小括号里的表达式的值是否为 true,如果是,就执行一次大括号里的语句或语句序列。然后再次判断表达式的值是否为 true,如果是,就再次执行一次。重复以上的操作,直到表达式的值为 false 时结束循环。while 语句执行流程示意如图 2-7 所示。

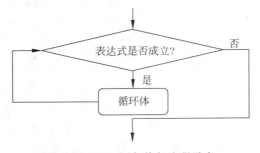

图 2-7 while 语句执行流程示意

【例 2-17】 计算 100 以内偶数的和。其代码如下:

```
1    var sum = 0,i = 2;
2    while(i < 100){
3       sum = sum + i;
4       i += 2;
5    }
6    document.write("100 以内的偶数的和为" + sum);
```

（2）do…while 语句。

do…while 语句也称后测试循环语句。do…while 语句的语法格式如下：

```
1   do{
2     语句序列(循环体)
3   } while(表达式)
```

do…while 语句的执行流程：首先执行一次大括号里的语句或语句序列；然后判断小括号里的表达式的值是否为 true，如果是，就执行一次大括号里的语句或语句序列，然后再次判断表达式的值是否为 true，如果是，就再次执行一次。重复以上的操作，直到表达式的值为 false 时结束循环。do…while 语句执行流程示意如图 2-8 所示。

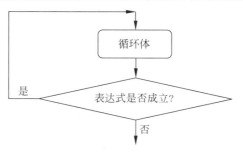

图 2-8 do…while 语句执行流程示意

【例 2-18】 计算 100 以内奇数的和。其代码如下：

```
1   var sum = 0, i = 1;
2   do{
3     sum = sum + i;
4     i += 2;
5   } while(i < 100)
6   document.write("100 以内的奇数的和为" + sum);
```

通过比较 while 语句和 do…while 语句的执行流程不难看出，两种语句都常用于循环执行次数不确定的情况下。两者最大的区别在于，使用 while 语句时必须确保表达式的值一定要存在为 true 的情况；否则循环便无法正常结束而形成死循环。

（3）for 语句。

在循环次数已知的情况下，一般采用 for 语句。for 循环语句也称计次循环语句。JavaScript 中应用最为广泛的循环语句为 for 语句。for 语句的语法格式如下：

```
1   for(变量初始化;条件判断;变量变化步幅)
2   {
3     语句序列(循环体)
4   }
```

for 语句的执行流程：首先对变量进行初始化并赋值；然后判断条件，如果条件表达式的值为 true，就执行一次大括号里的语句序列，执行完毕后根据变量变化步幅改变循环变量的值；然后再次判断条件表达式的值是否为 true，如果是，就再次执行一次语句序列，改变循环变量的值。重复以上的操作，直到表达式的值为 false 时结束循环。for 语句执行流程示意如图 2-9 所示。

【例 2-19】 计算 100 以内自然数的和。其代码如下：

```
1   var sum = 0, i;
2   for(i = 1; i < 100; i++){
3     sum = sum + i;
4   }
5   document.write("100 以内的自然数的和为" + sum);
```

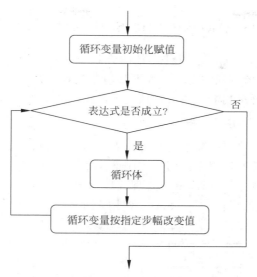

图 2-9 for 语句执行流程示意

在使用 for 语句时同样必须确保表达式的值一定要存在为 true 的情况;否则循环便无法正常结束而形成死循环。

(4) break 与 continue 语句。

break 与 continue 语句都可以用于跳出循环,两者也存在区别。continue 语句用于终止本次循环并开始下一次循环;而 break 语句用于退出包含在最内层的循环或退出 switch 语句。

2.2.5 JavaScript 的函数

在 JavaScript 中,超过 90% 的代码都包含在函数中。使用函数可以使代码更加简洁,并提高代码的重用性。函数在 JavaScript 中占据非常重要的地位。

1. 函数的定义

函数必须使用关键字 function 加函数名进行定义。定义函数的语法格式如下:

```
1    function 函数名([参数]){
2        函数体
3    }
```

函数的定义语句中,函数名严格区分大小写,并且在同一页面中函数名必须唯一;小括号里的参数为可选项,函数可以没有参数,也可以有多个。当函数的参数有多个时,参数间用逗号隔开。一个函数最多可以有 255 个参数。

2. 函数的调用

函数的调用比较简单。如果调用的函数没有参数,那么,在调用函数时,直接使用函数名加小括号即可;如果调用的函数包含参数,那么,在调用函数时,可在函数名后的小括号里加上函数的参数。若参数有多个,则用逗号隔开。

【例 2-20】 函数的定义和调用。其代码如下:

```
1    function sum(a,b){
2        return a + b;
3    }
4    document.write("1 + 1 = " + sum(1,1));
```

2.3 JavaScript 常用事件和对象

JavaScript 的一大特点是可以以事件驱动的方式直接对客户端的输入作出响应,无须经过服务器程序。事件驱动的方式使得图形界面环境下的操作变得简单易行。JavaScript 同样是一种基于对象的语言,许多功能来自脚本环境中对象的方法与脚本的相互作用。

2.3.1 JavaScript 常用事件

在 JavaScript 环境中,用户在操作浏览器页面时,可通过触发相关事件来实现 JavaScript 与 Web 页面的交互。事件处理程序是用于响应事件而执行的处理程序,一般使用特定的自定义函数处理事件。JavaScript 中调用事件处理程序需要先获得要处理对象的引用,再将要执行的处理函数赋值给对应的事件。JavaScript 常用事件如表 2-7 所示。

表 2-7 JavaScript 常用事件

事 件	触 发 原 因	事 件	触 发 原 因
onabort	对象加载被中断	onmousedown	鼠标某个按键被按下
onblur	元素或窗口失去焦点	onmousemove	鼠标在某元素上移动
onchange	用户改变域的内容	onmouseout	鼠标从某元素上移开
onclick	单击某个对象	onmouseover	鼠标移动到某元素上
ondblclick	双击某个对象	onmouseup	鼠标某个按键被松开
onerror	对象加载时发生错误	onreset	单击重置按钮
onfocus	元素或窗口获得焦点	onresize	窗口或框架调整尺寸
onkeydown	键盘某个键被按下	onscroll	在带滚动条的元素或窗口上滚动
onkeypress	键盘某个键被按住	onselect	选定文本
onkeyup	键盘某个键被松开	onsubmit	单击提交按钮
onload	某个页面或图像完全加载后	onunload	用户退出页面

2.3.2 JavaScript 常用对象

JavaScript 是基于对象的语言,可以应用自身创建的对象。许多功能来自脚本环境中创建对象的方法与脚本的相互作用。JavaScript 常用对象有如下 3 种。

1. Window 对象

JavaScript 的 Window 对象表示浏览器窗口或者框架。在客户端的 JavaScript 中,Window 对象是全局对象,所有的表达式都在当前的环境中计算。若要引用当前窗口,则无须特殊的语法,可以把窗口的属性当作全局变量来使用。Window 对象提供了许多属性和方法用来操作浏览器页面的内容,不需要使用关键字 new 创建对象实例,默认的 Window 对象实例名为 window,可以直接使用"对象名.成员"格式进行访问。

(1) Window 对象属性。

Window 对象常用属性如表 2-8 所示。

表 2-8 Window 对象常用属性

属 性	描 述	属 性	描 述
closed	返回窗口是否关闭	length	返回窗口中的框架数量
defaultStatus	返回窗口状态栏中的默认文本	name	返回窗口的名称
document	对窗口 Document 对象的只读引用	opener	返回对创建此窗口的引用

续表

属性	描述	属性	描述
parent	返回当前窗口的父窗口	innerwidth	返回窗口的文档显示区的宽度
self	返回当前窗口	screen	返回窗口 screen 对象的只读引用
status	设置窗口状态栏的文本信息	navigator	返回窗口 navigator 的对象的只读引用
top	返回最顶层的窗口	frames	返回窗口所有 frames 对象的集合
innerheight	返回窗口的文档显示区的高度	location	返回窗口的 location 对象

（2）Window 对象方法。

Window 对象常用方法如表 2-9 所示。

表 2-9　Window 对象常用方法

方法	描述
alert()	显示带有一段信息和一个确认按钮的警告框
prompt()	显示提示用户输入的对话框（按确认，返回输入的值）
confirm()	显示带有确认按钮的对话框（按确认返回 true，否则返回 false）
close()	关闭当前浏览器窗口
blur()	把键盘焦点从顶层浏览器窗口移开
focus()	把键盘焦点给予顶层浏览器窗口
open()	打开一个新的浏览器窗口
print()	打印当前窗口的内容
setInterval()	按照指定的周期执行代码
setTimeout()	在指定的时间后执行代码
clearInterval()	取消由 setInterval 设置的周期性执行代码
clearTimeout()	取消由 setTimeout 方法设置的延迟执行代码
resizeBy()	按照指定的像素调整窗口的大小
resizeTo()	将窗口的大小调整到指定的宽度和高度
scrollBy()	按照指定的像素值滚动窗口
scrollTo()	把窗口滚动到指定的坐标
moveBy()	把窗口移动到指定的坐标
moveTo()	把窗口移动到一个绝对位置

【例 2-21】 Window 对象常用方法举例。其代码如下：

```
1  <script>
2  function myFunction(){
3      alert("你好,这是一个简单的 JavaScript 程序!");
4  }
5  </script>
```

alert()方法运行结果如图 2-10 所示。

图 2-10　alert()方法运行结果

注意，在 JavaScript 代码中访问 Window 对象的属性或方法时，可以省略对象名 window，直接使用属性名或方法名。例如，上述代码中第 3 行就省略了对象名 window，完整的写法应该是"window.alert("你好,这是一个简单的 JavaScript 程序!");"。

2. String 对象

JavaScript 的 String 对象用于处理文本(字符串)，它是动态对象，需要创建对象实例后才可以引用属性和方法。创建 String 对象的语法如下：

```
1    new String(s)
2    String(s)
```

上述代码中，参数 s 是要存储在 String 对象中或转换成原始字符串的值。当 String() 方法和运算符 new 一起作为构造方法使用时，它返回一个新创建的 String 对象，存放的是字符串 s。当不用 new 运算符调用 String() 方法时，它只把 s 转换成原始的字符串，并返回转换后的值。

（1）String 对象属性如表 2-10 所示。

表 2-10 String 对象属性

属性	描述	属性	描述
length	字符串长度	prototype	允许向对象添加属性和方法
constructor	对创建该对象的函数的引用		

【例 2-22】 String 对象属性举例。其代码如下：

```
1    "JavaScript".length;              //值为 10
2    "我的第一个 JavaScript".length;    //值为 15
```

（2）String 对象方法。String 对象提供对字符串进行操作的方法。String 对象方法如表 2-11 所示。

表 2-11 String 对象方法

方法	描述
anchor()	创建 HTML 锚
big()	用大号字体显示字符串
blink()	显示闪动字符串
bold()	使用粗体显示字符串
charAt()	返回在指定位置的字符串
charCodeAt()	返回在指定位置的字符的 Unicode 编码
concat()	连接字符串
fontcolor()	使用指定的颜色来显示字符串
fontsize()	使用指定的尺寸来显示字符串
fromCharCode()	从字符编码创建一个字符串
indexOf()	检索字符串
italics()	使用斜体显示字符串
lastIndexOf()	从后向前搜索字符串
link()	将字符串显示为链接
localeCompare()	用本地特定的顺序来比较两个字符串

续表

方　　法	描　　述
match()	找到一个或多个正则表达式的匹配
replace()	替换与正则表达式匹配的子串
search()	检索与正则表达式相匹配的值
slice()	提取字符串的片段,在新的字符串中返回被提取的部分
small()	使用小字号来显示字符串
split()	把字符串分割为字符串数组
strike()	使用删除线来显示字符串
sub()	把字符串显示为下标
substr()	从起始索引号提取字符串中指定数目的字符
substring()	提取字符串中两个指定的索引号之间的字符
sup()	把字符串显示为上标
toLocaleLowerCase()	按照本地方法把字符串转换为小写
toLocaleUpperCase()	按照本地方法把字符串转换为大写
toLowerCase()	把字符串转换为小写
toUpperCase()	把字符串转换为大写
toSource()	代表对象的源代码
toString()	返回字符串
valueOf()	返回某个字符串对象的原始值

【例 2-23】 String 对象方法举例。其代码如下:

```
1    var string1 = "ThisismyJavaScript"
2    var a = string1.indexof('J')                    //a 值为 8
3    var str1,str2
4    var str1 = string1.substr(8,4)                  //str1 的值为 Java
5    var str2 = string1.substring(8,17)              //str2 的值为 JavaScript
```

3. Date 对象

JavaScript 的 Date 对象用于处理日期和时间,与 String 对象一样,其也是动态对象,需要创建对象实例后才可以引用属性和方法。创建 Date 对象的语法如下:

```
1    var mydate = new Date(year,month,date)
```

Date 对象会自动把当前的日期和时间保存为初始值。

(1) Date 对象属性。Date 对象的常用属性有两个,如表 2-12 所示。

表 2-12　Date 对象常用属性

属　　性	描　　述
constructor	对创建该对象的函数的引用
prototype	允许向对象添加属性和方法

(2) Date 对象方法。Date 对象没有提供直接访问的属性,只有获取、设置日期和时间的方法。Date 对象方法如表 2-13 所示。

表 2-13 Date 对象方法

方　　法	描　　述
Date()	返回当前的日期和时间
getDate()	从 Date 对象返回一个月中的某一天(1~31)
getDay()	从 Date 对象返回一周中的某一天(0~6)
getMonth()	从 Date 对象返回月份(0~11)
getFullYear()	从 Date 对象以四位数字返回年份
getHours()	返回 Date 对象的小时(0~23)
getMinutes()	返回 Date 对象的分钟(0~59)
getSeconds()	返回 Date 对象的秒数(0~59)
getTime()	返回 1970 年 1 月 1 日至今的毫秒数
setDate()	设置 Date 对象中月的某一天(1~31)
setMonth()	设置 Date 对象中月份(0~11)
setFullYear()	设置 Date 对象中的年份(四位数字)
setHours()	设置 Date 对象中的小时(0~23)
setMinutes()	设置 Date 对象中的分钟(0~59)
setSeconds()	设置 Date 对象中的秒钟(0~59)
setTime()	以毫秒设置 Date 对象
toString()	把 Date 对象转换为字符串
toTimeString()	把 Date 对象的时间部分转换为字符串
toDateString()	把 Date 对象的日期部分转换为字符串
toLocaleString()	根据本地时间格式,把 Date 对象转换为字符串
toLocaleTimeString()	根据本地时间格式,把 Date 对象的时间部分转换为字符串
toLocaleDateString()	根据本地时间格式,把 Date 对象的日期部分转换为字符串
valueOf()	返回 Date 对象的原始值

【例 2-24】 Date 对象方法举例。其代码如下:

```
1    var d = new Date()
2    document.write(d.getDate())              //显示今天几号
3    document.write(d.getDay())               //显示今天星期几
4    document.write(d.getHours())             //显示现在几点钟(24 小时制)
5    document.write(d.getMonth())             //显示本月的月份
6    document.write(d.getFullYear())          //显示今年的年份
7    document.write(d.toString())             //显示将日期和时间转换后的字符串
8    document.write(d.toTimeString())         //显示将时间转换后的字符串
```

2.3.3　DOM 技术

DOM(Document Object Model,文档对象模型)是表示文档和访问操作构成文档元素的应用程序接口。JavaScript 的 DOM 提供文档的独立元素结构化和面向对象的表示方法,同时还提供处理事件的接口和添加删除文档对象的方法,允许通过对象的属性和方法访问对象。借助 DOM 可以创建动态文档,捕获响应用户的浏览器动作。

1. DOM 分层结构

在 DOM 中,文档的层次结构以倒立的树状表示,树的节点表示文档中的内容。树的根节点是文档对象,它的 documentElement 属性引用表示文档根元素的 Element 对象。DOM 树状结构示意如图 2-11 所示。

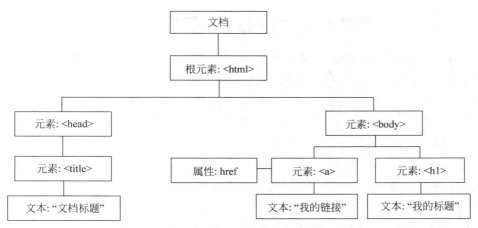

图 2-11　DOM 树状结构示意

2. DOM 遍历文档

DOM 中的节点被视为 Node 对象，同时将文档表示为 Node 对象的树。树状结构最重要的操作是遍历树。DOM 通过 Node 对象属性进行遍历树操作。Node 对象属性如表 2-14 所示。

表 2-14　Node 对象属性

属　　性	描　　述
nodeName	节点名
nodeValue	节点值
nodeType	节点类型的整型常量
parentNode	节点的父节点，若没有，则为 null
childNodes	节点的所有子节点的节点列表
firstChild	节点的第一个子节点，若没有，则为 null
lastChild	节点的最后一个子节点，若没有，则为 null
preciousSibling	节点的上一个节点，若没有，则为 null
nextChild	节点的下一个节点，若没有，则为 null

3. 操作文档

在 DOM 中不仅可以通过节点的属性查询节点，还可以对节点进行创建、插入、删除、替换等操作。这些操作可以通过节点对象提供的方法来完成。Node 对象方法如表 2-15 所示。

表 2-15　Node 对象方法

方　　法	描　　述
insertBefore(newChild,refChild)	在现有节点前插入新节点
replaceChild(newChild,oldChild)	将子节点列表中的旧子节点换成新节点
removeChild(oldChild)	将子节点列表中的旧子节点删除
appendChild(newChild)	将新节点添加到该节点的子节点列表末尾
hasChildNodes()	节点是否有子节点，返回一个布尔值
cloneNode(deep)	复制节点。如果 deep 的值为 true，那么复制所有节点；否则只复制本节点

2.4 jQuery 框架

随着 Web 2.0 技术的兴起,越来越多的企业开发人员开始重视人机交互,着力改善网页的用户体验。脚本语言 JavaScript 以构建交互式网站、改善用户体验而著称,受到越来越多的网站开发人员的追捧,一系列优秀的 JavaScript 代码库(或 JavaScript 框架)应运而生。其中 jQuery 框架技术以其快速简洁的特点脱颖而出,成为众多 Web 开发人员的首选。

2.4.1 jQuery 简介

1. 什么是 jQuery

jQuery 是继 Prototype 之后又一款优秀的开源 JavaScript 库,由 John Resig 于 2006 年 1 月正式发布。jQuery 的设计宗旨是"write less,do more",倡导写更少的代码,做更多的事情。jQuery 通过对 JavaScript 代码的封装,极大简化了实现 DOM 操作、事件处理、动画设计、优化 HTML 文档、Ajax 交互等功能的代码,有效地提高了程序开发效率。目前,jQuery 广泛应用于 Web 应用开发过程中;其团队包括核心库、UI 设计、插件和 jQuery Mobile 等项目的开发、推广以及网站设计维护人员。

2. jQuery 的版本

目前 jQuery 公布的版本共有 3 个,分别是 jQuery 1.x、jQuery 2.x 和 jQuery 3.x。其中,jQuery 1.x 兼容 IE 浏览器,使用最为广泛,对于非特殊要求的项目,使用该版本就可以了;jQuery 2.x 不支持低端 IE 浏览器,用户量不大;jQuery 3.x 只支持最新的浏览器,很多成熟的 jQuery 插件还不支持,所以 jQuery 3.x 版本很少用。

3. jQuery 的优势

在众多的 JavaScript 库中,jQuery 独特的选择器、链式操作、事件处理封装、对 Ajax 的支持等特点都是其他库无法比拟的。总体来说,jQuery 具有如下 8 个优点。

(1) 轻量级的文件包:jQuery 的代码非常小巧精致,文件包压缩后大约只有 100KB。

(2) 语法精练:jQuery 的语法简洁易懂,学习时间短,容易上手。

(3) 强大的选择器:jQuery 支持几乎所有的 CSS 选择器,获取元素的方式更加灵活。

(4) 出色的 DOM 封装:jQuery 封装了大量常见的 DOM 操作,编写程序更加容易。

(5) 优秀的浏览器兼容性:jQuery 同时支持多种浏览器,浏览器兼容性问题得到了解决。

(6) 可靠的事件处理机制:jQuery 的事件处理继承了 JavaScript 的优点,处理事件快速可靠。

(7) 脚本与标签分离:jQuery 实现了 JavaScript 代码和 HTML 代码的分离,便于代码的管理维护。

(8) 丰富的插件:jQuery 拥有很多成熟的插件,还不断有新插件面世。

4. jQuery 的用途

jQuery 是 JavaScript 的库之一,很多使用 JavaScript 可以实现的功能,使用 jQuery 都可以实现。jQuery 的用途主要有以下 5 个方面。

(1) 访问和操作 DOM 元素:使用 jQuery 可以方便获取和修改网页中的指定元素,减少代码的编写,提高用户对网站的体验度。

(2) 控制页面样式:使用 jQuery 操作页面的样式可以兼容多种浏览器。

(3) 对页面事件的处理:引入 jQuery 后,页面的表现层和功能开发分离,页面设计人员着眼于页面的优化以提高用户体验,而程序开发人员专注于程序的结构和功能。通过事件绑定机制,可以将两者轻松结合在一起。

(4) 方便地使用插件:引入 jQuery 后可以使用大量插件以增强页面的功能,提高显示效果。

(5) 完美结合 Ajax 技术:利用 Ajax 技术可以极大地方便程序开发,增强页面交互性。

2.4.2 jQuery 的使用

要想在页面中使用 jQuery,首先要在官网上下载并引入 jQuery 文件包,然后配置开发环境,调用 jQuery 文件包中的方法,实现页面的功能。

1. 下载 jQuery

访问 jQuery 的官方网站 http://www.jquery.com,单击页面右侧的"下载 jQuery"按钮,进入下载页面。jQuery 库文件的版本更新较快,以版本号 1. 开头的库文件的兼容性最好,下载版本号 1. 开头的库文件即可。jQuery 下载页面如图 2-12 所示。

图 2-12 jQuery 下载页面

2. jQuery 的版本类型

在官网下载 jQuery 文件时可以看到,jQuery 有两种类型的版本:一种是完整的未压缩的开发版,大小约为 300KB,代码可读性好,主要用于测试、学习和开发,适合初学者和经验不足的程序开发人员;另一种是压缩过的发布版,大小约为 100KB,主要用于发布产品。此版本将 jQuery 文件中与逻辑无关的内容全部删除并进行优化,文件的体积减小,加载速度加快,适合有经验的程序开发人员。

3. 引入 jQuery

jQuery 无须安装,只需要把下载好的 jQuery 文件保存到项目目录中即可。若要在页面上使用,只需要在项目的 HTML 文件中引入库文件的位置即可。引入 jQuery 的代码示例如下:

```
1    <!-- 引入 jQuery 库文件 --!>
2    <script src="jquery-1.12.4.js"></script>
```

2.4.3 jQuery 的语法

jQuery 语法是为 HTML 元素的选取编制的,可以对元素执行操作。jQuery 基本语法如下:

```
$(selector).action()
```

其中,美元符号 $ 定义 jQuery,选择器 selector 负责查询和查找 HTML 元素,方法 action 用来绑定 DOM 元素的事件和事件处理方法,从而执行对元素的操作。

【例 2-25】 使用 jQuery 弹出消息框。

将 jquery-1.12.4.js 文件复制到 ch02_demo\js 文件夹，在 ch02_demo 文件夹中新建 HTML 文件，命名为 js4.html。js4.htm 文件代码如文件 2-4 所示。

文件 2-4 js4.htm 文件代码

```
1   <!DOCTYPE html>
2   <html>
3   <head>
4   <meta charset="GB2312">
5   <title>jQuery 使用</title>
6   <script src="js/jquery-1.12.4.js"></script>
7   </head>
8   <body>
9       <button>弹出 Hello</button>
10      <script type="text/javascript">
11          $('button').click(function(){
12              alert("Hello");
13          });
14      </script>
15  </body>
16  </html>
```

文件 2-4 的第 6 行引入 jQuery 库文件。第 9 行定义一个名称为"弹出 Hello"的按钮，第 10～13 行获取按钮，并为其绑定 click 事件。按钮被单击后弹出提示框，提示框的内容为 "Hello"。运行结果如图 2-13 所示。

图 2-13 例 2-25 的运行结果

2.4.4 jQuery 选择器

选择器是 jQuery 各项操作的基础，通过选择器可以获取元素并对元素进行操作。在层叠样式表（CSS）中，选择器的作用是获取元素并为其添加 CSS 样式。jQuery 选择器在继承了 CSS 选择器快捷、高效获取页面元素的特点的同时，浏览器的兼容性问题又得到了很好的解决。使用 jQuery 选择器获取元素后，不仅可以为元素添加样式，还可以为元素添加行为。

jQuery 选择器按概念可以分为基本选择器、层次选择器、属性选择器和过滤选择器。

1. 基本选择器

jQuery 基本选择器与 CSS 基本选择器相同，是使用简单且使用频率最高的选择器。通过基本选择器可以实现大部分页面元素的查找。jQuery 基本选择器的名称、描述和返回值如表 2-16 所示。

表 2-16　jQuery 基本选择器的名称、描述和返回值

选择器	名称	描述	返回值
*	全局选择器	匹配所有元素	元素集合
#id	ID 选择器	根据 id 匹配元素	单个元素
element	元素选择器	根据元素名匹配元素	元素集合
.class	类选择器	根据类名匹配元素	元素集合
selector1,...,selectorN	交集选择器	将每一个选择器匹配的元素合并后返回	元素集合
element.class element#id	并集选择器	匹配指定 class 或 id 的元素或元素集合	单个元素或元素集合

2. 层次选择器

层次选择器中的"层次"是指 DOM 的层次关系。jQuery 层次选择器和 CSS 层次选择器都可以快速定位与指定元素具有层次关系的元素。jQuery 层次选择器的名称、描述和返回值如表 2-17 所示。

表 2-17　jQuery 层次选择器的名称、描述和返回值

选择器	名称	描述	返回值
prev+next	相邻元素选择器	选取 prev 元素紧邻的元素	元素集合
prev~siblings	同辈元素选择器	选取 prev 元素之后所有同辈元素	元素集合
parent>child	子选择器	选取 parent 元素下的子元素	元素集合
ancestor descendant	后代选择器	选取 ancestor 元素中所有后代元素	元素集合

3. 属性选择器

属性选择器是通过 HTML 元素的属性选择元素的选择器，与 CSS 中的属性选择器相同。从语法构成看，jQuery 属性选择器遵循 CSS 选择器；从类型看，其属于 jQuery 中按条件过滤规则获取元素的选择器。jQuery 属性选择器的描述和返回值如表 2-18 所示。

表 2-18　jQuery 属性选择器的描述和返回值

选择器	描述	返回值
[attribute]	选取包含指定属性的元素	元素集合
[attribute=value]	选取指定属性等于特定值的元素	元素集合
[attribute!=value]	选取指定属性不等于特定值的元素	元素集合
[attribute^=value]	选取指定属性以特定值开始的元素	元素集合
[attribute$=value]	选取指定属性以特定值结束的元素	元素集合
[attribute*=value]	选取指定属性包含某些值的元素	元素集合
[selector1],...,[selectorN]	选取满足多个条件的复合属性元素	元素集合

4. 过滤选择器

为了快速筛选 DOM 元素，jQuery 设计了过滤选择器。过滤选择器通过特定的过滤规则筛选所需的 DOM 元素，过滤规则与 CSS 中的伪类选择器类似。过滤选择器以冒号（:）开头，冒号后面用于指定过滤规则。

按照不同的过滤条件，常用的过滤选择器分为基本过滤选择器、可见性过滤选择器、内容过滤选择器、表单过滤选择器和表单对象属性过滤选择器。

（1）基本过滤选择器。

基本过滤选择器是使用较广泛的过滤选择器，过滤规则大多与元素的索引值有关。

jQuery 基本过滤选择器的描述及返回值如表 2-19 所示。

表 2-19 jQuery 基本过滤选择器的描述及返回值

选 择 器	描 述	返 回 值
:first	选取第一个元素	单个元素
:last	选取最后一个元素	单个元素
:not(selector)	选取除指定选择器外的所有元素	元素集合
:even	选取索引值为偶数的所有元素,索引号从 0 开始	元素集合
:odd	选取索引值为奇数的所有元素,索引号从 0 开始	单个元素
:eq(index)	选取指定索引值的元素,索引号从 0 开始	元素集合
:gt(index)	选取所有大于指定索引值的元素,索引号从 0 开始	元素集合
:lt(index)	选取所有小于指定索引值的元素,索引号从 0 开始	元素集合
:header	选取所有标题类型元素	元素集合
:focus	选取当前获得焦点的元素	元素集合

(2) 可见性过滤选择器。

在网页开发中,具有动态效果的页面往往有很多元素被隐藏。在 jQuery 中,通过元素显示状态选取元素的选择器为可见性过滤选择器。jQuery 可见性过滤选择器的描述及返回值如表 2-20 所示。

表 2-20 jQuery 可见性过滤选择器的描述及返回值

选 择 器	描 述	返 回 值
:visible	选取所有可见元素	元素集合
:hidden	选取所有隐藏元素	元素集合

(3) 内容过滤选择器。

元素的内容是指元素包含的子元素或文本内容。jQuery 中的内容过滤选择器可以根据元素内容获取元素。jQuery 内容过滤选择器的描述及返回值如表 2-21 所示。

表 2-21 jQuery 内容过滤选择器的描述及返回值

选 择 器	描 述	返 回 值
:contains(text)	选取包含指定文本的元素	元素集合
:empty	选取所有不包含子元素或文本的空元素	元素集合
:has(selector)	选取含有选择器匹配的元素	元素集合
:parent	选取包含子元素或文本的元素	元素集合

(4) 表单过滤选择器。

在 jQuery 中,通过表单过滤选择器可以在页面中快速定位表单中某个类型元素的集合,以更加方便、高效地使用表单。jQuery 表单过滤选择器的描述及返回值如表 2-22 所示。

表 2-22 jQuery 表单过滤选择器的描述及返回值

选 择 器	描 述	返 回 值
:input	选取表单中所有表单控件元素	元素集合
:text	选取表单中所有单行文本框元素	元素集合
:password	选取表单中所有密码框元素	元素集合

续表

选 择 器	描 述	返 回 值
:radio	选取表单中所有单选按钮元素	元素集合
:checkbox	选取表单中所有复选框元素	元素集合
:submit	选取表单中所有提交按钮元素	元素集合
:image	选取表单中所有图像域元素	元素集合
:reset	选取表单中所有重置按钮元素	元素集合
:button	选取表单中所有普通按钮元素	元素集合
:file	选取表单中所有文件域元素	元素集合

（5）表单对象属性过滤选择器。

表单对象有一些专有属性用于表示表单的某种状态。在 jQuery 中，可以通过表单中的对象属性特征获取该类元素。jQuery 表单对象属性过滤选择器的描述及返回值如表 2-23 所示。

表 2-23　jQuery 表单对象属性过滤选择器的描述及返回值

选 择 器	描 述	返 回 值
:enabled	选取表单中所有属性为可用的元素	元素集合
:disabled	选取表单中所有属性为不可用的元素	元素集合
:checked	选取表单中所有被选中的元素	元素集合
:selected	选取表单中所有被选中 option 元素	元素集合

2.4.5　jQuery 的事件

事件在元素对象与功能代码间起着重要的桥梁作用，通过事件可以实现各项功能或执行某项操作。JavaScript 与 HTML 之间的交互是通过用户在浏览器操作页面时引发的事件来处理的。传统的 JavaScript 也可以完成这些交互，但语法比较复杂，容易遇到浏览器的兼容性问题。jQuery 对 JavaScript 操作 DOM 事件进行了封装，形成了出色的事件处理机制。

1. jQuery 事件方法

jQuery 的事件与 JavaScript 的事件一样，都提供特有的事件方法，将事件和处理函数绑定。jQuery 常用的事件方法有鼠标事件方法、键盘事件方法、焦点事件方法等。jQuery 常用事件的分类、事件方法及其触发行为如表 2-24 所示。

表 2-24　jQuery 常用事件的分类、事件方法及其触发行为

分　类	事 件 方 法	触 发 行 为
鼠标事件	click()	单击触发
	dbclick()	双击触发
	mousedown()	按下鼠标时触发
	mouseup()	松开鼠标时触发
	mouseenter()	鼠标指针进入时触发
	mouseleave()	鼠标指针离开时触发
	mouseover()	鼠标指针移过时触发
	mouseout()	鼠标指针移出时触发
键盘事件	keypress()	键盘字符按键(可打印字符)按下时触发
	keydown()	键盘按键按下时触发
	keyup()	键盘按键松开时触发

续表

分　类	事件方法	触发行为
焦点事件	onfocus()	获取焦点时触发
	onblur()	失去焦点时触发
浏览器事件	resize()	调整浏览器窗口大小时触发
滚动条事件	scroll()	当滚动条发送变化时触发
文本框事件	select()	当文本框的文本被选中时触发
表单事件	submit()	当表单提交时触发
改变事件	change()	当元素的值发送改变时触发

2. jQuery 事件的绑定

在实际网页开发中，有时需要对同一个元素进行多种不同的事件处理，这就需要使用绑定事件方法一次性绑定多个事件。在 jQuery 中，绑定事件主要用于绑定简单事件。jQuery 提供了 on()、bind() 和 delegate() 3 种功能强大的事件绑定方法。其中，on() 方法适用于动态添加的元素，效率较高，因此应用较为广泛。

on() 方法的语法代码如下：

```
1    $(selector).on(event,[data],function)
```

on() 方法参数说明如表 2-25 所示。

表 2-25　on() 方法参数说明

参　数	含　义	描　述
event	事件类型	必需，包括 click、change、mouseover 等
function	处理函数	必需，用来绑定处理函数
data	可选参数	可选，导入事件处理函数的数据

3. jQuery 事件的解绑

在 jQuery 中，既然有了绑定事件，肯定就会有移除绑定事件，即事件的解绑。jQuery 同样提供了 off()、unbind() 和 undelegate() 3 种事件解绑方法。其中，off() 方法的语法简单，使用最为灵活、高效。

off() 方法的语法代码如下：

```
$(selector).off([event],[function])
```

off() 方法的两个参数都不是必需的，当 off() 方法没有参数时，表示移除绑定的全部事件。

2.5　验证用户注册页面

在静态页面上添加各种 JavaScript 代码及部分 CSS 样式，通过 JavaScript 的交互功能对用户输入的注册信息做有效性验证。"用户注册"对话框如图 2-14 所示。

当用户输入数据并通过验证，就会显示"恭喜您！注册成功！"界面。

在 ch02_demo 文件夹中创建两个 HTML 文件，分别命名为 register.html 和 regSuccess.html。

在 regSuccess.html 页面的 <body> 标签中输入"恭喜您！注册成功！"。

视频讲解

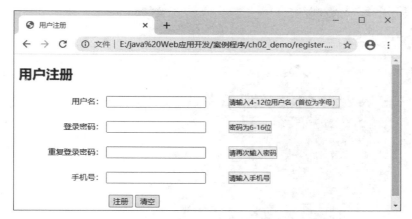

图 2-14 "用户注册"对话框

register.html 页面实现的主要步骤如下所述。

(1) 定义注册表单。输入注册信息的<input>标签都有对应的<span>标签用于显示提示信息,<span>标签的 id 属性设置为<input>标签的 id 属性+Message,表单代码如下:

```
1    <h2>用户注册</h2>
2    <form action = "regSuccess.html" method = "POST" id = "form1">
3        <p>
4            <label for = "userName">用户名:</label><input type = "text" id = "userName">
5            <span id = "userNameMessage">请输入 4-12 位用户名(首位为字母)</span>
6        </p>
7        <p>
8            <label for = "password">登录密码:</label><input type = "password" id = "password">
9            <span id = "passwordMessage">密码为 6-16 位</span>
10       </p>
11       <p>
12           <label for = "repassword">重复登录密码:</label><input type = "password" id = "repassword">
13           <span id = "repasswordMessage">请再次输入密码</span>
14       </p>
15       <p>
16           <label for = "tel">手机号:</label><input type = "text" id = "(tel)">
17           <span    id = "telMessage">请输入手机号</span>
18       </p>
19   <p class = "button">
20       <input type = "submit" value = "注册" /><input type = "reset" value = "清空" />
21   </p>
22   </form>
```

(2) 添加美化表单的样式表。其代码如下:

```
1        <style>
2        .success {
3            background-color: #E6FEE0;
4            border-color: #11EE00;
5            background-repeat: no-repeat;
6            background-position: left 2px;
```

```css
7            padding:18px;
8        }
9    .fail {
10           background-color:#FFF2EDD;
11           border-color:#FF3311;
12           background-repeat: no-repeat;
13           background-position: left 2px;
14           padding: 18px;
15       }
16   label{
17           width: 150px;
18           height: 30px;
19           line-height: 30px;
20           text-align: right;
21           font-size: 14px;
22           display: inline-block;
23       }
24   span {
25           background-color:#FFFFDA;
26           border: 1px solid #FFCD00;
27           font-size: 12px;
28           height: 20px;
29           line-height: 20px;
30           display: inline-block;
31           margin-left: 40px;
32
33       }
34   .button{
35           margin-left: 159px;
36           border: dashed 1px transparent;
37           background-color: transparent;
38           cursor: pointer;
39       }
40   </style>
```

（3）分别定义用户名、密码、重复密码和手机号的数据验证的 JavaScript 函数。在函数中首先判断是否有输入，其次判断数据是否有效，通过正则表达式设置数据的有效性规则。函数代码如下：

```javascript
1    //用户名的相关验证
2    function userNameValidate(){
3        //先判断是否为空
4        var value = $("#userName").val();
5        if(value.length == 0)
6        {
7            $("#userNameMessage").text('用户名不能为空');
8            $("#userNameMessage").removeClass('success').addClass('fail');
9            return false;
10       }
11       //定义正则表达式
12       var pattern = /^[A-Za-z][A-Za-z0-9]{3,11}$/;
13       if(!pattern.test(value))
14       {
```

```javascript
15              $("#userNameMessage").text('用户名格式错误,请重新输入');
16              $("#userNameMessage").removeClass('success').addClass('fail');
17              return false;
18          }else{
19             $("#userNameMessage").text('用户名输入正确');
20              $("#userNameMessage").removeClass('fail').addClass('success');
21              return true;
22          }
23  }
24  //密码数据验证
25  function passwordValidate(){
26      //先判断是否为空
27      var value = $("#password").val();
28      if(value.length == 0)
29          {
30              $("#passwordMessage").text('密码不能为空');
31              $("#passwordMessage").removeClass('success').addClass('fail');
32              return false;
33          }
34      //定义正则表达式
35      var pattern = /^[A-Za-z0-9]{6,16}$/;
36      if(!pattern.test(value))
37          {
38              $("#passwordMessage").text('密码不符合格式,请重新输入');
39              $("#passwordMessage").removeClass('success').addClass('fail');
40              return false;
41          }else{
42          $("#passwordMessage").text('密码输入正确');
43              $("#passwordMessage").removeClass('fail').addClass('success');
44              return true;
45      }
46  }
47  //重复密码的相关验证
48  function repasswordValidate(){
49      //先判断是否为空
50      var value = $("#repassword").val();
51      if(value.length == 0)
52          {
53              $("#repasswordMessage").text('重复密码不能为空');
54              $("#repasswordMessage").removeClass('success').addClass('fail');
55              return false;
56          }
57      //判断值是否相同
58      if(!(value == $("#password").val()))
59          {
60              $("#repasswordMessage").text('两次输入的密码不一致,请重新输入');
61              $("#repasswordMessage").removeClass('success').addClass('fail');
62              return false;
63          }else{
64          $("#repasswordMessage").text('两次密码一致');
65              $("#repasswordMessage").removeClass('fail').addClass('success');
66              return true;
67      }
68  }
```

```
69    //手机号的相关验证
70    function telValidate(){
71        //先判断是否为空
72        var value = $("#tel").val();
73        if(value.length == 0)
74        {
75            $("#telMessage").text('手机号不能为空');
76            $("#telMessage").removeClass('success').addClass('fail');
77            return false;
78        }
79        //判断值是否相同
80        var pattern = /^1[34578]\d{9}$/;
81        if(!pattern.test(tel.value))
82        {
83            $("#telMessage").text('手机号码格式错误,请重新输入');
84            $("#telMessage").removeClass('success').addClass('fail');
85            return false;
86        }else{
87          $("#telMessage").text('手机号输入正确');
88           $("#telMessage").removeClass('fail').addClass('success');
89            return true;
90        }
91    }
```

（4）在 jQuery 操作中,所有的验证都是在鼠标移出输入框时再进行相应的验证,这也是实时的验证。使用 jQuery 为输入框添加 mouseleave() 事件,在事件处理函数中调用输入框对应的数据验证函数。其代码如下：

```
1   $(function(){
2       //对用户名进行相应的验证.
3       $("#userName").mouseleave(function(){
4           userNameValidate();
5       });
6       //对密码进行验证
7       $("#password").mouseleave(function(){
8           passwordValidate();
9       });
10      //对重复密码进行验证
11      $("#repassword").mouseleave(function(){
12          repasswordValidate();
13      });
14      $("#tel").mouseleave(function(){
15          telValidate();
16      });
17  });
```

（5）使用 Chrome 浏览器打开 register.html 页面。在弹出的"用户注册"对话框中,所有的文本框为必填项,否则提示信息"×××不能为空"。没有输入内容时的信息提示如图 2-15 所示。

输入无效内容时的信息提示如图 2-16 所示。

如果输入正确,就显示正确提示。但即使输入内容错误,当单击"注册"按钮时,仍然可以提交。这是因为单击"注册"按钮时,没有做任何数据验证。

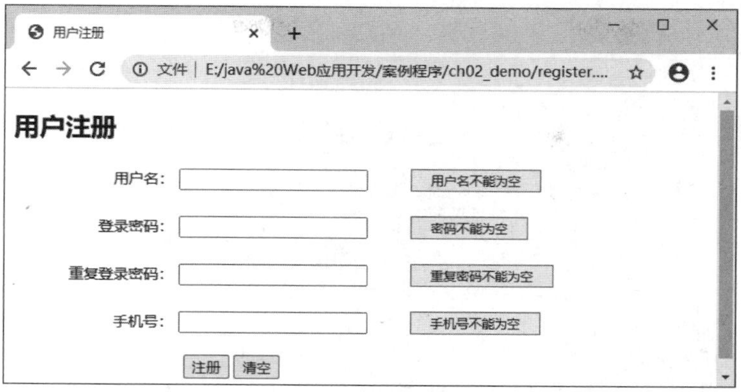

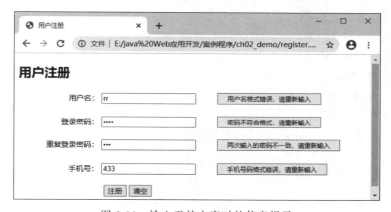

图 2-15　没有输入内容时的信息提示

图 2-16　输入无效内容时的信息提示

（6）为表单添加提交验证。在 form 表单里，添加一个 onsubmit 方法的代码如下：

```
< form action = "＃" method = "POST" id = "form1" onsubmit = "return formValidate()">
```

定义 formValidate()函数，在函数中调用用户名、登录密码、重复登录密码和手机号的验证函数，代码如下：

```
1    function formValidate(){
2        return userNameValidate()&&passwordValidate()&&repasswordValidate()&&telValidate();
3    }
```

再次浏览 register.html 页面，就可以进行正确的提交了。

2.6　本章小结

本章 2.1 节着重介绍了 JavaScript 的发展历程、特点和组成；2.2 节重点介绍了 JavaScript 的语法基础和 JavaScript 的数据类型，详细介绍了 JavaScript 的运算符和流程控制语句，为以后的学习做好充足的知识储备。2.3 节介绍了 JavaScript 常用事件和对象，着重介绍了 DOM 技术。2.4 节介绍了 jQuery 技术的版本、优势和语法，着重介绍了 jQuery 选择器和时间；在 2.5 节中通过具体案例的进一步展示，使读者对 Java Web 开发有了更深层次的认识和理解。

第 3 章 Java Web 基础

Java Web 是指所有应用于 Web 开发的 Java 技术的总称。XML 是由万维网联盟（W3C）创建的标记语言，用于定义、编码人类和机器可以读取的文档的语法。它非常适合万维网传输，提供统一的方法来描述和交换独立于应用程序或供应商的结构化数据。HTTP 是专门用于定义浏览器与服务器之间交互数据的过程以及数据本身的格式。对于 Web 开发人员来说，只有深入理解 HTTP，才能更好地开发、维护、管理 Web 应用。

通过本章的学习，您可以：

(1) 了解 XML 的概念；
(2) 掌握 XML 语法，学会定义 XML；
(3) 了解 HTTP 消息；
(4) 熟悉 HTTP 请求行和请求头字段的含义；
(5) 熟悉 HTTP 响应行和响应头字段的含义；
(6) 掌握在 Eclipse 中配置 Tomcat 服务器的方法。

视频讲解

3.1 XML 基 础

XML 是目前比较流行的、应用于不同应用程序之间的数据交换的一项技术。由于这种数据交换不以预先定义的一组数据结构为前提，因此，具有较强的可扩展性。

3.1.1 XML 文档简介

1. 什么是 XML

XML（eXtensible Makup Language，可扩展标记语言）中的可扩展指的是用户可以按照 XML 规则自定义标记。XML 文件就是存储该语言的文件。

在现实生活中，很多事物之间都存在着一定的关联关系。例如，一个班级有两名学生：学生 1，张强，男，20 岁；学生 2，李萌，女，20 岁，可以用层次结构图来表示。班级学生信息层次结构示意如图 3-1 所示。

图 3-1　班级学生信息层次结构示意

图 3-1 直观地描述了班级与学生之间的层次结构关系；但是使用程序解析图片内容非常困难，这时，采用 XML 文件这种具有树状结构的数据格式就是最好的选择。用 XML 文档描述图 3-1 所示的关系，如文件 3-1 所示。

文件 3-1　student.xml

```
1    <?xml version = "1.0" encoding = "gb2312"?>
                                   <!-- 说明是 XML 文档,并指定 XML 文档的版本和编码 -->
2      <class>                     <!-- 定义 XML 文档的根元素 -->
3        <stu id = "001">          <!-- 定义 XML 文档的元素 -->
4           <name>张强</name>
5           <sex>男</sex>
6           <age>20</age>
7        </stu>                    <!-- 定义 XML 文档元素的结束标记 -->
8        <stu id = "002">
9           <name>李萌</name>
10          <sex>女</sex>
11          <age>20</age>
12       </stu>
13     </class>                    <!-- 定义 XML 文档根元素的结束标记 -->
```

在文件 3-1 中，第 1 行代码是 XML 的文档声明，下面的<class><stu><name><sex><age>都是用户自己创建的标记。在 XML 中，它们被称为元素，其中 class 被称为整个文档的根元素，它有一个子元素 stu，在这个子元素中有一个属性 id，元素 stu 又有三个子元素 name、sex、age。元素必须成对出现，即包括开始标记和结束标记。例如，class 元素的开始标记是<class>，结束标记是</class>。

在 XML 文档中，通过元素的嵌套关系可以很准确地描述具有树状层次结构的复杂信息。因此，越来越多的应用程序都采用 XML 格式来存放相关的配置信息。在本书中，将介绍如何使用 web.xml 文件存放 Servlet 的配置信息，以及如何访问其他 XML 文件中的相关信息。

2. XML 与 HTML 的比较

XML 是一种与 HTML 相似的标记语言。它们都是标记文本，在结构上大致相同，都是以标记的形式来描述信息，但实际上它们又有着本质的区别。下面从 5 方面进行比较。

(1) 作用。HTML 的作用是用来显示数据；而 XML 的作用是为了传输和存储数据，其实现了数据的平台无关性。

(2) 是否区分大小写。HTML 不区分大小写；而 XML 是严格区分大小写的。

(3) 根元素的个数。HTML 可以有多个根元素；而格式良好的 XML 有且只能有一个根元素。

(4) 空格处理。HTML 中的空格是自动过滤的；而 XML 中的空格则不会自动删除。

(5) 标记的定义。HTML 中的标记是预定义的；而 XML 中的标记可以根据需要自己定义，并且可扩展。

3.1.2　XML 语法

一个基本的 XML 文档通常由文档声明和文档元素两部分组成。

1. 文档声明

在一个文本的 XML 文档中，必须包括一个 XML 的文档声明，用于说明这是一个 XML 的文档。XML 声明的语法格式如下：

```
1    <?xml version = "version" [encoding = "value"] [standalone = "value"]?>
```

由以上格式可以看出,该声明包含在符号"<?"和"?>"之间,其中,xml 表明这是一个 XML 文档声明。

参数说明

(1) version:用于指定遵循 XML 规范的版本号,最常用的版本是 1.0。在 XML 声明中必须包含 version 属性,该属性必须放在 XML 声明中的其他属性之前。

(2) encoding:关于指定 XML 文档中字符使用的编码集。常用的编码集为 GBK 或 GB2312(简体中文)、BIG5(繁体中文)、ISO88591(西欧字符)和 UTF-8(通用的国际编码)。

(3) standalone:英语指定该 XML 文档是否和一个外部文档嵌套使用。取值为 yes 或 no,若设置属性值为 yes,则说明是一个独立的 XML 文档与外部文件无关联;若设置属性值为 no,则说明 XML 文档不独立;默认取值为 no。

注意:

(1) 在声明中括号括起来的内容表示是可选的;

(2) "?"和"xml"之间不能留空格;

(3) 如果在 XML 文档中没有指定编码集,那么该 XML 文档将不支持中文。

2. 文档元素

XML 文档的主体部分是由元素组成的。XML 文档中的元素以树状分层结构排列,一个元素可以嵌套在另一个元素中。XML 文档中有且只有一个顶层元素,也称为根元素。其他所有元素都嵌套在根元素中。

XML 文档元素由开始标记、元素内容和结束标记 3 部分组成。定义 XML 文档元素的语法格式如下:

```
1    <tagName>content</tagName>
```

参数说明

(1) <tagName>:XML 文档元素的开始标记。tagName 是元素的名称。

(2) content:元素内容,可以包含其他的元素、字符数据等。

(3) </tagName>:XML 文档元素的结束标记。tagName 是元素的名称,该名称必须与开始标志中指定的元素名称相同。

注意:

(1) XML 文档元素区分大小写;

(2) XML 文档有且只能有一个根元素;

(3) XML 文档元素必须同时拥有开始标志、结束标志,结束标志不能省略,这点与 HTML 不同;

(4) 空元素,没有内容的元素称为空元素。空元素可以不使用结束标志,但必须在开始标志的">"前加一个"/",例如:<img></img>可以简写成<img/>。

【例 3-1】 分析文件 3-1 中元素之间的关系。

解析:class、stu、name、sex、age 都是元素。其中,class 是根元素,stu 是 class 的子元素。name、sex、age 是 stu 的子元素。

3. 属性定义

在 XML 文档中,可以为元素定义属性,属性定义在元素的开始标记中,其值用单引号或双引号括起来。

【例 3-2】 在文件 3-1 中,为元素 stu 定义了属性 id 用于说明学生的 ID 号,代码如下:

```
1    <stu id="001">
```

注意:在同一个元素的开始标记中属性名不能相同。

4. 注释

注释是为了便于阅读和理解,而在 XML 文档中添加的附加信息,比如作者姓名、地址、电话等信息,或者想暂时屏蔽某些 XML 语句。注释是对文档结构或内容的解释,不属于 XML 文档的内容,所以 XML 解析器不会处理注释内容。XML 文档的注释以"<!--"开始,以"-->"结束,与 HTML 写法基本一致。

如在文件 3-1 中的第 1~3 行都添加了注释。

3.1.3 XML 的应用

XML 应用于 Web 开发的许多方面,常用于简化数据的存储和共享。

1. XML 把数据从 HTML 文档分离

如果需要在 HTML 文档中显示动态数据,那么在数据改变时,将花费大量的时间来编辑 HTML。

通过 XML,数据能够存储在独立的 XML 文件中。这样程序员就可以专注于使用 HTML 进行布局和显示,并确保修改底层数据不再需要对 HTML 进行任何的改变。

通过使用几行 JavaScript,就可以读取一个外部 XML 文件,然后更新 HTML 中的数据内容。

2. XML 简化数据共享

在真实的世界中,计算机系统和数据使用不兼容的格式来存储数据。

XML 数据以纯文本格式进行存储,因此提供了一种独立于软件和硬件的数据存储方法。这让创建不同应用程序可以共享的数据变得更加容易。

3. XML 简化数据传输

通过 XML,可以在不兼容的系统之间轻松地交换数据。

对开发人员来说,其中一项最费时的挑战是在互联网上的不兼容系统之间交换数据。由于可以通过各种不兼容的应用程序来读取数据,以 XML 来交换数据便降低了其复杂性。

4. XML 简化平台的变更

升级到新的系统(硬件或软件平台)总是非常费时的。若要转换大量的数据,不兼容的数据就会丢失。

XML 数据以文本格式存储。这使得 XML 在不损失数据的情况下,更容易扩展或升级到新的操作系统、新应用程序或新的浏览器。

3.2 HTTP 协议

3.2.1 HTTP 概述

1. HTTP 简介

HTTP(Hyper Text Transfer Protocol,超文本传输协议)是用于从万维网(World Wide Web,WWW)服务器传输超文本到本地浏览器的传输协议。

HTTP 工作于客户端—服务器端架构之上。浏览器作为 HTTP 客户端通过 URL 向 HTTP 服务器端即 Web 服务器发送所有请求;Web 服务器根据接收到的请求,向客户端回送响应信息,如图 3-2 所示。

图 3-2　客户端与服务器端的交互过程

HTTP 有如下特点。

（1）支持 B/S 及 C/S 结构。

（2）简单快速：客户端向服务器请求服务时，只需传送请求方法和路径。请求方法常用的有 GET、HEAD、POST 三种。每种方法规定了客户与服务器联系的类型不同。由于 HTTP 简单，使得 HTTP 服务器的程序规模小，因而通信速度较快。

（3）灵活：HTTP 允许传输任意类型的数据对象。正在传输的类型由 Content-Type 加以标记。

（4）无状态：HTTP 是无状态协议。无状态是指协议对于事务处理没有记忆能力，如果后续处理需要前面的信息，则它必须重传，这样可能导致每次连接传送的数据量增大。

（5）无连接：无连接的含义是限制每次连接只处理一个请求。服务器端处理完客户端的请求，并收到客户端的应答后，即断开连接。采用这种方式可以节省传输时间。

2. HTTP 发展阶段

HTTP 于 1990 年提出，经过几年的使用与发展，得到不断的完善和扩展，最初的版本是 0.9，目前已经不使用了；1996 年 5 月，HTTP 1.0 版本发布；1997 年 1 月，HTTP 1.1 版本发布；HTTP/2 标准于 2015 年 5 月以 RFC 7540 正式发布，取代 HTTP 1.1 成为 HTTP 的实现标准。下面着重介绍目前流行的 HTTP 1.0 和 HTTP 1.1 版本。

（1）HTTP 1.0。1996 年 5 月，HTTP 1.0 版本发布，任何格式的内容都可以发送。这使得互联网不仅可以传输文字，还能传输图像、视频、二进制文件。这为互联网的发展奠定了基础。

HTTP 1.0 请求/响应的交互过程如图 3-3 所示。

图 3-3　HTTP 1.0 请求/响应的交互过程

由图 3-3 可以看出，HTTP 1.0 版的每个 TCP 连接都只能发送一个请求。发送数据完毕，连接就关闭，如果还要请求其他资源，就必须再新建一个连接。

TCP 连接的新建成本很高，随着网页加载的外部资源越来越多，这个问题就越发突出了。

【例 3-3】　分析 HTML 代码的请求响应交互过程。代码如文件 3-2 所示。

文件 3-2　http1.html

```
1    <html>
2        <body>
3            <img src = "/image01.jpg">
4            <img src = "/image02.jpg">
```

```
5              < img src = "/image03.jpg">
6         </body>
7    </html>
```

文件 3-2 中包含 3 个<img>标记,<img>标记的 src 属性是图片的 URL 地址。因此,当客户端访问这些图片时,需要发送 3 次请求,每次请求都要与服务器端建立连接。如此一来,必然导致交互延时,影响访问速度。

(2) HTTP 1.1。1997 年 1 月,HTTP 1.1 版本发布,只比 1.0 版本晚了半年。它进一步完善了 HTTP 协议,一直沿用至今,目前还是最流行的版本。

HTTP 1.1 版的最大变化,就是引入了持久连接(persistent connection),即 TCP 连接默认不关闭,可以被多个请求复用,但是所有的数据通信都是按次序完成的,服务器只有处理完一个响应,才会处理下一个响应。HTTP 1.1 的交互过程如图 3-4 所示。

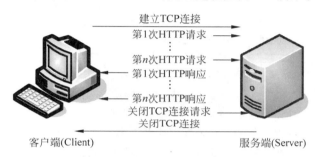

图 3-4 HTTP 1.1 的交互过程

HTTP 1.1 不仅继承了 HTTP 1.0 的优点,而且还有效解决了 HTTP 1.0 的性能问题,显著地减少了客户端与服务器端交互所需的时间。

3. 统一资源标识符

统一资源标识符(uniform resource identifier,URI)用来唯一地标识一个资源。Web 上可用的每种资源如 HTML 文档、图像、视频片段、程序等都是用一个 URI 来定位的。URI 有两个子集 URL 和 URN。

统一资源命名(uniform resource name,URN)是通过名字来标识资源。不指定访问方式。

统一资源定位器(uniform resource locator,URL)是一种具体的 URI,即 URL 可以用来标识一个资源,而且还指明了如何定位这个资源。

URI 是以一种抽象的、高层次概念定义统一资源标识,而 URL 和 URN 则是具体的资源标识的方式。URL 和 URN 都是一种 URI。URL、URN、URI 关系如图 3-5 所示。

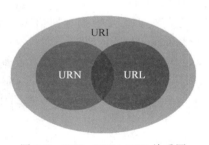

图 3-5 URL、URN、URI 关系图

【例 3-4】 举例说明 URI、URL 与 URN 的区别。

现实生活中通常用 ISBN 标识一本书,即 URI,有如下两种表示方式。

(1) ISBN:9787302528999。它指定了一本书的 ISBN,可以唯一标识这本书,但是没有指定到哪里能找到这本书,这就相当于 URN。

(2) ISBN:9787302528999,清华大学出版社。它指定了一本书的 ISBN,同时指明了出版社,这样读者就知道去哪里购买这本书了,这就相当于 URL。

在目前的互联网中,URN 用得非常少,几乎所有的 URI 都是 URL,一般的网页链接既可以称为URL,也可以称为URI。

URL语法格式如下:

```
1    scheme://hostname[:port]/website/[path/][file][?query][#fragment]
```

参数说明

(1) scheme:指定因特网服务的类型。最流行的类型是 HTTP、HTTPS。
(2) hostname:指定服务器的域名系统(DNS)主机名或 IP 地址。
(3) port:指定主机的端口号。端口号通常可以被省略,HTTP 服务器的默认端口号是 80。
(4) website:网站名称,可以是 Web 应用程序上下文、虚拟目录名、网站根目录等。
(5) path:指定远程服务器上的路径,该路径也可以被省略,省略该路径则默认被定位到网站的根目录。
(6) file:指定远程文档的名称。如果省略该文件名,通常会定位到 index.html、index.htm 等文件,或定位到 Web 服务器设置的其他文件。
(7) query:查询参数,以"?"开始,允许有多个参数,参数与参数之间用"&"作为分隔符,每个参数都以"参数名=参数值"的形式给出。
(8) fragment:信息片段,以"#"开始,是一种网页锚点。

【例 3-5】 分析 URL 的构成。

浏览某平台"Java Web 应用开发"课程的视频 URL 如下:

```
1    https://mooc1-1.chaoxing.com/nodedetailcontroller/visitnodedetail?courseId=204353013&
2    knowledgeId=168133932
```

该 URL 的协议部分为"https:",域名部分为"mooc1-1.chaoxing.com",虚拟目录是"/nodedetailcontroller/",文件名是"visitnodedetail",参数部分"courseId=204353013&knowledgeId=168133932"有两个参数 courseId 和 knowledgeId。

4. HTTP 消息

当用户在浏览器中访问某个 URL 地址、单击网页的某个超链接或者提交网页上的 form 表单时,浏览器都会向服务器发送请求数据,即 HTTP 请求消息。服务器端接收到请求数据后,会将处理后的数据返回给客户端,即 HTTP 响应消息。HTTP 请求消息和 HTTP 响应消息,统称为 HTTP 消息。

在 HTTP 消息中,除了服务器端的响应实体内容(如 HTML 网页、图片等)外,其他消息对用户都是不可见的,想要观察这些隐藏的消息,需要借助浏览器的开发者工具。

这里,使用 Chrome 浏览器自带的开发者工具查看 HTTP 头信息,步骤如下所述。

(1) 打开 Chrome 浏览器,在网页任意地方右击选择"检查"或者按下 Shift+Ctrl+I 组合键或者按 F12 键,打开 Chrome 自带的调试工具,会在浏览器的右部或底部显示开发者工具窗口。Chrome 浏览器的开发者工具窗口如图 3-6 所示。

(2) 选择 Network 标签,刷新网页(在打开调试工具的情况下刷新),会弹出当前访问的所有资源信息列表面板。资源信息列表面板如图 3-7 所示。

(3) 在资源信息列表面板的 Name 列中选择资源 URI,如百度的 URI: www.baidu.com,单击该 URI,在窗口右侧显示选中资源的详情面板,在该详情面板中选择 Headers 标签,就可以查看当前资源的 HTTP 头信息。当 HTTP 请求为 GET 方式时,在 Headers 标签页中有 General(基本信息)、Response Headers(响应头信息)、Request Headers(请求头信息)三部分。Chrome 浏览器中 HTTP 头信息(GET)如图 3-8 所示。

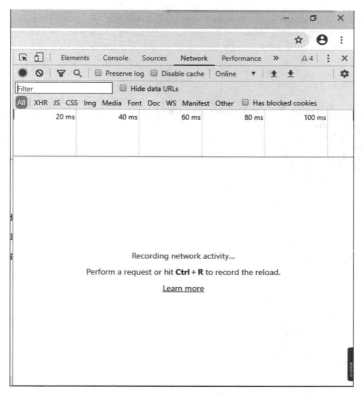

图 3-6　Chrome 浏览器的开发者工具窗口

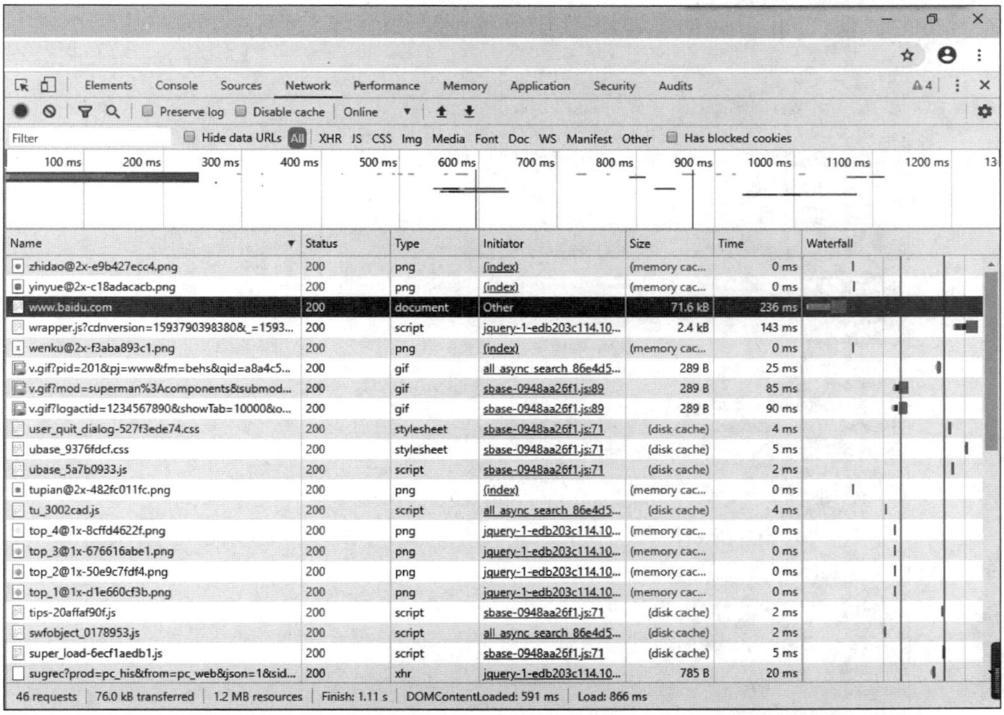

图 3-7　资源信息列表面板

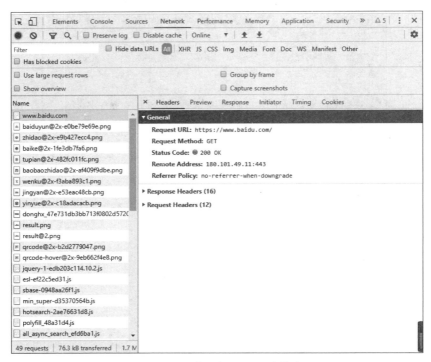

图 3-8　Chrome 浏览器中 HTTP 头信息（GET）

当 HTTP 请求为 POST 方式时，会增加 Form Data（表单数据）部分；当 HTTP 请求带参数时，会增加 Query String Parameters（请求参数）部分。单击前面的黑色三角可以折叠和展开每个部分的详情。Chrome 浏览器中 HTTP 头信息（POST）如图 3-9 所示。

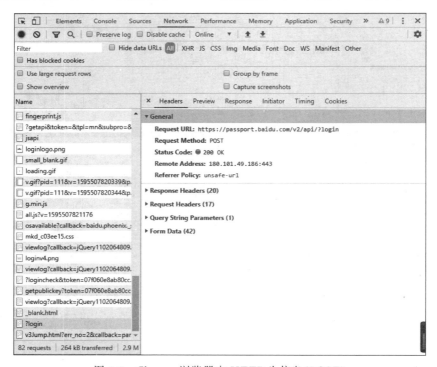

图 3-9　Chrome 浏览器中 HTTP 头信息（POST）

(4) 展开 Response Headers 详情，单击右侧的 view source，就可以查看原始的 HTTP 响应消息。其代码如下：

```
1   HTTP/1.1 200 OK
2   Bdpagetype: 1
3   Bdqid: 0xb121005d0018c9f4
4   Cache - Control: private
5   Connection: keep - alive
6   Content - Encoding: gzip
7   Content - Type: text/html;charset = UTF - 8
8   Date: Fri, 03 Jul 2020 15:31:46 GMT
9   Expires: Fri, 03 Jul 2020 15:30:46 GMT
10  Server: BWS/1.1
```

上述行代码中，第 1 行为响应状态行，其他行为响应头信息。

(5) 展开 Request Headers 详情，单击右侧的 view source，就可以查看原始的 HTTP 请求消息。其代码如下：

```
1   GET / HTTP/1.1
2   Host: www.baidu.com
3   Connection: keep - alive
4   Cache - Control: max - age = 0 Upgrade - In
5   secure - Requests: 1
6   User - Agent: Mozilla/5.0 (Windows NT 10.0; WOW64) AppleWebKit/537.36 (KHTML, like Gecko)
    Chrome/1.0.4044.138 Safari/537.36
7   Accept: text/html,application/xhtml + xml,application/xml
```

上述代码中，第 1 行为请求行，其他行为请求消息头。

关于 HTTP 请求和响应消息的其他内容在后续章节中再进行详细介绍。

大部分浏览器都自带有开发者工具，查看 HTTP 消息头的操作方法类似 Chrome 浏览器。

3.2.2 HTTP 请求消息

HTTP 请求消息由请求行、请求消息头和请求实体（请求数据）三部分构成，请求消息头与请求实体中间有一行空行，是告诉服务器请求消息头到此结束，接下来是请求正文。HTTP 请求消息结构如图 3-10 所示。

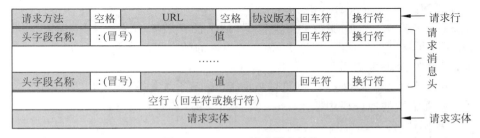

图 3-10　HTTP 请求消息结构

在 Chrome 浏览器的 Headers 标签中 Request Headers 部分，包含 HTTP 请求消息的请求行和请求消息头，而 Form Data（表单数据）部分则对应请求实体，是可选的。如图 3-8 所示的 HTTP 头信息没有请求实体，而图 3-9 中有请求实体。

1. HTTP 请求行

请求行由请求方法、URL 和协议版本 3 部分组成,各部分之间以空格分隔。

请求方法告诉服务器,你的具体操作是什么。URL 为请求资源对应的 URL 地址,它和消息头的 Host 属性组成完整的请求 URL,资源名以"/"开头,相对于连接的主机名。协议版本为协议名称及版本号。

【例 3-6】 分析如下代码所示请求行的请求方法,URL 及协议版本号分别是什么?

```
1    GET / HTTP/1.1
2    POST /v2/api/?login HTTP/1.1
```

参数说明

第 1 行请求代码中,请求方法为 GET,URL 为"/"表示网站的根目录,访问默认页面如 index.html、index.jsp 等,协议版本号为 HTTP/1.1。

第 2 行请求代码中,请求方法为 POST,URL 为"/v2/api/?login",协议版本号为 HTTP/1.1。

在 HTTP 的请求消息中,请求方法有 GET、POST、HEAD、OPTIONS、DELETE、TRACE、PUT 和 CONNECT 共 8 种,每种方法都指明了操作服务器中指定 URI 资源的方式。其中,GET 和 POST 是最常见的 HTTP 请求方法。请求方法及其含义如表 3-1 所示。

表 3-1 请求方法及其含义

请求方法	含 义
GET	请求获取请求行的 URI 所标识的资源
POST	向指定资源提交数据,请求服务器进行处理(如提交表单或者上传文件)
HEAD	请求获取由 URI 所标识资源的响应消息头
PUT	将网页放置到指定 URL 位置(上传/移动)
DELETE	请求服务器删除 URI 所标识的资源
TRACE	请求服务器回送收到的请求信息,主要用于测试或诊断
CONNECT	保留将来使用
OPTIONS	请求查询服务器的性能,或者查询与资源相关的选项和需求

(1) GET 请求方法与 POST 请求方法。

① GET 请求方法发送一个请求来获取服务器上的资源,资源通过 HTTP 响应头和数据(如 HTML 文档、图片、样式、视频等)返回给客户端(如浏览器)。GET 请求如果带参数,就在 URL 中附带查询参数,如 test.html?id=1。

② POST 请求方法用于向服务器提交数据,请求的参数要在请求实体中发送,可用于表单的提交和异步提交(如 Ajax)。理论上,POST 传递的数据量没有限制。

(2) GET 和 POST 发送 HTTP 请求。

在客户端如果发生下面的事件,浏览器就向 Web 服务器发送一个 HTTP 请求。

① 用户在浏览器的地址栏中输入 URL 并按回车键。

② 用户单击了 HTML 页面中的超链接。

③ 用户在 HTML 页面中填写一个表单并提交。

上述①和②向 Web 服务器发送的都是 GET 请求。如果使用 HTML 表单发送请求,那么可以通过 method 属性指定使用 GET 请求或 POST 请求。在默认情况下,使用表单发送的请求也是 GET 请求;如果发送 POST 请求,就需要将 method 属性值指定为 POST。

用户登录页面 login.jsp 的表单部分代码如下:

```
1    <form action = "user - login" method = "POST">
2        用户名:<input type = "text" name = "username" />
3        密码:<input type = "password" name = "password" />
4           <input type = "submit"  value = "登录">
5    </form>
```

在上述代码中,如若 method 属性的值为 POST,则使用 POST 方法提交表单信息;若 method 属性的值为 GET 或省略,则使用 GET 方法提交表单信息。

(3) GET 请求方法与 POST 请求方法的比较。

可通过它们请求的资源类型、发送数据类型、发送数据量、参数的可见性、数据是否缓存等方面做比较。GET 请求方法与 POST 请求方法的比较如表 3-2 所示。

表 3-2　GET 请求方法与 POST 请求方法的比较

特征	GET 请求方法	POST 请求方法
资源类型	静态的或动态的	动态的
数据类型	文本	文本或二进制数据
数据量	一般不超过 255 个字符	没有限制
可见性	数据是 URL 的一部分,在浏览器的地址栏中对用户可见	数据不是 URL 的一部分而是作为请求的消息体发送,在浏览器的地址栏中对用户不可见
数据缓存	数据可在浏览器的 URL 历史中缓存	数据不能在浏览器的 URL 历史中缓存

在实际开发中,通常都会使用 POST 方法发送请求,其原因主要有两个。

① POST 传输数据大小无限制。

由于 GET 请求方法是通过请求参数传递数据的,因此最多可传递 1KB 的数据。而 POST 请求方法是通过实体内容传递数据的,因此对传递数据的大小没有限制。

② POST 比 GET 请求方法更安全。

由于 GET 请求方法的参数信息都会在 URL 地址栏明文显示,而 POST 请求方法传递的参数隐藏在实体内容中,用户是看不到的,因此,POST 请求方法比 GET 请求方法更安全。

2. HTTP 请求消息头

在 HTTP 请求消息中,请求行之后,便是若干请求消息头。请求消息头主要用于向服务器端传递附加消息,例如,客户端可以接收的数据类型、压缩方法、语言以及发送请求的超链接所属页面的 URL 地址等信息。HTTP 消息头,以明文的字符串格式传送,是以冒号分隔的键/值对,如 Accept-Charset：UTF-8,每一个消息头的最后都以回车符(CR)和换行符(LF)结尾。HTTP 请求消息头代码如下:

```
1   Host: www.baidu.com
2   Connection: keep - alive
3   Cache - Control: max - age = 0 Upgrade - In
4   secure - Requests: 1
5   User - Agent: Mozilla/5.0 (Windows NT 10.0; WOW64) AppleWebKit/537.36 (KHTML, like Gecko) Chrome/81.0.4044.138 Safari/537.36
6   Accept: text/html,application/xhtml + xml,application/xml
```

每个请求消息头单独占一行,头字段名称不区分大小写,一般首字母大写。常用的请求消息头字段如表 3-3 所示。

表 3-3 常用的请求消息头字段

协议头	说明
Accept	可接受的响应内容类型(Content-Types)
Accept-Charset	客户端可接受的字符集
Accept-Encoding	客户端可接受的响应内容的编码方式
Accept-Language	可接受的响应内容语言列表
Authorization	用于表示 HTTP 中需要认证资源的认证信息
Cache-Control	用来指定当前的请求/回复中是否使用缓存机制
Connection	客户端(浏览器)想要优先使用的连接类型
Cookie	由之前服务器通过 Set-Cookie(见下文)设置的一个 HTTP 协议 Cookie
Content-Length	以八进制表示的请求体的长度
Content-Type	请求体的 MIME 类型(用于 POST 和 PUT 请求中)
Date	发送该消息的日期和时间(以 RFC 7231 中定义的"HTTP 日期"格式来发送)
Expect	表示客户端要求服务器做出特定的行为
Host	表示服务器的域名以及服务器所监听的端口号。如果所请求的端口是对应的服务的标准端口(80),则端口号可以省略
If-Match	仅当客户端提供的实体与服务器上对应的实体相匹配时,才进行对应的操作。主要用于像 PUT 这样的方法中,仅当从用户上次更新某个资源后该资源未被修改的情况下,才更新该资源
If-Modified-Since	允许在对应的资源未被修改的情况下返回 304 未修改
If-None-Match	允许在对应的内容未被修改的情况下返回 304 未修改(304 Not Modified),参考超文本传输协议的实体标记
If-Range	如果该实体未被修改过,则返回所缺少的那一个或多个部分;否则,返回整个新的实体
Referer	表示浏览器所访问的前一个页面,可以认为是之前访问页面的链接将浏览器带到了当前页面
User-Agent	浏览器的身份标识字符串

(1) Accept 头字段用于指出客户端程序(通常是浏览器)能够处理的 MIME(Multipurpose Internet Mail Extensions,多用途互联网邮件扩展)类型。例如,如果浏览器和服务器同时支持 png 类型的图片,则浏览器可以发送包含 image/png 的 Accept 头字段,服务器检查到 Accept 头中包含 image/png 这种 MIME 类型,可能在网页中的 img 元素中使用 png 类型的文件。MIME 类型有很多种,例如,下面的这些 MIME 类型都可以作为 Accept 头字段的值。

```
1  Accept:text/html,表明客户端希望接受 HTML 文本
2  Accept:image/gif,表明客户端希望接受 GIF 图像格式的资源
3  Accept:image/ * ,表明客户端可以接受所有 image 格式的子类型
4  Accept: * / * ,表明客户端接受所有格式的类型
```

(2) Accept-Charset 头字段用于告知服务器端客户端所使用的字符集,具体示例如下:

```
1  Accept - Charset:UTF - 8
```

在上面的请求头中,指出客户端服务器使用 UTF-8 字符集。如果想指定多种字符集,则可以在 Accept-Charset 头字段中将指定的多个字符集以逗号分隔,具体示例如下:

```
Accept - Charset:UTF - 8,ISO - 8859 - 1
```

需要注意的是，如果 Accept-Charset 头字段没有在请求头中出现，则说明客户端能接受使用任何字符集的数据。如果 Accept-Charset 头出现在请求消息里，但是服务器不能发送采用客户端期望字符集编码的文档，那么服务器将发送一个 406 错误状态响应，406 是一个响应状态码，表示服务器返回内容使用的字符集与 Accept-Charset 头字段指定的值不兼容。

（3）Accept-Encoding 头字段用于指定客户端能够进行解码的数据编码方式，这里的编码方式通常指的是某种压缩方式。在 Accept-Encoding 头字段中，可以指定多个数据编码方式，它们之间以逗号（,）分隔，具体示例如下：

```
1   Accept-Encoding: gzip, compress
```

在上面的消息头中，gzip 和 compress 这两种格式是最常见的数据编码方式。在传输较大的实体内容之前，对其进行压缩编码，可以节省网络带宽和传输时间。

需要注意的是，Accept-Encoding 和 Accept 头字段不同，Accept 头字段指定的 MIME 类型是指解压后的实体内容类型，而 Accept-Encoding 头字段则指定的是实体内容压缩的方式。

（4）Host 头字段用于指定资源所在的主机名和端口号，格式与资源的完整 URL 中的主机名和端口号部分相同，具体示例如下：

```
1   Host: www.baidu.com:80
2   Host: www.baidu.com
```

在上述示例中，由于浏览器连接服务器时默认使用的端口号为 80，所以"www.baidu.com"后面的端口号信息":80"可以省略；第 1 行与第 2 行指定的 Host 头字段作用一致。

需要注意的是，在 HTTP 1.1 中，浏览器和其他客户端发送的每个请求消息中都必须包含 Host 请求头字段，以便 Web 服务器能够根据 Host 头字段中的主机名来区分客户端所要访问的虚拟 Web 站点。当浏览器访问 Web 站点时，会根据地址栏中的 URL 地址自动生成相应的 Host 请求头。

（5）If-Modified-Since 头字段的作用与 If-Mach 类似，只不过它的值为 GMT 格式的时间。If-Modified-Since 头字段被视作一个请求条件，只有服务器中文档的修改时间比 If-Modified-Since 头字段指定的时间新，服务器才会返回文档内容；否则，服务器将返回一个 304（Not Modified）状态码来表示浏览器缓存的文档是最新的，而不向浏览器返回文档内容，这时，浏览器仍然使用以前缓存的文档。通过这种方式，可以在一定程度上减少浏览器与服务器之间的通信数据量，从而提高通信效率。

（6）Referer 头字段标识发出请求的超链接所在网页的 URL。例如，本地 Tomcat 服务器的 ch3_demo 项目中有一个 Html 文件 get.html，get.html 中包含一个指向远程服务器的超链接，当单击这个超链接向服务器发送 GET 请求时，浏览器会在发送的请求消息中包含 Referer 头字段。其代码如下：

```
Referer:http://get.htmllocalhost:8080/ ch3_demo
```

Referer 头字段非常有用，常被网站管理人员用来追踪网站的访问者是如何导航进入网站的，同时 Referer 头字段还可以用作网站的防盗链。

（7）User-Agent（用户代理，UA）用于指定浏览器或者其他客户端程序使用的操作系统及版本、浏览器及版本、浏览器渲染引擎、浏览器语言等，以便服务器针对不同类型的浏览器而返回不同的内容。例如，Windows 10 操作系统下 Chrome 浏览器生成的 User-Agent 请求消息头代码如下：

```
User - Agent: Mozilla/5.0 (Windows NT 10.0; WOW64) AppleWebKit/537.36 (KHTML, like Gecko))
Chrome/81.0/81.0.4044.138 Safari/537.36
```

在上面的请求消息头中，User-Agent 头字段列出了 Mozilla 版本、操作系统的版本（Windows NT 10.0）、浏览器的引擎名称（AppleWebKit/537.36）及浏览器版本（Chrome/81.0）信息。

注意：操作系统不同，浏览器的 User-Agent 字段值也不相同。

由于篇幅有限，其他头字段可以参考 HTTP 文档，此处不再赘述。

3.2.3 HTTP 响应消息

一个 HTTP 响应代表服务器向客户端回送的数据，由三部分组成：响应状态行、响应消息头和响应数据。响应数据也叫响应消息体，即客户端浏览器显示的内容。HTTP 响应消息结构如图 3-11 所示。

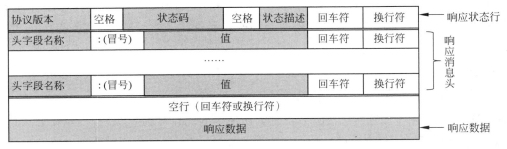

图 3-11 HTTP 响应消息结构

在 Chrome 浏览器中，Headers 标签中的 Response Header 部分包含了 HTPP 响应消息的状态行和响应消息头；而 Preview 标签或 Response 标签的内容则对应响应数据。

1. HTTP 响应状态行

HTTP 响应状态行由协议版本、响应状态码和状态描述三部分组成，各部分间以空格分隔。

响应状态码用于表示服务器对请求的处理结果，是一个三位的十进制数，分为五类。响应状态码及其含义如表 3-4 所示。

表 3-4 响应状态码及其含义

状态码	含 义	常用状态码
1xx	表示成功接收请求，要求客户端继续提交下一次请求才能完成整个处理过程	100 表示服务器同意处理客户的请求
2xx	表示成功接受请求并已完成整个处理过程	200 表示请求成功，204 表示内容不存在
3xx	为完成请求，客户需进一步细化请求	301 表示页面移走了，304 表示缓存的页面仍然有效
4xx	客户端的请求有错误	403 表示禁止的页面，404 表示页面没有找到
5xx	服务器端出现错误	500 表示服务器内部错误，503 表示以后再试

HTTP 响应状态行代码示例如下：

```
1   HTTP/1.1 404 Not Found,页面没有找到
2   HTTP/1.1 500 Internal Error,服务器内部错误
3   HTTP/1.1 200 OK,请求成功
```

2. HTTP 响应消息头

服务器端通过响应消息头向客户端传递附加信息,包括服务程序名、被请求资源需要的认证方式、客户端请求资源的最后修改时间、重定向地址等信息。HTTP 响应消息头的具体示例如下:

```
1   Bdpagetype: 1
2   Bdqid: 0xc625bd4d000d4ea7
3   Cache-Control: private
4   Connection: keep-alive
5   Content-Encoding: gzip
6   Content-Type: text/html;charset=UTF-8
7   Date: Thu, 23 Jul 2020 17:07:00 GMT
8   Expires: Thu, 23 Jul 2020 17:07:00 GMT
9   Server: BWS/1.1
10  Set-Cookie: BDSVRTM=16; path=/
```

从上面的响应消息头可以看出,它们的格式和 HTTP 请求消息头的格式相同。当服务器向客户端回送响应消息时,根据情况的不同,发送的响应消息头也不相同。常用的响应消息头字段如表 3-5 所示。

表 3-5　HTTP 常用的响应消息头字段

响应头	说明
Accept-Ranges	服务器所支持的内容范围
Age	响应对象在代理缓存中存在的时间,以秒为单位
Cache-Control	通知从服务器到客户端内的所有缓存机制,表示它们是否可以缓存这个对象及缓存有效时间。其单位为秒
Content-Disposition	对已知 MIME 类型资源的描述,浏览器可以根据这个响应头决定对返回资源的动作,如将其下载或是打开
Content-Type	当前内容的 MIME 类型
Date	此条消息被发送时的日期和时间
ETag	对于某个资源的某个特定版本的一个标识符,通常是一个消息散列
Expires	指定一个日期/时间,超过该时间则认为此回应已经过期
Last-Modified	所请求的对象的最后修改日期
Location	用于在进行重定向或在创建了某个新资源时使用
Proxy-Authenticate	要求在访问代理时提供身份认证信息
Refresh	用于重定向或者当一个新的资源被创建时。默认会在 5 秒后刷新重定向
Server	服务器的名称
Set-Cookie	设置 HTTP Cookie
Vary	告知下游的代理服务器,应当如何对以后的请求协议头进行匹配,以决定是否可使用已缓存的响应内容而不是重新从原服务器请求新的内容
WWW-Authenticate	表示在请求获取这个实体时应当使用的认证模式

(1) Location 头字段用于通知客户端获取请求文档的新地址,其值为一个使用绝对路径的 URL 地址,具体示例如下:

Location:http://www.people.com.cn

Location 头字段和大多数 3xx 状态码配合使用,以便通知客户端自动重新连接到新的地址请求文档。由于当前响应并没有直接返回内容给客户端,所以使用 Location 头的 HTTP 消息不应该有实体内容。由此可见,在 HTTP 消息头中不能同时出现 Location 和 Content-Type 两个头字段。

(2) Server 头字段用于指定服务器软件产品的名称,具体示例如下:

```
Server: Apache
```

(3) Refresh 头字段用于告诉浏览器自动刷新页面的时间,它的值是一个以秒为单位的时间数,具体示例如下:

```
Refresh:2
```

上面所示的 Refresh 头字段用于告诉浏览器在 2 秒后自动刷新此页面。

注意:在 Refresh 头字段的时间值后面还可以增加一个 URL 参数,时间值与 URL 之间用分号(;)分隔,用于告诉浏览器在指定的时间值后跳转到其他网页,例如告诉浏览器经过 2 秒跳转到 www.people.com.cn 网站,具体示例如下:

```
Refresh:2;url = http://www.people.com.cn
```

(4) Content-Disposition。

服务器向客户端浏览器发送文件时,如果是浏览器支持的文件类型(如 txt、jpg 等),一般会默认直接在浏览器中显示;如果是让用户选择将响应的实体内容保存到一个文件中,就需要使用 Content-Disposition 头字段。

Content-Disposition 属性是作为对下载文件的一个标识字段,Content-Disposition 属性有两种类型:inline 和 attachment。inline 是将文件内容直接显示在页面;attachment 是弹出对话框让用户下载。

attachment 后面还可以指定 filename 参数。filename 参数值是服务器建议浏览器保存实体内容的文件名称,浏览器应该忽略 filename 参数值中的目录部分,只取参数中的最后部分作为文件名。在设置 Content-Disposition 之前,一定要设置 Content-Type 头字段,具体示例如下:

```
1    Content - Type:application/octet - stream
2    Content - Disposition: attachment; filename = "filename.xls"
```

设置如上所示响应消息头后,浏览器会提示保存还是打开,即使选择打开,也会使用相关联的程序,比如使用记事本打开,而不是用浏览器直接打开。

3.3 开发环境配置

3.3.1 开发工具介绍

视频讲解

1. JDK

JDK(Java Development Kit,Java 开发工具包)由 Sun 公司提供。它为 Java 程序的开发提供了编译和运行环境,所有的 Java 程序的编写都依赖于它。JDK 有 J2SE、J2EE 和 J2ME 三个版本。其中,J2SE 为标准版,主要用于开发桌面应用程序;J2EE 为企业版,主要用于开发企业级应用程序,如电子商务网站和 ERP 系统等;J2ME 为微缩版,主要用于开发移动设备、嵌入式设备上的 Java 应用程序。JDK 的版本更新较快。但 JDK8 版本比较稳定,适合用于

Eclipse 等多种开发软件。本书中案例开发环境使用的是 JDK8 版本。

2. Tomcat 服务器

Tomcat 是 Apache 组织的 Jakarta 项目中的一个重要子项目,它是 Sun 公司推荐的运行 Servlet 和 JSP 的容器(引擎),其源代码是完全公开的。Tomcat 不仅具有 Web 服务器的基本功能,还提供了数据库连接池等许多通用组件功能。

Tomcat 运行稳定、可靠、效率高,不仅可以和目前大部分主流的 Web 服务器(如 Apache、IIS 服务器)一起工作,还可以作为独立的 Web 服务器软件。因此,越来越多的软件公司和开发人员都使用它作为运行 Servlet 和 JSP 的平台。

Tomcat 的版本在不断地升级,功能也不断地完善与增强。目前最新版本为 Tomcat 9.0,本书中以 Tomcat v8.5 作为 Java Web 应用开发服务器。

3. Eclipse 开发平台

Eclipse 是一个基于 Java、开放源码并可扩展的应用开发平台,为开发人员提供了一流的 Java 集成开发环境。它是一个可以用于构建集成 Web 应用程序开发工具的平台,其本身并不提供大量的功能,而是通过插件来实现程序的快速开发。对于 Java 应用程序开发者来说,可下载普通的 J2SE 版本的 Eclipse;而对于 Java Web 应用程序开发者来说,需要使用 J2EE 版本的 Eclipse。

Eclipse 版本更新较快,本书中使用 photon 版,这可以从 Eclipse 的官方网站下载。在 Eclipse 下载完成后,将其解压到指定的文件夹下,就完成了 Eclipse 的安装。

3.3.2 在 Eclipse 中配置 JDK

在 Eclipse 中指定使用 jdk1.8.0_251 版本的 JRE,配置操作步骤如下:

(1) 单击菜单栏 Window→Preferences 命令,打开 Preferences 对话框,在左侧选择 Java→Installed JREs,右边窗口就出现了 JDK 的配置项,如图 3-12(a)所示。

(a) 添加JRE前　　　　　　　　　　　　(b) 添加JRE后

图 3-12　Preferences 对话框

(2) 单击 Add 按钮,弹出 Add JRE 对话框的类型选择窗口。这里会要求选中一个 JRE 版本添加到工作空间中,选择 Standard VM,单击 Next 按钮,进入 Add JRE 对话框的 JRE Definition 窗口。Add JRE 对话框如图 3-13 所示。

(3) 单击 Directory 按钮,选择 jdk1.8.0_251 的安装目录,就会在 JRE Name 文本输入框中自动添加名称 jdk1.8.0_251,单击 Finish 按钮,完成 JRE 的添加,返回 Preferences 对话框,如图 3-12(b)所示。在 JRE 列表中选择需要使用的 JRE 即完成了 Eclipse 中 JDK 的配置。

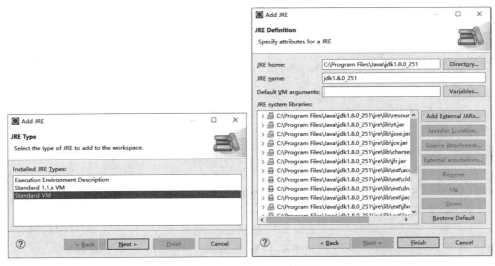

图 3-13 Add JRE 对话框

注意：在首次启动 Eclipse 时，默认会选择当前安装的 JRE。如果对 JDK 的版本没有特别要求，就不需要单独配置 JRE。

3.3.3 在 Eclipse 中配置 Tomcat

在 Eclipse 中指定使用 Tomcat v8.5，首先要配置服务器环境。其操作步骤如下：

1. 关联 Eclipse 和 Tomcat 服务器

（1）选择菜单栏 Window→Preferences 选项，打开 Preferences 对话框，在其左侧选择 Server→Runtime Environments，右边窗口就出现了 Server 的配置项如图 3-14(a)所示。

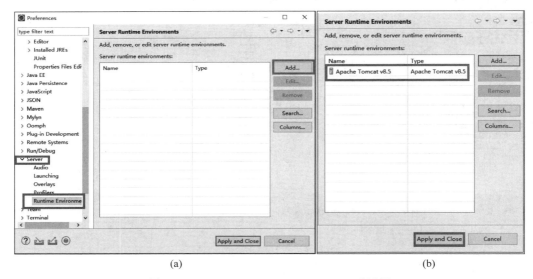

图 3-14 Server Runtime Environments 对话框

（2）单击 Add 按钮，在弹出的选择 Tomcat 服务器对话框中选择 Apache Tomcat v8.5。选择 Tomcat 服务器对话框如图 3-15(a)所示。

（3）单击 Next 按钮，在弹出的指定 Tomcat 路径对话框中单击 Browse 按钮，选择 Tomcat v8.5 的安装路径如图 3-15(b)所示。

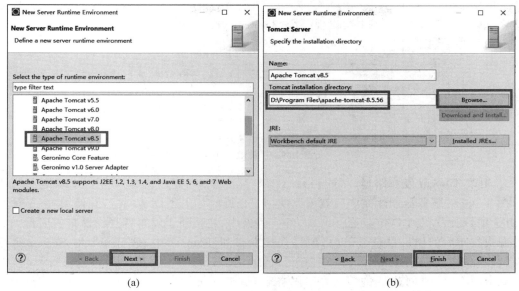

图 3-15 选择 Tomcat 服务器对话框

（4）单击 Finish 按钮，添加完成，返回到 Server Runtime Environments 对话框，如图 3-14(b)所示。在此对话框中单击 Apply and Close 按钮，即完成 Eclipse 与 Tomcat 服务器的关联。

2. 在 Eclipse 中创建 Tomcat 服务器

单击 Eclipse 下侧窗口的 Servers 视图（如果没有这个视图，可以通过选择菜单 Window→Show View 选项打开），在选项卡中可以看到一个"No servers available. Define a new server from the new server wizard…"的链接，单击这个链接，会弹出 New Server 对话框，如图 3-16 所示。

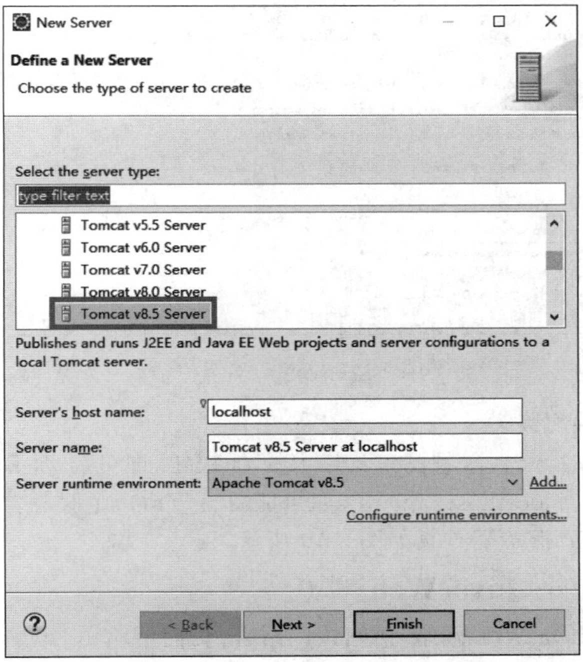

图 3-16 New Server 对话框

选中图 3-16 所示的 Tomcat v8.5 Server 选项，单击 Finish 按钮，完成 Tomcat 服务器的创建。这时，在 Servers 视图中会出现一个"Tomcat v8.5 Server at localhost[Stopped]"选项，具体如图 3-17 所示。

图 3-17　在 Eclipse 中创建的 Tomcat 服务器

3. 更改 Tomcat 发布路径

在 Tomcat 服务器创建完毕后就可以使用了。此时如果创建了项目，并使用 Eclipse 发布后，由于项目会发布到 Eclipse 的 metadata 文件夹中，故不便于发布者查找发布的项目。为了方便查找发布后的项目目录，可以将项目直接发布到 Tomcat 中，这就需要对 Server 进行配置。具体配置方法如下。

双击图 3-17 中创建好的 Tomcat 服务器，在打开的 Overview 对话框中，选择 Server Locations 选项中的"Use Tomcat installation"选项，并将 Deploy path 文本框中的内容改为 webapps，单击 Eclipse 工具栏上的 ![save] （保存）按钮进行保存。至此，就完成了 Tomcat 的所有配置。Overview 对话框如图 3-18 所示。

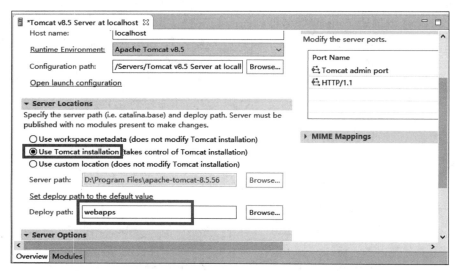

图 3-18　Overview 对话框

4. 测试 Tomcat 的配置

单击图 3-17 所示的 Servers 视图工具栏中的 ![run] 按钮，即可启动 Tomcat 服务器。在浏览器地址栏中输入 http://localhost:8080/，如果能打开 Tomcat 服务器首页，说明 Tomcat 服务器启动成功。Tomcat 服务器首页如图 3-19 所示。

3.3.4　创建第一个 Java Web 项目

编写一个简单的 Java Web 网站，访问该网站时，页面上输出"维护网络空间生态环境，从我做起……"。

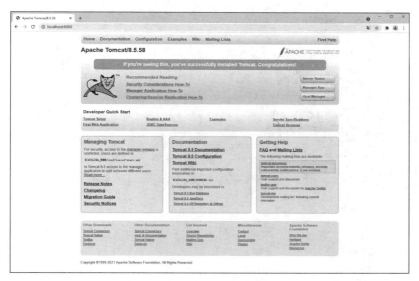

图 3-19　Tomcat 服务器首页

1. 创建项目

在 Eclipse 中动态网站的项目类型是 Dynamic Web Project,设定项目名称为 ch3_demo,其他选项取默认值。

2. 创建 JSP 文件

在项目 ch3_demo 中,右击 WebContent 文件夹,在 New 菜单中选择 JSP File 选项,打开 New JSP File 对话框,输入文件名 index.jsp,单击 Finish 按钮,文件创建完成。

index.jsp 文件代码如下:

```
1   <%@ page language = "java" contentType = "text/html; charset = GB18030"  pageEncoding = "GB18030" %>
2   <!DOCTYPE html>
3   <html>
4       <head>
5           <meta charset = "GB18030">
6           <title>第一个 Java Web 项目</title>
7       </head>
8       <body>
9           <center>维护网络空间生态环境,从我做起……</center>
10      </body>
11  </html>
```

单击工具栏上的保存按钮。至此,网站创建完成。

3. 部署动态网站

Java Web 项目创建完成后,即可将项目发布到 Tomcat 并运行该项目。下面介绍具体的操作方法。

(1) 在项目资源管理器中选择项目名称,在工具栏上单击 按钮中的倒三角,在弹出的菜单中选择 Run As(运行方式)→Run On Server(在服务器上运行)选项,打开 Run On Server 对话框,在该对话框中选中 Always use this server when running this project(将服务器设置为默认值)复选框,其他采用默认如图 3-20 所示。

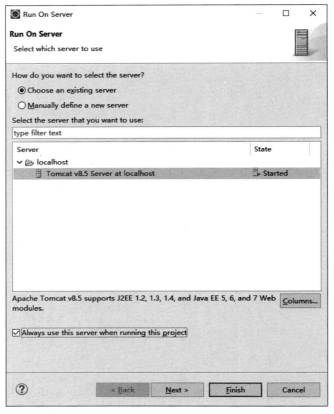

图 3-20 Run On Server 对话框

(2) 单击 Finish 按钮，即可通过 Tomcat 运行该项目，运行后的效果如图 3-21 所示。

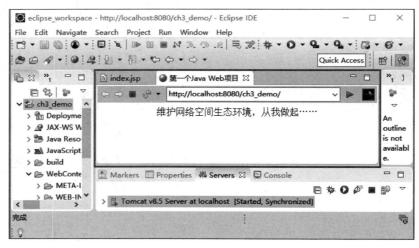

图 3-21 运行 ch3_demo 项目效果示意

注意：

(1) 如果服务器已经启动了，这时会弹出一个对话框询问是否要重启服务器。建议选择第一个选项 Restart Server(重启服务器)。

（2）如果想在其他浏览器中查看该网站，可以将地址直接复制到浏览器的地址栏中，按回车键运行即可。

3.4 本章小结

本章主要介绍了与 Java Web 应用程序开发相关的概念和开发环境的配置。3.1 节介绍 XML 的概念，包括 XML 文档结构、XML 语法等，并举例说明 XML 文档的创建；3.2 节详细介绍了 HTTP 的概念及 HTTP 的请求和响应消息，并通过其开发者工具观察请求头字段与响应头字段的值，理解其含义；3.3 节介绍 Java Web 开发工具的下载及开发环境的配置，重点介绍 Tomcat 服务器的安装以及在 Eclipse 中配置服务器环境，并完成第一个动态网站的创建。

第二部分
Java Web技术篇

第 4 章　Servlet 基础

随着 Web 应用业务需求的增多,动态 Web 资源变得越来越重要。目前,很多公司提供了开发动态 Web 资源的相关技术,其中,比较常见的有 ASP、PHP、JSP 和 Servlet。基于 Java 的动态资源开发,Sun 公司提供了 Servlet 和 JSP 两种技术。

通过本章的学习,您可以:
(1) 熟悉 Servlet 接口及其实现类的使用;
(2) 了解 Servlet 的生命周期;
(3) 熟练使用 Eclipse 工具开发 Servlet;
(4) 掌握 Servlet 虚拟路径映射的配置;
(5) 掌握 ServletConfig 接口与 ServletContext 接口的使用。

4.1　Servlet 开发入门

服务器端小程序(Server Applet,Servlet)是 Java 的一套技术标准,规定了如何使用 Java 来开发动态网站。狭义的 Servlet 是指 Java 语言实现的一个接口,广义的 Servlet 是指任何实现了这个 Servlet 接口的类。一般情况下,人们将 Servlet 理解为后者。本章将通过对 Servlet 中类的源码的分析来学习 Servlet 的基本操作。

4.1.1　Servlet 简介

1. Servlet 的体系结构

Servlet 是基于 Java 技术的 Web 组件,由容器管理并产生动态的内容。Servlet 与客户端通过 Servlet 容器实现的请求/响应模型进行交互。

Servlet 主要用于处理客户端传来的 HTTP 请求,并返回一个响应,它能够处理的请求有 doGet()方法和 doPost()方法等。

Servlet 由 Servlet 容器提供。Servlet 容器是指提供了 Servlet 功能的服务器(如 Tomcat)。其会将 Servlet 动态加载到服务器上,然后通过 HTTP 请求和 HTTP 响应与客户端进行交互。Servlet 应用程序的体系结构如图 4-1 所示。

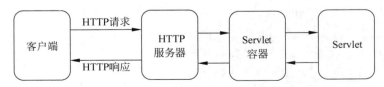

图 4-1　Servlet 应用程序的体系结构示意

在图 4-1 所示中,Servlet 的请求首先会被 HTTP 服务器(如 Apache)接收,HTTP 服务器只负责静态 HTML 页面的解析,而 Servlet 的请求会转交给 Servlet 容器,Servlet 容器会根据

web.xml 文件中的映射关系,调用相应的 Servlet,Servlet 再将处理的结果返回给 Servlet 容器,并通过 HTTP 服务器将响应传输给客户端。

2. Servlet 的特点

Servlet 技术带给程序员最大的优势是它可以处理客户端传来的 HTTP 请求,并返回一个响应。Servlet 是一个 Java 类,Java 语言能够实现的功能 Servlet 基本上都可以实现。总的来说,Servlet 技术具有以下特点。

(1) 功能强大。Servlet 是采用 Java 语言编写的,它可以调用 Java API 中的对象和方法。Servlet 对象对 Web 应用进行了封装,提供了 Servlet 对 Web 应用的编程接口,可以对 HTTP 请求进行相应的处理,如处理很难完成的 HTML 表单数据、读取和设置 HTTP 头、处理 Cookie 和跟踪会话等。因此,它在业务功能方面十分强大。

(2) 跨平台。Java 语言是跨平台的,它可以在不同的操作系统平台和不同的应用服务器平台下运行。

(3) 性能高效。Servlet 对象在 Servlet 容器启动时被初始化,当第一次被请求时,Servlet 容器将其实例化,此时它驻存于内存中。如果存在多个来自客户端的请求,Servlet 不会再被实例化,仍然由此 Servlet 处理。Servlet 会为每个请求都分配一个线程而不是进程,因此,Servlet 对请求处理的性能是十分高效的。

(4) 可移植性。Servlet 是采用 Java 语言编写的,所以继承了 Java 语言的优点,一次编码,多平台运行,拥有超强的可移植性。

(5) 安全性高。Java 定义有完整的安全机制,包括 SSL/CA 认证、安全政策等规范,它的安全性非常高。

(6) 共享数据。Servlet 之间通过共享数据可以很容易地实现数据库连接池。它能方便地实现管理用户请求、简化 Session 和获取前一页面信息的操作。

(7) 灵活性和可扩展性。采用 Servlet 开发的 Web 应用程序,由于 Java 类的继承性、构造方法等特点,使其应用灵活,可随意扩展。

4.1.2 Servlet 的常用接口和类

Servlet 实质上就是按 Servlet 规范编写的 Java 类,但它可以处理 Web 应用中的相关请求。在 J2EE 架构中,Servlet 结构体系的 UML 示意,如图 4-2 所示。

在图 4-2 所示中,Servlet 对象、ServletConfig 对象和 Serializable 对象是接口对象。GenericServlet 类是一个抽象类,它分别实现了上述 3 个接口,该对象为 Servlet 接口和 ServletConfig 接口提供了部分实现,但它没有对 HTTP 请求处理进行实现,这一操作由它的子类 HttpServlet 进行实现。在这一系列的用于 Servlet 技术开发的接口和类中,最重要的接口是 javax.servlet.Servlet。

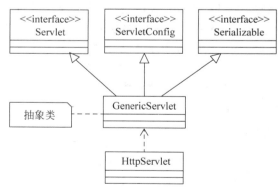

图 4-2 Servlet 结构体系的 UML 示意

打开 Servlet 的源码,可以看到它提供了 5 种抽象方法。Servlet.java 的主要代码如文件 4-1 所示。

文件 4-1　Servlet.java 的主要代码

```
1    public interface Servlet {
2        public void init(ServletConfig config) throws ServletException;
3        public ServletConfig getServletConfig();
4        public void service(ServletRequest req, ServletResponse res)
5            throws ServletException, IOException;
6        public String getServletInfo();
7        public void destroy();
8    }
```

打开 Servlet 源码的方法:
(1) 从 Tomcat 官网下载对应版本的 Servlet 源码并解压。
(2) 打开 javax\servlet 文件夹,就可以看到 servlet.java 文件,双击打开。
Servlet 接口中定义的 5 种抽象方法的详细描述如表 4-1 所示。

表 4-1　Servlet 接口的抽象方法

方法声明	功能描述
void init(ServletConfig config)	容器在创建好 Servlet 对象后,就会调用此方法。该方法接收一个 ServletConfig 类型的参数,Servlet 容器通过该参数向 Servlet 传递初始化配置信息
ServletConfig getServletConfig()	用于获取 Servlet 对象的配置信息,返回 Servlet 的 ServletConfig 对象
void service(ServletRequest req, ServletResponse res)	负责响应用户的请求,当容器接收到客户端访问 Servlet 对象的请求时,就会调用此方法。容器会构造一个表示客户端请求信息的 ServletRequest 对象和一个用于响应客户端的 ServletResponse 对象作为参数传递给 service()方法。在 service()方法中,可以通过 ServletRequest 对象得到客户端的相关信息和请求信息,在对请求进行处理后,调用 ServletResponse 对象的方法设置响应信息
String getServletInfo()	返回一个字符串,其中包含关于 Servlet 的信息,如作者、版本和版权等信息
void destroy()	负责释放 Servlet 对象占用的资源。当服务器关闭或者 Servlet 对象被移除时,Servlet 对象会被销毁,容器会调用此方法

在表 4-1 中列举了 Servlet 接口中的 5 种方法,其中 init()方法、service()方法和 destroy()方法可以表示 Servlet 的生命周期,它们会在某个特定的时刻被调用。

4.1.3　GenericServlet 类应用

针对 Servlet 的接口,Sun 公司提供了两个默认的接口实现类:GenericServlet 类和 HttpServlet 类。其中,GenericServlet 类是一个抽象类,该类为 Servlet 接口提供了部分实现,但它没有实现 Service()方法。

创建 Servlet 文件可以通过实现 Servlet 接口,或者继承 GenericServlet 类或 HttpServlet 类来实现。由于直接实现 Servlet 接口需要实现很多方法,不太方便。这里通过继承 Servlet 接口的实现类 GenericServlet 分步骤地实现一个 Servlet 文件,只需要实现 service()方法即可完成 Servlet 的创建。

为了更好地分析 Web 项目的创建流程,这里使用记事本来完成代码的编写,再通过手动配置 web.xml 文件注册 Servlet 对象,最后手动发布到 Tomcat 服务器。

【例 4-1】　创建一个 Servlet,实现向控制台输出字符串。
(1) 创建 Web 项目及包。在 D:盘根目录创建文件夹,命名为 ch4_demo,在 ch4_demo 文

视频讲解

件夹中创建文件夹 com\yzpc\servlet，其对应类的包名为 com.yzpc.servlet。

（2）创建 Servlet 程序。在 D:\ch4_demo\com\yzpc\servlet 文件夹中新建文本文件，命名为 FirstServlet.java。FirstSerlet.java 文件代码如文件 4-2 所示。

文件 4-2　FirstServlet.java 文件代码

```
1   pckage com.yzpc.servlet;
2   import java.io.IOException;
3   import java.io.PrintWriter;
4   import javax.servlet.GenericServlet;
5   import javax.servlet.ServletException;
6   import javax.servlet.ServletRequest;
7   import javax.servlet.ServletResponse;
8   public class FirstServlet extends GenericServlet {
9       public void service(ServletRequest arg0, ServletResponse arg1)
10                      throws ServletException, IOException {
11          //获得输出流 PrintWriter 对象
12          PrintWriter out = arg1.getWriter();
13          //Servlet 调用输出流对象向客户发送字符信息
14          out.println("The first Servlet");
15      }
16  }
```

在文件 4-2 中，第 1 行包名对应了 com\yzpc\servlet 文件夹；第 2~7 行导入了该文件中所引用到的类；第 8~16 行是类的定义，FirstServlet 类继承了 GenericServlet 类，并实现它的抽象方法 service()（其他方法直接继承父类）。在该方法中调用输出流对象 PrintWriter，实现向客户端发送响应消息体。

（3）编译 FirstServlet.java 文件。打开命令提示符，将目录切换为 D:\ch4_demo\com\yzpc\servlet，在命令提示符下输入 javac FirstServlet.java，然后按回车键。编译 javac FirstServlet.java 文件运行界面如图 4-3 所示。

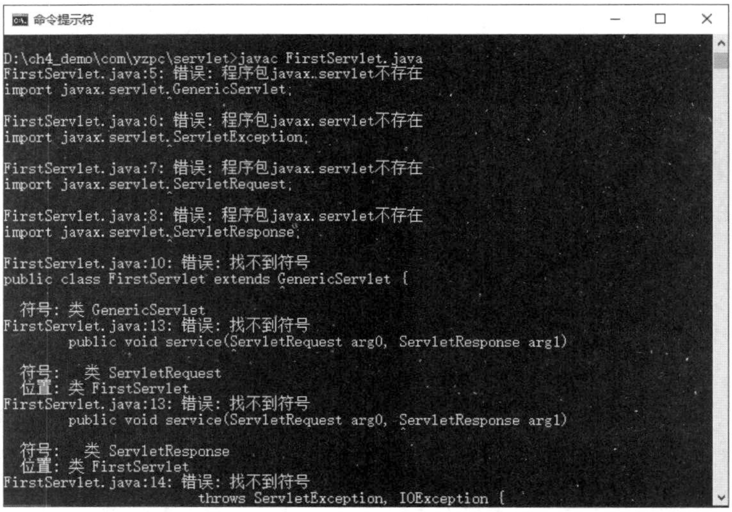

图 4-3　编译 javac FirstServlet.java 文件运行界面

从图 4-3 所示中可以看出，编译错误提示"程序包 javax.servlet 不存在"。这是因为 Java 编译器在 CLASSPATH 环境变量中没有找到包 javax.servlet.*。因此，如果想编译

Servlet,就需要将与 Servlet 相关的 Jar 包所在目录添加到 CLASSPATH 环境变量中。

注意:如果编译错误提示中出现"javac 不是内部或外部命令",就是 JDK 环境变量设置有问题,参照搭建开发环境中相关内容,重新设置环境变量。

(4)引入 Servlet 的 Jar 包。打开 Tomcat 的安装目录下的 lib 文件夹,该文件夹中包含了许多与 Tomcat 相关的 Jar 包文件。其中,servlet-api.jar 就是 Servlet 相关的 Jar 包如图 4-4 所示。在命令行窗口输入命令如下:

```
set classpath=%classpath%;D:\Program Files\apache-tomcat-8.5.56\lib\servlet-api.jar
```

注意:用命令行方式添加的环境变量,当命令行窗口关闭后,就会失效。再次使用时需要重新执行此命令。

图 4-4 servlet-api.jar 文件位置

(5)重新编译。在命令提示符下输入 javac FirstServlet.java,编译 FirstServlet.java 文件,编译成功后,就会生成 FirstServlet.class 文件如图 4-5 所示。

图 4-5 FirstServlet.class 文件

(6)将项目发布到服务器。

① 创建目录。打开 Tomcat 安装目录下的 webapps 文件夹,新建项目文件夹,命名为 ch4_demo,在 ch4_demo 中创建文件夹,命名为 WEB-INF,在 WEB-INF 中创建文件夹,命名为 classes。

② 复制 class 文件。将第(5)步中生成的文件 FirstServlet.class 及其包文件夹复制到 classes 文件夹中。打开 D:\ch4_demo 文件夹,复制其中的 com 文件夹,并粘贴到\apache-tomcat-8.5.56\webapps\ch4_demo\WEB-INF\classes 文件夹中,依次打开 com\yzpc\servlet

文件夹，可以看到文件 FirstServlet.class 和 FirstServlet.java（这里 FirstServlet.java 可以删除），如图 4-6 所示。

图 4-6   classes 文件夹中的文件

③ 创建 web.xml 文件。在 WEB-INF 文件夹中新建文本文件，命名为 web.xml。

Servlet 是由容器管理的，创建 Servlet 时不要包含 main()方法。要使 Servlet 对象正常地运行，需要进行适当的配置，以告知 Web 容器请求与处理该请求的 Servlet 对象之间的对应关系，对 Servlet 起到一个注册的作用。Servlet 的配置包含在 web.xml 文件中。本例中 web.xml 文件的完整代码如文件 4-3 所示。

文件 4-3   web.xml 文件代码

```
1   <?xml version = "1.0" encoding = "UTF - 8"?>
2   <web - app xmlns:xsi = "http://www.w3.org/2001/XMLSchema - instance" xmlns = "http://xmlns.
    jcp.org/xml/ns/javaee" xsi:schemaLocation = "http://xmlns.jcp.org/xml/ns/javaee http://
    xmlns.jcp.org/xml/ns/javaee/web - app_3_1.xsd" id = "WebApp_ID" version = "3.1">
3       <!-- 注册 Servlet -->
4       <servlet>
5         <servlet - name>FirstServlet</servlet - name>
6         <servlet - class>com.yzpc.servlet.FirstServlet</servlet - class>
7       </servlet>
8       <!-- 虚拟路径配置 -->
9       <servlet - mapping>
10        <servlet - name>FirstServlet</servlet - name>
11        <url - pattern>/FirstServlet</url - pattern>
12      </servlet - mapping>
13  </web - app>
```

在文件 4-3 中，第 11 行的<url-pattern>元素的内容就是访问第 6 行中指定的 Servlet 的虚拟路径。其中，"/"表示根目录，即项目名称。完整的路径就是"ch4_demo/FirstServlet"。

（7）启动服务器，查看结果。启动 Tomcat 服务器，因为是本地调试，所以 IP 地址使用 localhost，端口号为 8080。在浏览器地址栏中输入 http://localhost：8080/ch4_demo/FirstServlet，访问 FirstServlet，浏览器显示结果如图 4-7 所示。

图 4-7   FirstServlet 运行结果

至此,第一个 Servlet 文件创建完成。

注意:

(1) Servlet 文件实际上就是一个继承了抽象类 GenericServlet 的类文件,但它不包含 main()方法;

(2) 通过实现 service()方法来完成用户的请求;

(3) Servlet 的管理由 Servlet 容器完成,通过在 web.xml 文件中配置虚拟路径实现对 Servlet 的管理。

4.2 Servlet 的生命周期

4.2.1 Servlet 的生命周期概述

一般来讲,Servlet 只会初始化一次,也就是整个过程中只存在一个 Servlet 对象,即便是有多次访问,依然只有一个对象,这个对象是可以复用的,直到 Servlet 被销毁。这个 Servlet 究竟是在什么时候创建的,调用了何种方法,会在什么时候销毁,这就是 Servlet 的生命周期。

在学习 Java 时,对象都是自己手动创建,最后由 JVM 来销毁的;而 Servlet 的整个生命周期,都是由它的容器即 Tomcat,也就是服务器控制的。

在每个 Servlet 实例的生命周期中都有 3 种类型的事件,这 3 种事件分别对应于由 Servlet 引擎所唤醒的 3 种方法。

(1) init()方法。当 Servlet 第一次被加载时,Servlet 引擎调用这个 Servlet 的 init()方法,且只调用一次。在默认情况下将调用它父类的 init()方法。如果某个 Sevlet 有特殊的初始化需要,那么可以重写该方法来执行初始化任务。在 init()方法成功完成之前,是不会调用 Servlet 去处理任何请求的。

(2) service()方法。这是 Servlet 最重要的方法,是真正处理请求的地方。对于每个请求,Servlet 引擎都将调用 Servlet 的 service()方法,并把 Servlet 请求对象和 Servlet 响应对象作为参数传递给它。

(3) destroy()方法。这是相对于 init()的可选方法,当 Servlet 即将被卸载时,由 Servlet 引擎来调用,这个方法用来清除并释放在 init()方法中所分配的资源。

Servlet 生命周期的执行步骤如图 4-8 所示。

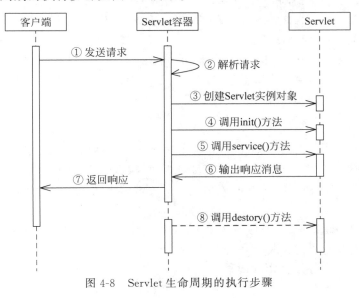

图 4-8 Servlet 生命周期的执行步骤

【例 4-2】 演示 Servlet 的生命周期。

修改例 4-1 中的文件 FirstServlet.java，重写 init()方法和 destroy()方法，代码如文件 4-4 所示。

文件 4-4　修改后的 FirstServlet.java 代码

```
1   import java.io.IOException;
2   import java.io.PrintWriter;
3   import javax.servlet.GenericServlet;
4   import javax.servlet.ServletException;
5   import javax.servlet.ServletRequest;
6   import javax.servlet.ServletResponse;
7   public class FirstServlet extends GenericServlet {
8     public void init() throws ServletException {
9       System.out.println("调用初始化方法");
10    }
11    public void service(ServletRequest arg0, ServletResponse arg1) throws ServletException,
      IOException {
12      System.out.println("处理请求");
13      PrintWriter out = arg1.getWriter();      //获得输出流 PrintWriter 对象
14      out.println("The first Servlet");        //调用输出流对象向客户发送字符信息
15    }
16    public void destroy() {
17      System.out.println("调用销毁方法。");
18    }
19  }
```

重新编译文件 FirstServlet.java，将编译后生成的文件 FirstServlet.class 复制到 Tomcat 安装目录下的 webapps\ch4_demo\WEB-INF\classes\com\yzpc\servlet 文件夹中。重新启动 Tomcat 服务器，打开 Chrome 浏览器，在地址栏中输入 http://localhost:8080/ch4_demo/FirstServlet，按回车键。Tomcat 控制台输出两条语句"调用初始化方法"和"处理请求"，说明用户在第一次访问 FirstServlet 时，Tomcat 就创建了 FirstServlet 对象，并调用初始化 init()方法，然后调用 service()方法。刷新页面，多次访问 FirstServlet 后，Tomcat 控制台会重复输出文本"处理请求"。多次访问 Servlet 后的运行结果如图 4-9 所示。

由此可见，init()方法只在第一次访问时执行，在 Servlet 的整个生命周期中只执行一次，而 Service()方法可以执行多次。如果从 Tomcat 服务器移除 Servlet 或关闭服务器，Servlet 容器就会调用 FirstServlet 的 destroy()方法。找到 Tomcat 安装目录下 bin 文件夹中的 shutdown.bat 文件，双击执行关闭服务器，在 Tomcat 控制台输出文本"调用销毁方法"。关闭服务器界面如图 4-10 所示。

4.2.2　对 Servlet 进行配置

一个项目中会有好几个 Servlet，但是前端发送请求的时候，究竟会把请求发送给哪个 Servlet？用户在输入某个地址的时候，究竟是由哪个 Servlet 进行响应？这时候 Servlet 的配置就显得尤为重要。对 Servlet 进行配置指定了对前端请求的处理究竟是通过哪个 Servlet 实现的。

配置 Servlet 有两种方式：一种是使用 web.xml 文件进行配置；另一种是使用注解进行配置。Servlet 3.0 以上版本支持使用注解进行配置，Tomcat 7 对应 Servlet 3.0，Tomcat 8.5 对应 Servlet 3.1。下面详细介绍这两种配置方式。

图 4-9 在多次访问 Servlet 后的运行结果

图 4-10 关闭服务器界面

1. 使用 web.xml 文件配置 Servlet

（1）声明 Servlet 对象。在 web.xml 文件中通过<servlet>元素声明一个 Servlet 对象。<servlet>元素有两个主要的子元素：<servlet-name>与<servlet-class>。其中，<servlet-name>元素用于指定 Servlet 的名称，该名称可以自己命名，为了便于记忆，建议与 Servlet 的类名一致；<servlet-class>元素用于指定 Servlet 对象的完整位置，格式为"包名.类名"。如 FirstServlet 的声明语句如下：

```
1    <servlet>
2        <servlet-name>FirstServlet</servlet-name>
3        <servlet-class>com.yzpc.servlet.FirstServlet</servlet-class>
4    </servlet>
```

（2）映射 Servlet。在 web.xml 文件中声明了 Servlet 对象，需要映射访问 Servlet 的 URL。这个操作使用<servlet-mapping>元素进行配置。<servlet-mapping>元素有两个主要的子元素：<servlet-name>与<url-pattern>。其中，<servlet-name>元素与<servlet>元素中的<servlet-name>元素保持一致，不可随意命名，否则出错；<url-pattern>元素指定虚拟路径，"/"表示根目录，即项目名称。如 FirstServlet 的映射配置方法的代码如下：

```
1    <servlet-mapping>
2        <servlet-name>FirstServlet</servlet-name>
3        <url-pattern>/FirstServlet</url-pattern>
4    </servlet-mapping>
```

当用户访问"/FirstServlet"的时候，服务器自然就会把请求交给 FirstServlet 进行处理了。

2. 使用@注解配置 Servlet

如果使用@注解进行配置，在 Servlet 的类声明之前，就无须在 web.xml 文件中对 Servlet 进行配置，这就极大地简化了开发。Servlet 3.0 新增的注解有@WebServlet、@WebFilter、@WebListener@WebInitParam 等。

（1）@WebServlet 注解用于定义 Servlet 组件。

（2）@WebFilter 注解用于声明过滤器。该注解将在部署时被容器处理，而容器根据具体的属性配置将相应的类部署为过滤器。

（3）@WebListener 注解用于声明监听器，充当给定 Web 应用上下文中各种 Web 应用事件的监听器的类。

（4）@WebInitParam 注解等价于 web.xml 文件中的<servlet>和<filter>的<init-param>子元素，通常不单独使用，而是配合@WebServlet 或者@WebFilter 使用。

这里重点介绍@WebServlet 注解。其他注解的使用将在后续章节中陆续介绍。

@WebServlet 注解用于将一个类声明为 Servlet，该注解将会在部署时被容器处理，容器根据具体的属性配置将相应的类部署为 Servlet。@WebServlet 注解常用属性如表 4-2 所示。

表 4-2　@WebServlet 注解常用属性

属性名	类型	描述
name	String	指定 Servlet 的 name 属性，等价于<servlet-name>。如果没有显式指定，该 Servlet 的取值就为类的全限定名
value	String[]	该属性等价于 urlPatterns 属性。这两个属性不能同时使用
urlPatterns	String[]	指定一组 Servlet 的 URL 匹配模式，等价于<url-pattern>元素
loadOnStartup	int	指定 Servlet 的加载顺序，等价于<load-on-startup>元素
initParams	WebInitParam[]	指定一组 Servlet 初始化参数，等价于<init-param>元素
asyncSupported	boolean	声明 Servlet 是否支持异步操作模式，等价于<async-supported>元素
description	String	该 Servlet 的描述信息，等价于<description>元素
displayName	String	该 Servlet 的显示名，通常配合工具使用，等价于<display-name>元素

在表 4-2 所示中所有属性均为可选属性，但是 vlaue 属性或者 urlPatterns 属性通常是必需的，且两者不能共存，如果同时指定，通常是忽略 value 属性的取值。

@WebServlet 注解中的属性以"属性名＝属性值"的形式列出，属性之间以逗号分隔。

如例 4-1 中的 FirstServlet 使用@WebServlet 注解配置语句代码如下：

```
1  @WebServlet(name = "FirstServlet",urlPatterns = {"/FirstServlet"})
2  public class FirstServlet extends HttpServlet {}
```

若例 4-1 中只指定 urlPatterns 属性，则语句代码可以简写如下：

```
@WebServlet("/FirstServlet")
```

注意：Servlet 3.0 规范以前的版本只能使用 web.xml 文件进行配置，Servlet 3.0(含 3.0)以上规范则可以使用两种方式，但这两种配置方式不能同时使用，否则系统会报错。为了让读者熟悉 web.xml 文件的配置方法，本章的案例中都使用 web.xml 文件进行配置。

4.2.3　Servlet 自动加载

Servlet 只有在第一次被访问的时候才会加载，这会造成第一个访问的人访问时间较长，因为他需要等待 Servlet 完成加载。那么，有没有办法可以在启动服务器的时候就使 Servlet 自动加载呢？在 web.xml 文件中使用<servlet>元素的子元素<load-on-startup>进行配置，其代码如下：

```
1  <servlet>
2      <servlet-name>FirstServlet</servlet-name>
3      <servlet-class>com.yzpc.servlet.FirstServlet</servlet-class>
4      <!-- 让 servlet 对象自动加载 -->
```

```
5      <load-on-startup>1</load-on-startup>
6    </servlet>
```

在<load-on-startup>元素中,设置的值必须是一个整数。如果这个值是一个负数,或者没有设定这个元素,Servlet容器将在客户端首次请求Servlet时加载;如果这个值是正整数或0,Servlet容器将在Web应用启动时加载并初始化Servlet,并且<load-on-startup>元素的值越小,它对应的Servlet被加载的优先级越高。

4.3 HttpServlet 类

HttpServlet类是GenericServlet类的子类,它继承了GenericServlet类的所有方法,并且为HTTP请求中的GET和POST等请求提供了具体的操作方法。通常情况下,编写的Servlet类都继承自HttpServlet类,在开发中使用的也是HttpServlet对象。

4.3.1 HttpServlet 类的常用方法

HttpServlet类实现了GenericServlet类的service()方法,打开HttpServlet类的源码,其中实现service()方法的代码片段如下:

视频讲解

```
1   public abstract class HttpServlet extends GenericServlet
2   {
3       private static final String METHOD_DELETE = "DELETE";
4       private static final String METHOD_HEAD = "HEAD";
5       private static final String METHOD_GET = "GET";
6       private static final String METHOD_OPTIONS = "OPTIONS";
7       private static final String METHOD_POST = "POST";
8       private static final String METHOD_PUT = "PUT";
9       private static final String METHOD_TRACE = "TRACE";
10      …
11      protected void doGet(HttpServletRequest req, HttpServletResponse resp)throws ServletException, IOException{
12          …
13      }
14      protected void doPost ( HttpServletRequest req, HttpServletResponse resp ) throws ServletException, IOException{
15          …
16      }
17      …
18      protected void service ( HttpServletRequest req, HttpServletResponse resp ) throws ServletException, IOException{
19          String method = req.getMethod();
20          if (method.equals(METHOD_GET)) {
21              …
22          } else if (method.equals(METHOD_HEAD)) {
23              …
24              doHead(req, resp);
25          } else if (method.equals(METHOD_POST)) {
26              doPost(req, resp);
27          } else if (method.equals(METHOD_PUT)) {
28              doPut(req, resp);
29          } else if (method.equals(METHOD_DELETE)) {
30              doDelete(req, resp);
```

```
31            } else if (method.equals(METHOD_OPTIONS)) {
32                doOptions(req,resp);
33            } else if (method.equals(METHOD_TRACE)) {
34                doTrace(req,resp);
35            } else {
36                ...
37            }
38        }
39        public void service(ServletRequest req, ServletResponse res) throws ServletException,
       IOException{
40            HttpServletRequest   request;
41            HttpServletResponse response;
42            ...
43            request = (HttpServletRequest) req;
44            response = (HttpServletResponse) res;
45            service(request, response);
46        }
47    }
```

在上述代码片段中,第 3～9 行为常量声明,分别对应了 HTTP 的 7 个不同请求。

第 11～16 行分别为 doGet()方法与 doPost()方法的声明,第 17 行省略了其他 do 方法,读者可以自行查看源码中的声明。

service()方法有两个重载:第 18～38 行(第一个)和第 39～46 行(第二个)。

第二个 service()方法的参数是 ServletRequest 和 ServletResponse 的对象,通过其参数类型可以看出,该方法是对父类抽象方法的实现。第 40、41、43、44 四行,将参数 req 和 res 强制转换为 HttpServletRequest 和 HttpServletResponse 的对象 requset 和 response。第 45 行调用 service()方法的另一个重载,其参数为 HttpServletRequest 和 HttpServletResponse 的对象 requset 和 response,可以看出调用了代码片段中的第一个 service()方法。

在第一个 service()方法中,有一个多分支选择结构。通过分析多分支结构不难看出,每一个 doXxx()方法的调用都对应于相应的 Xxx 请求。

对于 HTTP 的请求,HttpServlet 类都提供了对应的方法。HttpServlet 类的常用方法如表 4-3 所示。

表 4-3 HttpServlet 类的常用方法

HTTP 请求方法	HttpServlet 方法	HTTP 请求方法	HttpServlet 方法
GET	doGet()	DELETE	doDelete()
POST	doPost()	OPTIONS	doOptions()
HEAD	doHead()	TRACE	doTrace()
PUT	doPut()	—	—

通过对 HttpServlet 的源代码片段分析,发现 HttpServlet 主要有两大功能:第一是根据用户请求方法的不同,定义相应的 doXxx()方法处理用户请求。例如,与 GET 请求方式对应的是 doGet()方法,与 POST 请求方法对应的是 doPost()方法。第二是通过 service()方法将 HTTP 请求和响应分别强转为 HttpServletRequest 和 HttpServletResponse 类型的对象。

注意:由于 HttpServlet 类在重写的 service()方法中为每一种 HTTP 请求方法都定义了对应的 doXxx()方法,因此,当定义的类继承 HttpServlet 后,只需根据请求方法,重写对应的 doXxx()方法即可,而不需要重写 service()方法。

在实际开发中,最常用的是处理 GET 请求和 POST 请求的方法。

4.3.2 HttpServlet 类应用

视频讲解

在 4.1.3 节中介绍了使用手动操作方式创建 Servlet,该方法操作比较烦琐,在快速开发中通常不被采纳。最常用的方法是通过 IDE 集成开发工具进行创建。下面通过一个案例介绍使用 Eclipse 开发工具创建 Servlet 的过程,其他开发工具操作方法类似。

【例 4-3】 创建一个 Servlet,验证 doGet()方法和 doPost()方法。

分析:直接在地址栏中输入网址,是发出 GET 请求;而 POST 请求则需要通过表单的 action 属性设置。

根据以上分析,本例需要创建两个文件:一个是 Servlet 类,另一个是含表单的 html 文件。

(1) 创建 Servlet 类。

① 创建项目 ch4_demo,指定 Servlet 的版本为 2.5,并创建包 com.yzpc.servlet。

② 创建 Servlet。

右击包名,在弹出的菜单中选择 Servlet,打开 Creat Servlet 对话框,在 Class name 输入框中输入名称 SecondServlet,单击 Finish 按钮,即完成 Servlet 的创建,如图 4-11 所示。

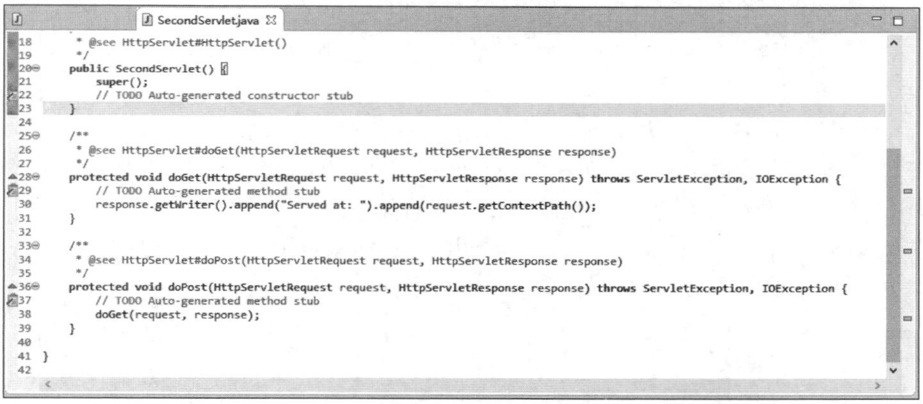

图 4-11 SecondServlet.java

在图 4-11 所示中,第 36 行的 doPost()方法中调用了 doGet()方法,不管客户端发出 GET 请求还是 POST 请求,都会执行 doPost()方法,因此,在没有特别要求的情况下,只需要重写 doPost()方法。本例中要验证 HTTP 请求与对应的方法之间的关系,因此将这两个方法中的源代码都删除,全部重写。

执行 doGet()方法的代码如下:

```
1    response.setContentType("text/html;charset = GB18030");
2    response.getWriter().write("少年强则国强: if the people are strong, the country will be strong");
```

执行 doPost()方法的代码如下:

```
1    response.setContentType("text/html;charset = GB18030");
2    response.getWriter().write("大众创业、万众创新:mass entrepreneurship and innovation initiative");
```

③ 配置 web.xml 文件。

在 web.xml 文件中,增加如下代码,以配置 SecondServlet 的虚拟路径。

```
1  <servlet>
2      <servlet-name>SecondServlet</servlet-name>
3      <servlet-class>com.yzpc.servlet.SecondServlet</servlet-class>
4  </servlet>
5  <servlet-mapping>
6      <servlet-name>SecondServlet</servlet-name>
7      <url-pattern>/SecondServlet</url-pattern>
8  </servlet-mapping>
```

(2) 创建 html 文件。

在 WebContent 根目录下新建 html 文件,命名为 index.html,表单代码如下:

```
1  <form action="SecondServlet" method="POST">
2      <input type="submit" value="词语翻译"/>
3  </form>
```

<form>标签的 action 属性设置为 SecondServlet 的虚拟路径 SecondServlet;Method 属性的值为 POST,表示由 SecondServlet 来处理表单提交的请求,并执行 doPost()方法中的代码。如果 Method 属性的值为 GET,就执行 doGet()方法中的代码。

(3) 项目发布与运行。

发布项目 ch4_demo 并启动服务器。分别执行如下操作,观察页面的输出内容。

① 在浏览器的地址栏中输入 http://localhost:8080/ch4_demo/SecondServlet 后按回车键,客户端发送 GET 请求,执行 doGet()方法。运行结果如图 4-12 所示。

② 在浏览器的地址栏中输入 http://localhost:8080/ch4_demo/index.html 后按回车键,弹出表单页面。表单页面如图 4-13 所示。

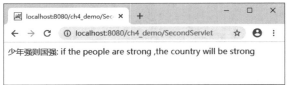

图 4-12 直接访问 SecondServlet 的运行结果

图 4-13 表单页面

单击图 4-13 中的"词语翻译"按钮,触发表单提交事件,客户端发出一个 POST 请求,执行 doPost()方法,运行结果如图 4-14 所示。

图 4-14 POST 请求的运行结果

③ 将 index.html 文件中表单的 Method 属性的值改为 GET,再执行第②步操作,单击页面上的"词语翻译"按钮时,客户端会发出 GET 请求,最后的运行结果如图 4-12 所示。

4.4 Servlet 虚拟路径的映射

在 web.xml 文件中使用<servlet>元素和<servlet-mapping>元素完成 Servlet 的配置。其中，<servlet>元素用于注册 Servlet；<servlet-mapping>元素用于映射一个 Servlet 的对外访问路径，该路径也称为虚拟路径。它包含有两个子元素：<servlet-name>和<url-pattern>，分别用于指定 Servlet 的注册名称和 Servlet 的对外访问路径。

创建的 Servlet 只有在 web.xml 中映射了虚拟路径，客户端才能访问。如例 4-1 中为 FirstServlet 设置<url-pattern>/FirstServlet</url-pattern>，指定虚拟路径为"/FirstServlet"。在例 4-2 中为 SecondServlet 设置<url-pattern>/SecondServlet</url-pattern>。下面分别介绍虚拟路径映射中的一些特殊情况。

4.4.1 多重映射

同一个 Servlet 可以被映射到多个 URL 上，即可以使用多个虚拟路径访问同一个 Servlet。例如，给 SecondServlet 设置两个虚拟路径分别为"/SecondServlet"和"/second"，有如下两种设置方法。

设置方法 1：在 web.xml 文件中为 SecondServlet 设置两个<servlet-mapping>元素，代码如下：

```
1    <servlet-mapping>
2    <servlet-name>SecondServlet</servlet-name>
3    <url-pattern>/SecondServlet</url-pattern>
4    </servlet-mapping>
5    <servlet-mapping>
6    <servlet-name>SecondServlet</servlet-name>
7    <url-pattern>/second</url-pattern>
8    </servlet-mapping>
```

在<servlet-mapping>的两个元素中，<servlet-name>元素内容应保持一致；而<url-pattern>元素内容分别为"/SecondServlet"和"/second"。当用户请求为这两个 URL 时，都由 SecondServlet 响应用户请求。

设置方法 2：在 web.xml 文件中为 SecondServlet 的<servlet-mapping>元素设置两个<url-pattern>元素，代码如下：

```
1    <servlet-mapping>
2    <servlet-name>SecondServlet</servlet-name>
3    <url-pattern>/SecondServlet</url-pattern>
4    <url-pattern>/second</url-pattern>
5    </servlet-mapping>
```

通过上述两种方法设置后，重新启动服务器，当在浏览器的地址栏中输入 http://localhost:8080/ch4_demo/SecondServlet 和 http://localhost:8080/ch4_demo/second 时都能访问到 SecondServlet 类。

4.4.2 通配符

在前面章节中介绍 Servlet 映射时，都是映射到固定的虚拟路径，称之为精确匹配。在 Servlet 映射到的 URL 中也可以使用"*"通配符，称之为模糊匹配。

使用"*"通配符只能有两种固定的格式：一种格式是"*.扩展名"，称为扩展名匹配；另一种格式是以正斜杠(/)开头并以"/*"结尾,称为路径匹配。注意,只能"/"或"*"开头,其他都是非法的。通配符示例如表4-4所示。

表 4-4 通配符示例

格 式	举 例	说 明
路径匹配	/abc/*	/abc下的任意路径映射到该Servlet
	/*	表示任意路径都映射到这个Servlet
扩展名匹配	*.do	/任意路径.do映射到该Servlet

【例4-4】 分析虚拟路径映射关系。

已知有如下映射关系,分析当请求URL分别为"/abc/a.html""/abc""/abc/a.do""/xxx/yyy/a.do""/a.do"时,哪个Servlet会响应该请求。已知:

(1) Servlet1 映射到 /abc/*;
(2) Servlet2 映射到 /*;
(3) Servlet3 映射到 /abc;
(4) Servlet4 映射到 *.do。

解析:在上述映射关系中,关系(3)没有使用通配符,是精确匹配。其他三个映射关系都使用了通配符,通过模糊匹配,我们可以让多个路径映射到同一个Servlet。

当请求URL为"/abc/a.html"时,"/abc/*"和"/*"都匹配。Servlet引擎将调用Servlet1。

当请求URL为"/abc"时,"/abc"完全匹配,这里使用精确匹配,Servlet引擎将调用Servlet3。

当请求URL为"/abc/a.do"时,"/abc/*"和"*.do"都匹配,Servlet引擎将调用Servlet1。

当请求URL为"/a.do"时,"/*"和"*.do"都匹配,Servlet引擎将调用Servlet2。

当请求URL为"/xxx/yyy/a.do"时,"/*"和"*.do"都匹配,Servlet引擎将调用Servlet2。

匹配原则:精确匹配优先于模糊匹配;路径匹配优先于扩展名匹配;请求URL与虚拟路径相似度高的优先。

4.4.3 默认Servlet

当<url-pattern>元素的内容为"/"时,这个Servlet就是当前应用的默认Servlet。Servlet服务器在接收到访问请求时,如果在web.xml中找不到匹配的虚拟路径,就会将访问请求交给默认的Servlet处理,即默认Servlet处理其他Servlet都不处理的访问请求。

在Tomcat中将DefaultServlet设置为默认Servlet,它对Tomcat上的所有应用服务器都起作用。当客户端服务器访问Tomcat中的某个静态HTML页面文件时,DefaultServlet会判断页面文件是否存在。如果存在,就会将数据以流的形式传送给客户端;否则会报告404错误。

4.5 ServletConfig 接口与 ServletContext 接口

在Servlet中共有4个重要的接口。

1	ServletConfig	Servlet配置接口
2	ServletContext	Servlet的上下文接口
3	HttpServletRequest	获取请求信息
4	HttpServletResponse	设置响应信息

本节主要介绍ServletConfig对象与ServletContext对象,后两个接口的具体内容将在第5章详细介绍。

4.5.1 ServletConfig 接口的定义及其应用

1. ServletConfig 接口的定义

在运行 Servlet 程序时，可能需要一些辅助信息，例如，文件使用的编码、使用 Servlet 程序的共享信息等，这些信息可以在 web.xml 文件中使用一个或多个 <init-param> 元素进行配置。当 Tomcat 初始化一个 Servlet 时，会将该 Servlet 的配置信息封装到 ServletConfig 对象中，可以通过调用 init(ServletConfig config)方法将 ServletConfig 对象传递给 Servlet。

ServletConfig 接口中定义了一系列获取配置信息的方法，ServletConfig 接口的定义代码如下：

```
1   public interface ServletConfig {
2       //返回 Servlet 的名字,即 web.xml 文件中< servlet - name >元素的内容
3       public String getServletName();
4       //返回一个代表当前 Web 应用的 ServletContext 对象
5       public ServletContext getServletContext();
6       //根据初始化参数的名称返回初始化参数的值
7       public String getInitParameter(String name);
8       //返回一个 Enumeration 对象,其中包含所有的初始化参数名称
9       public Enumeration < String > getInitParameterNames();
10  }
```

2. ServletConfig 接口的应用

ServletConfig 接口常用来获取 Servlet 的初始化参数，下面举例说明。

【例 4-5】 使用 ServletConfig 接口的 getInitParameter()方法获取 Servlet 的初始化参数。

(1) 创建 Servlet。

在 com.yzpc.servlet 包中创建一个名称为 FourthServlet 的 Servlet 类。

(2) 在 web.xml 文件中配置 Servlet 并设置 Servlet 的初始化参数。

Servlet 的初始化参数通过< servlet >元素的子元素< init-param >进行配置。< init-param >元素有两个子元素：< param-name >和< param-value >。其中，< param-name >元素设置参数名称，< param-value >元素设置参数值。初始化参数设置的代码如下：

```
1   < servlet >
2       < servlet - name > FourthServlet </servlet - name >
3       < servlet - class > com.yzpc.servlet.FourthServlet </servlet - class >
4       < init - param >
5           <!-- 参数名 encoding,参数值 GB18030 -->
6           < param - name > encoding </param - name >
7           < param - value > GB18030 </param - value >
8       </init - param >
9   </servlet >
10  < servlet - mapping >
11      < servlet - name > FourthServlet </servlet - name >
12      < url - pattern >/test </url - pattern >
13  </servlet - mapping >
```

(3) 在 Servlet 类的 doGet()方法中编写用于读取 web.xml 文件中参数信息的代码如下：

```
1   protected void doGet (HttpServletRequest request, HttpServletResponse response ) throws
    ServletException, IOException {
2       PrintWriter out = response.getWriter();
```

```
3    ServletConfig config = this.getServletConfig();    //获取 ServletConfig 对象
4    String param = config.getInitParameter("encoding");    //读初始化参数 encoding 的值
5    out.println("encoding = " + param);    //输出初始化参数 encoding 及其值
6  }
```

上述代码中，this.getServletConfig()获取 ServletConfig 对象，再调用 config.getInitParameter("encoding")获取参数名为"encoding"的参数值，最后输出。

说明：在 GenericServlet 类中，已经创建了 getServletConfig()方法用于获取 ServletConfig 对象，因此在用户自定义的 Servlet 类中可以直接调用父类的 getServletConfig()方法。

（4）发布并运行，运行结果如图 4-15 所示。

注意：Servlet Config 对象只能在其对应的 Servlet 中使用，不能超出范围。

图 4-15　运行结果

4.5.2　ServletContext 接口的定义及其应用

1. ServletContext 接口的定义

ServletContext 代表的是一个 Web 应用环境（上下文）对象，ServletContext 对象内部封装了该 Web 应用的信息。ServletContext 对象的 Web 只能有一个，而每个 Web 应用都可以有多个 Servlet 对象。

当 Tomcat 启动时，Tomcat 会为每个 Web 应用创建一个唯一的 ServletContext 对象，以代表当前的 Web 应用。当该 Web 应用被卸载时，ServletContext 对象也被销毁。

获取 ServletContext 对象的方式有如下两种：

第一种获取方式是通过 ServletConfig 对象的 getServletContext()方法获取，代码如下：

```
ServletContext servletcontext = config.getServletContext();
```

第二种获取方式是通过 HttpServlet 类的 getServletContext()方法获取，代码如下：

```
ServletContext servletcontext = this.getServletContext();
```

ServletContext 接口常用方法根据其作用主要有 3 类：读取 Web 应用的初始化参数的方法；访问 ServletContext 域对象属性相关的方法；读取 Web 应用下的资源文件的方法。ServletContext 接口常用方法如表 4-5 所示。

表 4-5　ServletContext 接口常用方法

方　　法	功　　能
String getInitParameter(String name)	根据参数名获取参数值
Enumeration getInitParameterNames()	返回一个 Enumeration，其中包含当前应用中的所有参数名
void setAttribute(String name, Object object)	设置域属性
Object getAttribute(String name)	获取域对象中指定域属性的值
void removeAttribute(String name)	移除域对象中指定的域属性
String getRealPath(String path)	获取 Web 应用中任何资源的绝对路径，参数 path 为相对于该 Web 应用的相对地址
InputStream getResourceAsStream(String path)	返回映射到某个资源文件的 InputStream 输入流对象

续表

方　　法	功　　能
URL getResource(String path) throws MalformedURLException	返回映射到某个资源文件的 URL 对象。参数 path 必须以正斜线(/)开始，/表示当前 Web 应用的根目录
Set < String > getResourcePaths(String path)	返回一个集合，集合中包含资源目录子目录和文件的路径名称。参数 path 必须以正斜线(/)开始

2. 获取 Web 应用程序的初始化参数

在 Web 应用程序的 web.xml 文件中配置初始化参数。利用< web-app >元素的子元素< context-param >配置，< context-param >元素有两个子元素：< param-name >和< param-value >，用于分别指定参数名和参数值。具体示例代码如下：

```
1   //配置参数 XXX,值为 xxx
2   < context - param >
3   < param - name > XXX </param - name >
4   < param - value > xxx </param - value >
5   </context - param >
6   //配置参数 AAA,值为 aaa
7   < context - param >
8   < param - name > AAA </param - name >
9   < param - value > aaa </param - value >
10  </context - param >
```

如果配置多个初始化参数，可以通过在 web.xml 文件中配置多个< context-param >元素的方式实现。

通过 ServletContext 接口提供的 getInitParameter()方法和 getInitParameterNames()方法获取初始化参数和参数值，如获取参数"XXX"的值，其代码如下：

```
String s = context.getInitParameter("XXX");
```

【例 4-6】 使用 ServletContext 接口获取 Web 应用程序的初始化参数。具体操作步骤如下所述。

（1）在项目 ch4_demo 的 web.xml 文件中配置初始化参数信息，其代码如下：

```
1   < context - param >
2       < param - name > username </param - name >
3       < param - value > admin </param - value >
4   </context - param >
5   < context - param >
6       < param - name > password </param - name >
7       < param - value > 1234 </param - value >
8   </context - param >
```

（2）在项目的 com.yzpc.servlet 包中创建一个名称为 FifServlet 的类，在 web.xml 文件中设置映射地址为"/fifth"。重写 FifServlet 的 doGet()方法，使用 ServletContext 接口获取 web.xml 中的配置信息，其代码如下：

```
1  public void doGet ( HttpServletRequest request, HttpServletResponse response ) throws
   ServletException, IOException {
2      response.setContentType("text/html;charset=GB18030");
3      PrintWriter out = response.getWriter();
4      //1.得到 ServletContext 对象
5      ServletContext context = this.getServletContext();
6      //2.得到包含所有初始化参数名的 Enumeration 对象
7      Enumeration<String> paramNames = context.getInitParameterNames();
8      //3.遍历所有的初始化参数名,得到相应的参数值并打印
9      while (paramNames.hasMoreElements()) {
10         String name = paramNames.nextElement();
11         String value = context.getInitParameter(name);
12         out.println(name + ":" + value);
13         out.println("<br/>");
14     }
15 }
```

上述代码中,当通过 this.getServletContext() 方法获取到 ServletContext 对象后,首先调用 getInitParameterNames() 方法,获取到包含所有初始化参数名的 Enumeration 对象,然后遍历 Enumeration 对象,根据获取到的参数名,通过 getInitParamter() 方法得到对应的参数值。本例中是获取所有初始化参数的名称及值,如果只要获取指定参数名的参数值,就可以直接调用 getInitParamter() 方法得到。

(3) 发布并运行。启动服务器成功后,在浏览器地址栏中输入 http://localhost:8080/ch4_demo/fifth。FifServlet 运行结果如图 4-16 所示。

图 4-16 FifServlet 运行结果

比较 ServletConfig 接口与 ServletContext 接口访问初始化参数的异同。两者调用的方法从语法上看是一样的,但作用的对象不同,作用范围也不同。ServletConfig 接口只能访问当前 Servlet 对象的初始化参数;ServletContext 接口访问的是整个 Web 应用的初始化参数。

3. 多个 Servlet 对象共享数据

存储数据的区域就是域对象,ServletContext 就是一个域对象。ServletContext 域对象的作用范围是整个 Web 应用,即所有的 Web 资源都可以随意向 ServletContext 域中存取数据,数据可以共享。访问域属性有如下四个方法。

(1) 设置域属性。

```
public void setAttribute(String name, Object object);
```

其中,参数 name 指定域属性名,String 类型;参数 object 指定参数值,Object 类型。如果 name 指定的属性名已经存在,则修改域属性的值,否则创建新的域属性。如 context.setAttribute("school","yzpc");

(2) 获取域属性值,代码格式如下:

```
public Object getAttribute(String name);
```

根据指定参数名获取域对象中对应的域属性的值,如果域属性不存在,返回 null。如 String school=context.getAttribute("school");

(2) 获取域属性名,代码格式如下:

```
public Enumeration<String> getAttributeNames()
```

获取域对象中所有域属性的名称,并存储在一个 Enumeration 对象中。

(3) 根据指定参数名移除域对象中对应的域属性,代码格式如下:

```
public void removeAttribute(String name);
```

如 context.removeAttribute("school");

【例 4-7】 实现在多个 Servlet 间共享数据。

由于一个 Web 中的所有 Servlet 共享同一个 ServletContext 对象,因此 ServletContext 对象的域属性可以被该 Web 应用中的所有 Servlet 访问。具体步骤如下所述。

(1) 在项目 ch4_demo 的 com.yzpc.servlet 包中创建两个 Servlet,分别命名为 SixthServlet01、SixthServlet02,在 web.xml 文件中设置映射地址分别为"/sixth01"和"/sixth02"。

(2) 在 SixthServlet01 中设置两个域属性"name"和"sex",其值分别为字符串"陆一凡"和"男"。再次读取域属性"name"和"sex"的值并输出。重写 doGet()方法,代码如下:

```
1   protected void doGet(HttpServletRequest request, HttpServletResponse response) throws
    ServletException, IOException {
2       response.setContentType("text/html;charset=GB18030");
3       PrintWriter out = response.getWriter();
4       ServletContext context = this.getServletContext();    //获取 ServletContext 对象
5       context.setAttribute("name", "陆一凡");                //设置域属性 name
6       context.setAttribute("sex","男");                     //设置域属性 sex
7       String name = (String) context.getAttribute("name");   //读域属性 name 的值
8       String sex = (String)context.getAttribute("sex");      //读域属性 sex 的值
9       out.print("name:" + name + ";" + "sex:" + sex);
10  }
```

读取域属性的值时,返回的是 Object 类型,需要根据域属性值的实际类型进行强制转换。如上述代码中的第 7 行和第 8 行就将读取的域属性值转换为 String 类型。

(3) 在 SixthServlet02 中直接读取域属性 name 和 sex 的值并输出。重写 doGet()方法,代码如下:

```
1   response.setContentType("text/html;charset=GB18030");
2   PrintWriter out = response.getWriter();
3   ServletContext context = this.getServletContext();    //获取 ServletContext 对象
4   String name = (String) context.getAttribute("name");   //读域属性 name 的值
5   String sex = (String)context.getAttribute("sex");      //读域属性 sex 的值
6   out.print("name:" + name + ";" + "sex:" + sex);
```

(4) 复制文件 SixthServlet01.java,重命名为 SixthServlet03.java,虚拟路径设为"/sixth03"。在 SixthServlet03.java 中设置域属性 name 的值为"李南南";设置域属性 sex 的值为"女"。然后读取 name 和 sex 的值并输出,如图 4-17 所示。

(5) 发布运行。发布项目,启动服务器成功后,在地址栏中依次输入如图 4-17 所示内容。由域属性值的变化可以看出,在 3 个 Servlet 中所访问域属性 name 和 sex 的值,并保持一

图 4-17 多个 Servlet 共享数据运行结果

致,即 3 个 Servlet 共享域属性 name 和 sex 的值。

4. 读取 Web 应用下的资源文件

在实际开发中,有时需要读取 Web 应用中的一些资源文件,如配置文件和日志文件等。为此,在 ServletContext 接口中定义了一些读取 Web 资源的方法,这些方法是依靠 Servlet 容器实现的。Servlet 容器根据资源文件相对于 Web 应用的路径,返回关联资源文件的 I/O 流或资源文件在系统的绝对路径等。常用获取资源文件的方法如下:

(1) getResourcePaths(String path)方法:获取包含资源目录子目录和文件的路径名称的集合。参数 path 必须以正斜线(/)开始。

(2) getResource(String path)方法:返回映射到某个资源文件的 URL 对象。参数 path 必须以正斜线(/)开始,/表示当前 Web 应用根目录。

(3) getResourceAsStream(String path)方法:返回映射到某个资源文件的 InputStream 输入流对象。

(4) getRealPath(String path)方法:返回资源文件在服务器文件系统上的真实路径(文件的绝对路径)。如果不能转换,就返回 null。

【例 4-8】 使用 ServletContext 对象读取资源文件,具体步骤如下所述。

(1) 在项目 ch4_demo 的 src 目录中创建一个名称为 yzpc.properties 的文件,在创建好的文件中输入如下所示的配置信息。

```
1  username = admin
2  password = 123456
```

（2）在 com.yzpc.servlet 包中创建一个名称为 SeventhServlet 的 Servlet 类，在 web.xml 文件中设置映射地址为"/seventh"。重写 doGet()方法，读取 yzpc.properties 资源文件的内容，其实现代码如下：

```
 1  public void doGet(HttpServletRequest request,HttpServletResponse response)hrows ServletException,
    IOException {
 2    response.setContentType("text/html;charset = GB18030");
 3    ServletContext context = this.getServletContext();
 4    PrintWriter out = response.getWriter();
 5    //获取相对路径中的输入流对象
 6    InputStream in = context.getResourceAsStream("/WEB - INF/classes/yzpc.properties");
 7    Properties pros = new Properties();
 8    pros.load(in);
 9    out.println("username = " + pros.getProperty("username") + "<br/>");
10    out.println("password = " + pros.getProperty("password") + "<br/>");
11  }
```

在上述代码中，使用 ServletContext 的 getResourceAsStream(String path)方法获得了关联 yzpc.properties 资源文件的输入流对象。其中的 path 参数必须以正斜线(/)开始，表示 yzpc.properties 文件相对于 Web 应用的相对路径。

注意：

（1）若代码中引用 properties 对象，则需导入包 java.util.Properties；

（2）在 Eclipse 中 src 目录下创建的资源文件在 Tomcat 服务器启动时会被复制到项目的 WEB-INF/classes 目录下。

（3）启动 Tomcat 服务器，在浏览器的地址栏中输入地址 http://localhost：8080/ch4_demo/seventh 访问 SeventhServlet，浏览器的运行结果如图 4-18 所示。

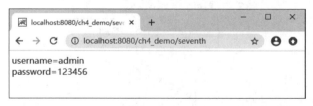

图 4-18　访问 SeventhServlet 的运行结果

从图 4-18 所示中可以看出，yzpc.properties 资源文件中的内容已经被读取出来了。由此可见，使用 ServletContext 对象可以读取 Web 应用中的资源文件。

4.6　本章小结

本章主要介绍了 Java Servlet 的基本知识及接口和类的使用。通过本章的学习，读者可以掌握 Servlet 接口及其实现类的使用，了解 Sevlet 的生命周期，掌握 Servlet 虚拟路径映射的配置，并能熟练使用 Eclipse 开发工具开发 Servlet 应用；掌握 Servlet 的两个常用接口 SevletConfig 和 ServletContext 的使用，了解 Servlet 的初始化参数设置与读取，Web 应用的初始化参数设置和读取，初步了解资源文件的读取和 Web 域对象的使用。

第 5 章　请求和响应

在客户端浏览器发送一个请求后,服务器执行一系列操作,并作出一个响应,发送给客户端,即完成一次 Web 访问过程。客户端浏览器的请求被封装成一个 HttpServletRequest 对象,简称 request 对象。服务器端对客户端浏览器作出的响应被封装成一个 HttpServletResponse 对象,简称 response 对象。request 对象和 response 对象起到了服务器端与客户端之间的信息传递作用。request 对象用于接收客户端浏览器提交的数据,而 response 对象的功能则是将服务器端的数据发送到客户端浏览器。

通过本章的学习,您可以：

（1）掌握 HttpServletResponse 接口及其常用方法的使用；
（2）掌握 HttpServletRequest 接口及其常用方法的使用；
（3）掌握请求和响应过程中出现中文乱码问题的解决方法；
（4）掌握请求转发和请求重定向的使用。

浏览器并不是直接与 Servlet 通信的,而是通过 Web 服务器和 Servlet 容器与 Servlet 通信。针对 Servlet 的每次请求,Servlet 容器在调用 service() 方法之前,都会创建 request 对象和 response 对象；然后调用相应的 Servlet 程序。在 Servlet 程序运行时,它首先会从 request 对象中读取数据信息,再通过 service() 方法处理请求消息,并将处理后的响应数据写入到 response 对象中；最后,Web 服务器会从 response 对象中读取到响应数据,并发送给浏览器。浏览器访问 Servlet 的过程示意如图 5-1 所示。

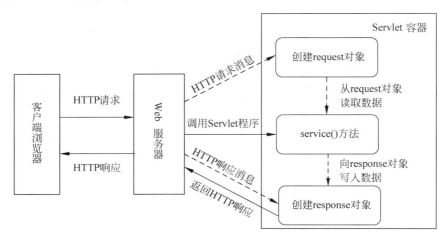

图 5-1　浏览器访问 Servlet 的过程示意

注意：在 Web 服务器运行阶段,每个 Servlet 都会创建一个实例对象,针对每次的 HTTP 请求,Web 服务器都会调用所请求 Servlet 实例的 service(HttpServletRequest request,HttpServletResponse response)方法,并重新创建一个 request 对象和一个 response 对象。

5.1 HttpServletResponse 接口及其应用

5.1.1 HttpServletResponse 接口

在 Servlet API 中定义了一个 HttpServletResponse 接口，它位于 javax.servlet.http 包中，继承自 javax.servlet.ServletResponse 接口，主要用于封装 HTTP 响应消息。由于 HTTP 响应消息分为响应状态行、响应消息头和响应消息体 3 部分，因此在 HttpServletResponse 接口中定义了向客户端发送响应状态码、响应消息头和响应消息体的方法。

1. 发送与状态码相关的方法

当 Servlet 向客户端回送响应消息时，需要在响应消息中设置响应状态行。响应状态行由 HTTP 版本、状态码和状态描述信息 3 部分构成。由于状态描述信息直接与状态码相关，而 HTTP 版本由服务器确定，因此，只要设置状态码即可。HttpServletResponse 接口定义了 setStatus() 和 sendError() 两种发送状态码的方法。

1) setStatus() 方法

该方法用于设置 HTTP 响应消息的状态码，并生成响应状态行。需要注意的是，在正常情况下，Web 服务器会默认产生一个状态码为 200 的状态行。完整的语法格式如下：

```
void setStatus(int sc)
```

整型参数 sc 为状态码。

【例 5-1】 发送状态码 302。

创建项目 ch5_demo，创建包 com.yzpc.servlet，在包中创建 Servlet，命名为 TestSetvlet，设置虚拟路径为"/TestSetvlet"，重写 Servlet 的 doGet() 方法，在 doGet() 方法中调用 setStatus() 方法。TestSetvlet.java 文件代码如文件 5-1 所示。

文件 5-1　TestSetvlet.java 文件代码

```
1   package com.yzpc.servlet;
2   import java.io.IOException;
3   import javax.servlet.ServletException;
4   import javax.servlet.annotation.WebServlet;
5   import javax.servlet.http.HttpServlet;
6   import javax.servlet.http.HttpServletRequest;
7   import javax.servlet.http.HttpServletResponse;
8   @WebServlet("/TestServlet")
9   public class TestServlet extends HttpServlet {
10      private static final long serialVersionUID = 1L;
11      protected void doGet(HttpServletRequest request, HttpServletResponse response) throws ServletException, IOException {
12          response.setStatus(302);                //发送状态码 302
13      }
14  }
```

发布项目，启动服务器。打开 Chrome 浏览器，打开开发者工具。在浏览器地址栏中输入 http://localhost:8080/ch5_demo/TestServlet。观察开发者工具窗口，可见响应状态行信息为 HTTP/1.1 302。setStatus() 方法运行结果如图 5-2 所示。

2) sendError() 方法

该方法用于发送表示错误信息的状态码。response 对象提供了两个重载的发送错误信息

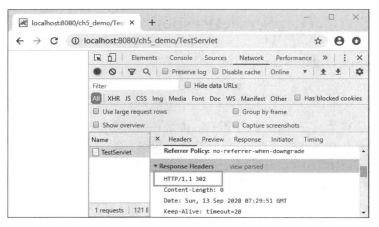

图 5-2 setStatus()方法运行结果

的状态码的方法,代码如下:

```
1   public void sendError(int code) throws java.io.IOException
2   public void sendError(int code,String message)throws java.io.IOException
```

在上面重载的两种方法中,第一种方法只发送错误信息的状态码,而第二种方法除了发送状态码以外,还可以增加一条用于提示说明的文本信息,该文本信息将出现在发送给客户端的正文内容中。

用如下代码替换文件 5-1 中第 12 行代码。

```
response.sendError(404);
```

运行后显示 404 错误提示页面,对应的响应状态行为 HTTP/1.1 404。sendError()方法运行结果如图 5-3 所示。

图 5-3 sendError()方法运行结果

sendError()方法适用于报错且存在对应的报错页面配置作为输出显示的情况,如 404、500 等错误页面的发送;而 setStatus()方法适用于正常响应的情况,仅仅可以改变响应状态码。

3) 响应状态码对应的常量

HttpServletResponse 接口中定义了很多状态码的常量,当需要向客户端发送响应状态码时,可以使用这些常量,避免了直接写数字。常见响应状态码的常量如表 5-1 所示。

表 5-1 常见响应状态码的常量

静 态 常 量	状态码	表 示 意 义
static int SC_CONTINUE	100	指示客户端可以继续
static int SC_OK	200	指示请求正常
static int SC_MULTIPLE_CHOICES	300	指示所请求的资源对应于一组表示中的任何一个,每个表示具有其自己的特定位置
static int SC_FOUND	302	指示资源暂时驻留在不同的 URI 下
static int SC_NOT_MODIFIED	304	指示条件 GET 操作发现资源可用且未被修改
static int SC_NOT_FOUND	404	指示所请求资源不可用
static int SC_INTERNAL_SERVER_ERROR	500	指示 HTTP 服务器内部的错误,从而阻止其履行请求

2. 发送与响应消息头相关的方法

Servlet 向客户端发送的响应消息中包含响应头字段,由于 HTTP 的响应头字段有很多种,因此,HttpServletResponse 接口定义了一系列设置 HTTP 响应头字段的方法,既有通用的设置响应头字段的方法,也有设置特定响应头字段的方法。下面介绍几种常用的方法。

1) 通用的设置响应头字段的方法

```
1    void setHeader(String name, String value);
2    void addHeader(String name, String value);
3    void setIntHeader(String name, int value);
4    void addIntHeader(String name, int value);
```

说明:

(1) setHeader()方法和 addHeader()方法用于设定 HTTP 的响应头字段,参数 name 用于指定响应头字段的名称,String 类型;参数 value 用于指定响应头字段的值,String 类型。

(2) setIntHeader()方法和 addIntHeader()方法与 setHeader()方法和 addHeader()方法的功能相似。不同的是,这两种方法只适用于响应头字段的值为 int 类型时的响应消息头的设置。

(3) addHeader()方法和 addIntHeader()方法允许增加同名的响应头字段的值;而 setHeader()方法和 setIntHeader()方法则会覆盖同名的响应头字段的值。

设置 refresh 头字段可以实现页面的自动刷新,也可以设置定时跳转网页。

【例 5-2】 refresh 头字段的应用。

(1) 在项目 ch5_demo 的 com.yzpc.servlet 包中创建 RefreshServlet.java 类,设置虚拟路径"/RefreshServlet",重写 doGet()方法。在 doGet()方法中,为了便于观察刷新功能,设计一个计数器,刷新一次,计数器值便增加 1。RefreshServlet.java 类的 doGet()方法如文件 5-2 所示。

文件 5-2 RefreshServlet.java 类的 doGet()方法

```
1    protected void doGet (HttpServletRequest request, HttpServletResponse response) throws ServletException, IOException {
2        PrintWriter out = response.getWriter();
```

```
3      //利用 ServletContext 的域属性存储计数器 count
4      ServletContext context = this.getServletContext();          //获取 ServletContext 对象
5      Integer count = (Integer)context.getAttribute("count");     //读取域属性 count 的值
6      //计数,如果 count 为 null,设 count 初始值为 1,否则 count 增加 1
7      if( count == null) {count = 1;}else {count++;}
8      context.setAttribute("count", count);                       //存储当前计数次数到域属性中
9      out.print(count + "times. <br/>");                          //输出刷新次数
10     out.print("vocational skills competition");
11     //设置 refresh 头字段的值为 3,表示 3 秒后刷新当前页面
12     response.setHeader("refresh","3");
13   }
```

在文件 5-2 中,利用 ServletContext 的域属性存储计数器变量 count 的值,第 5 行读取域属性值,第一次读的时候,域属性 count 是不存在的,返回值为 null。第 7 行判断 count 变量的值是否为 null,若为 null,则说明是第一次访问页面,就设 count 变量初值为 1,否则将 count 变量增加 1。第 8 行将 count 变量的新值存储到域属性 count 中。第 12 行调用 setHeader()方法,设置 refresh 头字段的值为 3 秒,表示每隔 3 秒刷新当前页面一次。

注意: count 变量一定要使用包装类型,如 Integer,不能是 int。

每次刷新页面,都会发出一次新的 HTTP 请求,由于是当前页面刷新,因此会再次执行 doGet()方法。ServletContext 域属性的生命期是整个 Web 运行期间,因此在以后执行 doGet()方法时,ServletContext 域中已存储有 count 属性的有效值了。如此,通过 ServletContext 域属性实现了页面刷新计数的功能。

(2)在 WebContent 根目录创建名为 refresh.html 的页面文件。其代码如下:

```
1    <!DOCTYPE html>
2    <html>
3       <head>
4          <meta charset = "GB18030">
5          <title>刷新并跳转</title>
6       </head>
7       <body>
8          <h2 align = "center">职业技能大赛 </h2>
9          <center>第一届职业技能大赛 2020 年 12 月 10 日在广东省广州市开幕。</center>
10      </body>
11   </html>
```

(3)启动服务器,在地址栏中输入地址 http://localhost:8080/ch5_demo/RefreshServlet 运行 RefreshServlet。页面每隔 3 秒就会刷新,页面上会显示计数刷新次数,且显示文本为文件 5-2 中发送的响应消息体。统计页面的刷新次数页面如图 5-4 所示。

图 5-4 统计页面的刷新次数页面

(4)修改程序代码,实现定时跳转。修改文件 5-2 的代码。修改后的代码如下:

```
1  {protected void doGet(HttpServletRequest request, HttpServletResponse response)
2      PrintWriter out = response.getWriter();
3      out.print("vocational skills competition");
4      //设置refresh头字段的值为"3, URI = refresh.html",表示3秒后刷新当前页面,并跳转到
         refresh.html页面
5      response.setHeader("refresh","3, URI = refresh.html");
6  }
```

（5）重启服务器，在地址栏中输入地址 http://localhost：8080/ch5_demo/RefreshServlet。首先显示 RefreshServlet 页面，3 秒后跳转到 refresh.html 页面。定时跳转页面如图 5-5 所示。

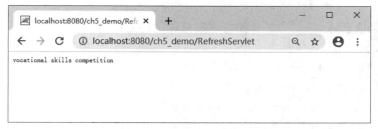

(a) RefreshServlet页面

(b) refresh.html页面

图 5-5 定时跳转页面

注意：当页面跳转时，浏览器地址栏中显示的是 refresh.html，而不是输入的 URL。

2) setContentType()方法

该方法用于设置发送到客户端的响应的内容类型，对应 HTTP 的 contentType 头字段。语法格式如下：

```
void setContentType(String type)
```

字符串类型参数 type 指定内容类型，若发送到客户端的内容是 .jpeg 格式的图像数据，则使用"response.setContentType("image/jpeg");"语句；若发送的是文本数据，字符编码规范为 GB18030，则使用"response.setContentType("text/html; charset=GB18030");"语句。

3) setCharacterEncoding()方法

该方法用于设置输出内容使用的字符编码，对应 HTTP 的 contentType 头字段的字符集编码部分。如果没有设置 contentType 头字段，那么该方法设置的编码字符集不会出现在 HTTP 响应头中。语法格式如下：

void setCharacterEncoding(String charset)

String 类型参数 charset 指定编码字符集，如 GB18030、GB2312、UTF-8 等。

setCharacterEncoding()方法和 setContentType()方法都可用于设置字符编码，setCharacterEncoding()方法的优先权较高，它的设置结果将覆盖 setContentType()所设置的字符编码集。这两种设置字符编码的方法可以有效解决出现中文乱码的问题。

注意：这两种方法都必须在 getWriter()方法之前调用，输出的内容才会按照指定的内容类型设置。

3. 发送与响应消息体相关的方法

由于在 HTTP 响应消息中，大量的数据都是通过响应消息体传递的，因此，HttpServletResponse 接口的 ServletResponse 父接口中遵循以 I/O 流传递大量数据的设计理念。在发送响应消息体时，定义了两种与输出流相关的方法。

（1）getOutputStream()方法。该方法所获取的字节输出流对象为 ServletOutputStream 类型。由于 ServletOutputStream 是 OutputStream 的子类，它可以直接输出字节数组中的二进制数据。因此，要想输出二进制格式的响应正文，就需要使用 getOutputStream()方法。

（2）getWriter()方法。该方法所获取的字符输出流对象为 PrintWriter 类型。由于 PrintWriter 类型的对象可以直接输出字符文本内容，因此，要想输出内容全部为字符文本的网页文档，就需要使用 getWriter()方法。

【例 5-3】 发送响应消息体。

在项目 ch5_demo 中创建 Servlet 并命名为 MsgServlet，设置虚拟路径为"/MsgServlet"。

① 使用 PrintWriter 字符流发送响应消息体。重写 MsgServlet 的 doGet()方法。MsgServlet.java 的代码如文件 5-3 所示。

文件 5-3 MsgServlet.java 的代码

```
1   package com.yzpc.servlet;
2   import java.io.IOException;
3   import java.io.PrintWriter;                                    //导入PrintWriter类对应的包
4   import javax.servlet.ServletException;
5   import javax.servlet.annotation.WebServlet;
6   import javax.servlet.http.HttpServlet;
7   import javax.servlet.http.HttpServletRequest;
8   import javax.servlet.http.HttpServletResponse;
9   @WebServlet("/MsgServlet")                                     //配置虚拟路径
10  public class MsgServlet extends HttpServlet {
11      private static final long serialVersionUID = 1L;
12      protected void doGet(HttpServletRequest request, HttpServletResponse response) throws
        ServletException, IOException {
13          PrintWriter out = response.getWriter();                //获取PrintWriter对象
14          out.print("Where there is a will, there is a way.");   //输出
15      }
16  }
```

在文件 5-3 中使用 response 对象的 getWriter()方法获得 PrintWriter 对象 out，需要导入对应的包 java.io.PrintWriter。

启动 Tomcat 服务器，在浏览器地址栏中输入 http://localhost:8080/ch5_demo/MsgServlet，在页面上显示"Where there is a will, there is a way."。发送消息体运行结果如图 5-6 所示。

图 5-6 发送消息体运行结果

② 使用 OutputStream 字节流发送响应消息体。重写文件 5-3 中的 doGet()方法,代码如下:

```
1   protected void doGet(HttpServletRequest request, HttpServletResponse response)
        throws ServletException, IOException {
2     String message = "Where there is a will, there is a way.";
3     OutputStream  out = response.getOutputStream();           //获取 OutputStream 对象
4     out.write(message.getBytes());
5   }
```

上述代码中第 3 行使用 response 对象的 getOutputStream()获取 OutputStream 对象。注意,需要导入包 java.io.OutputStream;第 4 行调用 write()方法输出响应消息体;由于参数 message 是字符串类型,第 4 行使用 getBytes()方法将字符串转换成字节数组。

重启 Tomcat 服务器后,刷新浏览器,输出结果与 PrintWriter 流输出响应消息体一样,如图 5-6 所示。

③ 同时使用 PrintWriter 字符流和 OutputStream 字节流发送响应消息体。将文件 5-3 的 doGet()方法修改为如下代码:

```
1   protected void doGet(HttpServletRequest request, HttpServletResponse response)
2       throws ServletException, IOException {
3     String message = "Where there is a will, there is a way.";
4     OutputStream  out = response.getOutputStream();           //获取 OutputStream 对象
5     out.write(message.getBytes());
6     PrintWriter out1 = response.getWriter();                  //获取 PrintWriter 对象
7     out1.print("Where there is a will, there is a way.");     //输出
8   }
```

上述代码中第 4 行调用了 response.getOutputStream()方法,第 6 行调用了 response.getWriter()方法。重启服务器,刷新浏览器后,在控制台上显示 IllegalStateException 异常。IllegalStateException 异常如图 5-7 所示。

图 5-7 IllegalStateException 异常

图 5-7 中发生异常的原因,是因为在 Servlet 调用 response.getWriter()方法之前已经调用了 response.getOutputStream()方法。虽然这两种方法都可以发送响应消息体,但它们之

间互相排斥,不可同时使用;如果同时使用,则会发生 IllegalStateException 异常。

5.1.2 HttpServletResponse 应用

1. 请求重定向

请求重定向是指 Web 服务器在接收到客户端的请求后,可能由于某些条件的限制,不能访问当前请求 URL 所指向的 Web 资源,而是指定了一个新的资源路径,须由客户端重新发送请求。在某些情况下,针对客户端的请求,一个 Servlet 类可能无法完成全部工作,可以使用请求重定向来继续完成这一工作。

为了实现请求重定向,HttpServletResponse 接口定义了一个 sendRedirect() 方法,该方法用于生成 302 响应码和 Location 响应头,从而通知客户端重新访问 Location 响应头中指定的 URL。sendRedirect() 方法的完整语法如下:

```
public void sendRedirect(String location) throws IOException
```

在上述方法代码中,参数 location 可以使用相对 URL,Web 服务器会自动将相对 URL 翻译成绝对 URL,再生成 Location 头字段。sendRedirect() 方法的工作原理如图 5-8 所示。

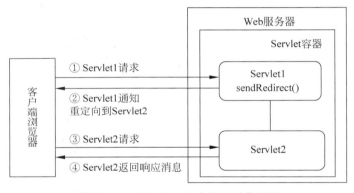

图 5-8 sendRedirect() 方法的工作原理

在图 5-8 中,当客户端访问 Servlet1 时,由于在 Servlet1 中调用了 sendRedirect() 方法将请求重定向到 Servlet2,因此,浏览器收到 Servlet1 的响应消息后,立刻向 Servlet2 发送请求,Servlet2 对请求处理完毕后,再将响应消息回送给客户端浏览器并显示。在这个过程中客户端与服务器端之间发生了两次请求,两次响应。

【例 5-4】 用户登录。

用户在登录页面输入用户名和密码,当用户名和密码都正确时,显示欢迎页面,否则返回到登录页面。

分析:本例中需要创建一个登录页面 login.html,一个欢迎页面 welcome.html,一个判断用户名和密码是否正确的 LoginServlet.java。步骤如下所述。

(1) 在项目 ch5_demo 的 WebContent 文件夹下,创建 login.html 文件。login.html 代码如文件 5-4 所示。

文件 5-4 login.html 代码

```
1    <!DOCTYPE html>
2    <html>
3        <head>
```

```
4            < meta charset = "GB18030">
5            < title>登录页面</title>
6        </head>
7        < body>
8        <p>登录</p>
9        < form action = "login" method = "POST">
10           < label>姓名:</label>< input type = "text" name = "userName" /><br/>
11           < label>密码:</label>< input type = "password" name = "password"/></br>
12           < input type = "submit" value = "提交"/>
13           < input type = "reset" value = "重置"/>
14       </form>
15       </body>
16   </html>
```

(2) 在 WebContent 文件夹下,创建 welcome.html 文件。<body>标签代码如下:

```
1  < body>
2  < h2 align = "center">全国职业院校技能大赛</h2>
3  <p>全国职业院校技能大赛(简称大赛)是教育部发起并牵头,联合国务院有关部门以及有关行业、
   人民团体、学术团体和地方共同举办的一项公益性、全国性职业院校学生综合技能竞赛活动。每年
   举办一届。</p>
4  </body>
```

(3) 在 com.yzpc.servlet 包中创建 LoginServlet.java 文件,设其虚拟路径为"/login",重写 doGet()方法。其代码如下:

```
1   public class LoginServlet extends HttpServlet {
2     private static final long serialVersionUID = 1L;
3     protected void doGet (HttpServletRequest request, HttpServletResponse response) throws
       ServletException, IOException {
4     //用 HttpServletRequest 对象的 getParameter() 方法获取用户名和密码
5     String username = request.getParameter("userName");
6     String password = request.getParameter("password");
7     //假设用户名和密码分别为 admin 和 123456
8     if ("admin".equals(username) && ("123456").equals(password)) {
9         //如果用户名和密码正确,重定向到 welcome.html
10        response.sendRedirect("welcome.html");
11    } else {
12        //如果用户名和密码错误,重定向到 login.html
13        response.sendRedirect("login.html");
14    }
15  }}
```

sendRedirect()方法的参数可以使用相对路径,也可以使用绝对路径。
使用相对路径重定向到当前目录下的资源 welcome.html。其代码如下:

```
response.sendRedirect("welcome.html")
```

如上述代码的第 10 行和第 13 行都使用了相对路径。
如果使用绝对路径,第 10 行代码可以改写为如下代码。

```
response.sendRedirect(this.getServletContext().getContextPath() + "/welcome.html");
```

其中 this.getServletContext().getContextPath() 表示取得当前项目的上下文路径,即 "/ch5_demo"。本例中当前目录就是根目录,因此,使用相对路径和绝对路径两种用法其效果是一样的。

(4) 发布项目并运行,在浏览器地址栏中输入访问路径 http://localhost:8080/ch5_demo/login.html。用户登录运行结果如图 5-9 所示。

图 5-9　用户登录运行结果

当用户名和密码正确时,会重定向到 welcome.html 页面,否则重定向到 login.html 页面。地址栏中会显示当前实际请求资源的地址。

注意:在 Eclipse 的 Web 项目中,WebContent 文件夹的文件在发布到服务器时,直接发布到根目录文件夹下。打开 Tomcat 安装目录下的 webapps 文件夹,找到 ch5_demo 项目,可以看到有 welcome.html 和 login.html 文件。ch5_demo 项目发布目录如图 5-10 所示。

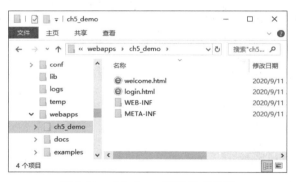

图 5-10　ch5_demo 项目发布目录

2. 输出中文乱码

计算机中的数据都是以二进制形式存储的,因此,当传输文本数据时,会发生字符和字节之间的转换。字符与字节之间的转换是通过查码表完成的,将字符转换成字节的过程称为编码,将字节转换成字符的过程称为解码。如果编码和解码使用的码表不一致,就会出现乱码问题。

1) 输出中文乱码的显示

在项目 ch5_demo 的 com.yzpc.servlet 包中创建 ChineseServlet 类,在 doGet() 方法中添加如下代码。

```
response.getWriter.print("生态文明");
```

编译运行后,浏览器的页面显示乱码——四个"?",而不是显示"生态文明"四个字。输出中文乱码问题界面如图 5-11 所示。

图 5-11　输出中文乱码问题界面

2) 输出中文乱码原因及解决方案

HttpServletResponse 对象在输出时默认使用 ISO-8859-1 码表,不支持中文,而客户端浏览器默认使用中文编码,因此出现中文乱码。输出中文乱码示意如图 5-12 所示。

图 5-12　输出中文乱码示意

出现中文乱码问题的主要原因是服务器端和客户端使用的编码方式不一致造成的。下面分别介绍使用 OutputStream 流和 PrintWriter 流对于输出中文乱码问题的解决方案。

(1) 使用 OutputStream 流向客户端浏览器输出中文数据。

在服务器端,响应消息体的数据是以哪个码表编码的,就要控制客户端浏览器以相应的码表解码。比如:outputStream.write("中国".getBytes("GB18030"));使用 OutputStream 流向客户端浏览器输出中文,以 GB18030 码表编码输出,此时就要控制客户端浏览器以 GB18030 码表解码,否则显示的时候就会出现中文乱码。在服务器端控制客户端浏览器的编码字符集,可以通过设置 HTTP 响应头字段 content-Type 来实现。其代码如下:

```
response.setHeader("Content-Type", "text/html;charset = GB18030");
```

通过设置 Content-Type 响应头控制浏览器以 GB18030 的编码显示数据。

使用 OutputStream 流向客户端浏览器输出中文数据的步骤如下所述。

第 1 步,用 response.setHeader("Content-Type", "text/html;charset = GB18030")方法指定客户端的编码字符集,如不指定,将使用当前浏览器默认的字符集,可能会出现乱码。

第 2 步,使用 response.getOutputStream()方法获取输出流对象。

第 3 步,使用 getBytes()方法将字符串转换成字节数组。

第 4 步,调用 outputStream.write()方法发送响应消息体。

注意:第 1 步指定的字符集与第 3 步中编码使用的字符集要一致。

【例 5-5】　使用 OutputStream 字节流输出中文。

① 重写 ChineseServlet.java 类的 doGet()方法,定义一个中文字符串,调用 OutputStream 流输出。其代码如下:

```
1  protected void doGet (HttpServletRequest request, HttpServletResponse response) throws
   ServletException, IOException {
2      String data = "生态文明";
```

```
3       //1.通过设置响应头控制浏览器以 GB18030 的编码显示数据,如果不加这语句,那么浏览器显
        示的将是乱码
4       response.setHeader("content-Type", "text/html;charset=GB18030");
5       //2.获取 OutputStream 输出流
6       OutputStream out = response.getOutputStream();
7       //3.将字符转换成字节数组,指定以 GB18030 编码进行转换与第 1 步中指定的编码一致
8       byte[] dataByteArr = data.getBytes("GB18030");
9       //4.使用 OutputStream 流向客户端输出字节数组
10      out.write(dataByteArr);
11   }
```

② 启动服务器。运行结果能正确显示中文数据,如图 5-13 所示。

图 5-13　运行结果

(2) 使用 PrintWriter 流向客户端浏览器输出中文数据。

PrintWriter 流是字符流,使用 PrintWriter 流向客户端浏览器输出中文数据,其步骤如下。

第 1 步,使用 response.setCharacterEncoding("GB18030")设置字符以什么样的编码输出到浏览器,若不指定,默认使用 ISO-8859-1 编码,该编码不兼容中文。

第 2 步,使用 response.setHeader("Content-Type","text/html;charset=GB18030")通知浏览器使用的解码字符集。

第 3 步,使用 response.getWriter()方法;获取 PrintWriter 输出流。

第 4 步,调用 PrintWriter 对象的 write()方法或 print()方法发送响应消息体。

注意:

(1) 第 1 步与第 2 步中指定的字符集需一致;

(2) 第 3 步一定要在前两步执行后再执行,否则不能解决乱码问题;

(3) 通过方法 response.setContent-Type("text/html;charset=GB18030")可以同时实现第 1 步与第 2 步的功能。

【例 5-6】 使用 PrintWriter 字符流输出中文。

重写例 5-5 中 ChineseServlet 的 doGet()方法,用字符流输出中文字符。其代码如下:

```
1    protected void doGet(HttpServletRequest request, HttpServletResponse response) throws
     ServletException, IOException {
2       //使用 PrintWriter 流输出中文
3       response.setCharacterEncoding("GB18030");
4       response.setHeader("Content-Type", "text/html;charset=GB18030");
5       String data = "网络空间";
6       PrintWriter out = response.getWriter();
7       out.print(data);
8    }
```

启动服务器,刷新浏览器,运行结果能正确显示中文数据,如图 5-14 所示。

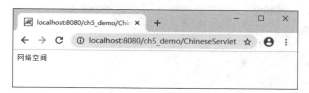

图 5-14　PrintWriter 字符流输出中文

5.2　HttpServletRequest 接口及其应用

5.2.1　HttpServletRequest 接口

在 Servlet API 中定义了一个 HttpServletRequest 接口，它位于 javax.servlet.http 包中，继承自 javax.servlet.ServletRequest 接口，其主要作用是封装 HTTP 请求消息。由于 HTTP 请求消息分为请求行、请求消息头和请求消息体 3 部分，因此，在 HttpServletRequest 接口中定义了获取请求行、请求头和请求消息体的相关方法。

1. 获取请求行信息的相关方法

当访问 Servlet 时，所有 HTTP 请求消息将被封装到 HttpServletRequest 对象中，HTTP 请求消息的请求行中包含请求方式、请求资源名和请求路径等信息。为了获取这些信息，HttpServletRequest 接口定义了一系列方法，如表 5-2 所示。

表 5-2　获取请求行信息的方法

方法声明	功能描述
String getMethod()	用于获取 HTTP 请求消息中的请求方法
String getRequestURI()	用于获取客户端发出请求时的 URI
String getQueryString()	用于获取请求行中的参数部分，也就是资源路径后面问号（?）以后的所有内容
String getContextPath()	用于获取请求 URL 中属于 Web 应用程序的路径，这个路径以"/"开头，表示相对于整个 Web 站点的根目录，路径结尾不含"/"。如果请求 URL 属于 Web 站点的根目录，那么返回结果为空字符串("")
StringBuffer getRequestURL()	用于获取客户端发出请求时的完整的 URL，包括协议、服务器名、端口号、资源路径等信息，但不包括后面的查找参数部分。注意，该方法返回的结果是 StringBuffer 类型而不是 string 类型，这样更便于对结果进行修改
String getPathInfo()	方法返回请求 URL 中的额外路径信息。额外路径信息是请求 URL 中的位于 Servlet 的路径之后和查询参数之前的内容，它以"/"开头
String getRemoteAddr()	方法返回发出请求的客户端的 IP 地址
String getRemoteHost()	方法返回发出请求的客户端的完整主机名
String getRemotePort()	方法返回客户端所使用的网络端口号
String getLocalAddr()	方法返回 Web 服务器的 IP 地址
String getLocalName()	方法返回 Web 服务器的主机名

常用的是前 5 种方法，特别是 getRequestURL()方法、getRequestURI()方法、getContextPath()方法，它们常用于文件路径的设置。下面举例说明这 5 种方法的使用。

【例 5-7】　获取请求行信息。

（1）在项目 ch5_demo 中，创建 ReqServlet 类，重写 doGet()方法。其代码如下：

```java
1  protected void doGet(HttpServletRequest request, HttpServletResponse response) throws
   ServletException, IOException {
2      response.setContentType("text/html;charset=UTF-8");
3      PrintWriter pw = response.getWriter();
4      //获得请求行的相关信息
5      pw.println("请求的方法:" + request.getMethod() + "<br/>");        //获取请求的方法
6      pw.println("请求URI:" + request.getRequestURI() + "<br/>");       //获取URI
7      pw.println("请求行中的参数:" + request.getQueryString() + "<br/>");
                                                                       //获取请求行中的参数
8      pw.println("Web应用程序的路径:" + request.getContextPath() + "<br/>");
                                                                       //Web应用程序的路径
9      pw.println("完整的URL:" + request.getRequestURL() + "<br/>");  //完整的URL
10 }
```

（2）测试运行结果。启动服务器，在浏览器地址栏中输入 http://localhost:8080/ch5_demo/ReqServlet。运行结果如图 5-15(a)所示。

(a)　　　　　　　　　　　　　　(b)

图 5-15　获取请求行信息运行结果

在图 5-15(a)中，请求行参数为 null，这是因为输入的地址中没有带参数。重新输入如下地址 http://localhost:8080/ch5_demo/ReqServlet?a=123。运行结果如图 5-15(b)所示。

2. 获取请求消息头的相关方法

当浏览器发送 Servlet 请求时，需要通过请求消息头向服务器端传递附加信息，例如客户端可以接收的数据类型、压缩方式、语言等。为此，在 HttpServletRequest 接口中定义了一系列用于获取 HTTP 请求头字段的方法，如表 5-3 所示。

表 5-3　获取请求头字段的方法

方法声明	功能描述
String getHeader(String name)	根据请求头字段的名称获取对应的请求头字段的值，只返回满足条件的第 1 个值，如果请求消息中不包含指定的头字段，就返回 null
Enumeration getHeaders(String name)	根据请求头字段的名称获取对应的请求头字段的所有值，存储到一个 Enumeration 对象中
Enumeration getHeaderNames()	用于获取一个包含所有请求头字段名称的 Enumeration 对象
int getIntHeader(String name)	根据请求头字段的名称获取对应的请求头字段的值，并转换为 int 类型。如果指定头字段不存在，返回-1；如果获取到的头字段不能转换为 int，将发生 NumberFormatException 异常
long getDateHeader(String name)	根据请求头字段的名称获取对应的请求头字段的值，并将其按 GMT 时间格式转换为一个代表日期/时间的长整数，这个长整数是自 1970 年 1 月 1 日 0 时 0 分 0 秒算起的以毫秒为单位的时间值
String getContentType()	获取 Content-Type 头字段的值
String getCharacteEncoding()	用于返回请求消息的实体部分的字符集编码，通常从 Content-Type 头字段中进行提取

下面通过一个案例,介绍使用 getHeaderNames()方法和 getHeader()方法获取头字段及其值的实现。

【例 5-8】 通过 request 对象获取客户端所有请求头信息。

(1) 在项目 ch5_demo 中,创建 HeadServlet 类,重写 doGet()方法。其代码如下:

```
1   public void doGet(HttpServletRequest request, HttpServletResponse response)
2   throws ServletException, IOException {
3       //通过设置响应头控制浏览器以 UTF-8 的编码显示数据
4       response.setContentType("text/html;charset=UTF-8");
5       PrintWriter out = response.getWriter();
6       Enumeration<String> headNames = request.getHeaderNames();   //获取所有的请求头
7       out.write("获取到的客户端所有的请求头信息如下:");
8       out.write("<hr/>");
9       while (headNames.hasMoreElements()) {
10          String headName = (String) headNames.nextElement();
11          //根据请求头的名字获取对应的请求头的值
12          String headValue = request.getHeader(headName);
13          out.write(headName + ":" + headValue);
14          out.write("<br/>");
15      }
16      out.write("<br/>");
17  }
```

(2) 测试运行结果。启动服务器,在浏览器的地址栏中输入 http://localhost:8080/ch5_demo/headServlet。运行结果如图 5-16 所示。

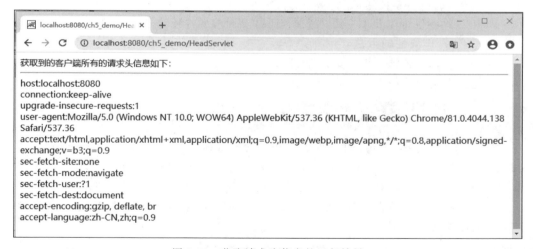

图 5-16 获取请求头信息的运行结果

3. 获取请求消息体的相关方法

当使用 POST 请求方式时,请求消息包含请求消息体,在请求消息体中封装了 POST 请求的参数。

在实际开发过程中,经常需要从 HttpServletRequest 中读取 HTTP 请求的消息体的内容,在 HttpServletRequest 接口的 ServletRequest 父接口中定义了一系列读取消息体的方法,如表 5-4 所示。

表 5-4 获取请求参数消息体的相关方法

方法声明	功能描述
String getParameter(String name)	该方法用于获取某个指定名称的参数值,如果请求消息中没有包含指定名称的参数,getParameter()方法返回 null;如果指定名称的参数存在但没有设置值,返回一个空串;如果请求消息中包含有多个该指定名称的参数,getParameter()方法返回第一个出现的参数值
String[] getParameterValues(String name)	HTTP 请求消息中可以有多个相同名称的参数(通常由一个包含有多个同名的字段元素的 FORM 表单生成),如果要获得 HTTP 请求消息中的同一个参数名所对应的所有参数值,那么就应该使用 getParameterValues()方法,该方法用于返回一个 String 类型的数组
Enumeration getParameterNames()	该方法用于返回一个包含请求消息中所有参数名的 Enumeration 对象,在此基础上,可以对请求消息中的所有参数进行遍历处理
Map getParameterMap()	个体 Parameter Map()方法用于将请求消息中的所有参数名和值装入一个 Map 对象中并返回
BufferedReader getReader()	获取字符输入流,只能操作字符数据
ServletInputStream getInputStream()	获取字节输入流,可以操作所有类型的数据

getParameter()方法、getInputStream()方法和 getReader()方法都是从 Servlet 中的 request 对象得到提交的数据,但是用途不同,因此要根据表单提交数据的编码方式选择不同的方法,这里不再赘述。在默认情况下使用 getParameter()方法获取表单字段及其值。

4. 通过 Request 对象传递数据

Request 对象不仅可以获取一系列数据,还可以通过属性传递数据。ServletRequest 接口中定义了一系列操作属性的方法。

(1) setAttribute()方法。该方法用于将一个对象与一个名称关联后存储到 ServletRequest 对象中,其完整语法代码如下:

```
public void setAttribute(String name,Object o);
```

注意:如果 ServletRequest 对象中已经存在指定名称的属性,那么 setAttribute()方法将会先删除原来的属性,然后再添加新的属性。如果传递给 setAttribute()方法的属性值对象为 null,就删除指定名称的属性,这时的效果等同于 removeAttribute()方法。

(2) getAttribute()方法。该方法用于从 ServletRequest 对象中返回指定名称的属性对象,其完整的语法代码如下:

```
public Object getAttribute(String name);
```

(3) removeAttribute()方法。该方法用于从 ServletRequest 对象中删除指定名称的属性,其完整的语法代码如下:

```
public void removeAttribute(String name);
```

(4) getAttributeNames()方法。该方法用于返回一个包含 ServletRequest 对象中的所有属性名的 Enumeration 对象,在此基础上,可以对 ServletRequest 对象中的所有属性进行遍历处理。getAttributeNames()方法的完整语法代码如下：

```
public Enumeration getAttributeNames();
```

注意：只有属于同一个请求中的数据才可以通过ServletRequest对象传递数据。

5.2.2 HttpServletRequest 应用

1. 获取请求参数

在实际开发中，经常需要获取用户提交的表单数据，例如用户名和密码等，为了方便获取表单中的请求参数，在HttpServletRequest接口的ServletRequest父接口中定义了一系列获取请求参数的方法，如表5-4所示。下面举例说明如何使用这些方法来获取用户提交的表单数据。

【**例5-9**】 学生选课。

创建图5-17所示的"学生选课"对话框，输入学号、姓名、性别和课程信息，单击"提交"按钮，显示选课成功页面，并在页面上显示学生的相关信息。本例中分别介绍getParameter()方法、getParameterValues()方法、getParameterNames()方法及getParameterMap()方法的使用。具体步骤如下所述。

图5-17 "学生选课"对话框

（1）在项目ch5_demo的WebContent文件夹下新建selCourse.html页面。该页面中的表单代码如下：

```
1   < form action = "SelCourseServlet" method = "POST" >
2       < label > 学号:</label > < input type = "text"   name = "id"/>< br >
3       < label > 姓名:</label >  < input type = "text"   name = "name"/>< br >
4       < label >性别:</label >< input type = "radio" name = "sex" value = "男" checked = "checked">男
5       < input type = "radio" name = "sex" value = "女">女< br >
6       < label > 课程:</label > < input type = "checkbox" name = "courses" value = " C++"> C++
7       < input type = "checkbox" name = "courses" value = " Java Web">Java Web
8       < input type = "checkbox" name = "courses" value = "英语">英语< br >
9       < input type = "submit" value = "提交"> < input type = "reset" value = "重置">
10  </form >
```

第4和第5行的两个radio输入框的name属性取相同值，表示是同一组单选按钮，一次只能取一个值，value属性值唯一。同样，第6～8行的三个checkbox输入框的name属性值相同，表示一组复选框，value属性值有多个，系统将以字符串数组存储。

（2）在项目ch5_demo的com.yzpc.servlet包中创建SelCourseServlet.java类文件。

（3）使用getParameter()方法和getParameterValues()方法接收表单参数。SelCourseServlet.java类的doGet()方法代码如文件5-5所示。

文件 5-5 SelCourseServlet.java 类的 doGet()方法代码

```
1   protected void doGet(HttpServletRequest request, HttpServletResponse response) throws
    ServletException, IOException {
2       request.setCharacterEncoding("GB18030");
3       //设置客户端浏览器以 GB18030 编码解析数据
4       response.setContentType("text/html;charset=GB18030");
5       PrintWriter out = response.getWriter();
6       /*
7       使用 getParameter()方法 getParameterValues()方法接收表单参数并输出到客户端
8       */
9       //获取填写的编号,id 是文本框的名字,<input type = "text" name = "id">
10      String id = request.getParameter("id");
11      String name = request.getParameter("name");           //获取填写的姓名
12      String sex = request.getParameter("sex");             //获取选中的性别
13      //获取选中的课程,因为可以选中多个值,所以获取到的值是一个字符串数组,因此需要使用
        getParameterValues()方法来获取
14      String[] courses = request.getParameterValues("courses");
15      String courseStr = "";
16      //获取数组数据的技巧,可以避免 courses 数组为 null 时引发的空指针异常错误
17      for (int i = 0; courses!= null && i < courses.length; i++) {
18          if (i == courses.length - 1) {courseStr += courses[i];}else {courseStr += courses
            [i] + ",";}
19      }
20      String htmlStr = "<table>" +
21          "<tr><td>学号:</td><td>{0}</td></tr>" +
22          "<tr><td>姓名:</td><td>{1}</td></tr>" +
23          "<tr><td>性别:</td><td>{2}</td></tr>" +
24          "<tr><td>选中的课程:</td><td>{3}</td></tr>" +
25          "</table>";
26      htmlStr = MessageFormat.format(htmlStr, id,name,sex,courseStr);
27      out.write(htmlStr);                                   //输出 htmlStr 里面的内容到
客户端浏览器显示
28  }
```

第 10~12 行分别读取学号、姓名和性别,这几个参数的值都是唯一的,使用 getParameter()方法读取。第 14 行读取选中的课程名称,由于课程的值会有多个,使用 getParameterValues()方法读取,结果存放在字符串数组 courses 中;如果没有选中的课程,getParameterValues()方法返回 null。为了便于输出,第 17~19 行将字符串数组 courses 转换为一个字符串 courseStr。

注意:getParameter()方法的参数要与提交表单中对应输入框的 name 属性保持一致,否则读取错误。

启动服务器,在浏览器地址栏中输入 http://localhost:8080/ch5_demo/selCoursse.html,显示学生选课页面,如图 5-17 所示。在页面上显示的学生选课表单中填写数据,然后提交到 SelCourseServlet 由 Servlet 进行处理,运行结果如图 5-18 所示。

(4)若在服务器端使用 getParameterNames()方法接收表单参数,则改写文件 5-5 中的 6~28 行。其代码如下:

```
1   /*
2   使用 getParameterNames() 方法接收表单参数并输出到客户端
3   */
```

```
4    Enumeration<String> paramNames = request.getParameterNames();    //获取所有的参数名
5    while (paramNames.hasMoreElements()) {
6        String name = paramNames.nextElement();                     //得到参数名
7        String value = request.getParameter(name);                  //通过参数名获取对应的值
8        out.println(MessageFormat.format("{0}:{1}<br>", name,value));
9    }
```

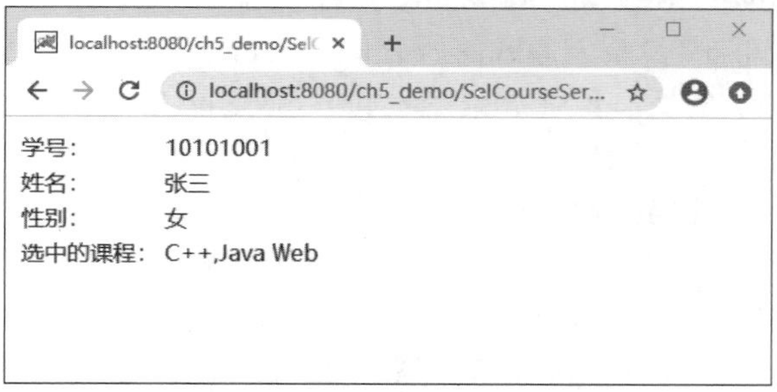

图 5-18　getParameter()方法和 getParameterValues()方法的运行结果

说明　在代码中通过 getParameterNames()方法获取所有请求参数并存储到枚举对象 paramNames 中,通过对 paramNames 迭代取得参数名,再通过 getParameter()方法根据参数名获得参数值,最后调用 MessageFormat.format()方法按格式输出参数和参数值。MessageFormat 类在 java.text 包中。使用 getParameterNames()方法的运行结果如图 5-19 所示。

图 5-19　使用 getParameterNames()方法的运行结果

在图 5-19 所示中,只显示了一门课程名称。这是由于第 7 行代码在读取参数值时,使用 getParameter()方法,因此只能显示第一门选中的课程名称。

(5) 在服务器端使用 getParameterMap()方法接收表单参数,改写文件 5-5 中的 6~28 行。其代码如下:

```
1    /*
2     使用 getParameterMap()方法接收表单参数并输出到客户端
3     */
4    Map<String, String[]> paramMap = request.getParameterMap();
5    for(Map.Entry<String, String[]> entry :paramMap.entrySet()){
6        String paramName = entry.getKey();
7        String paramValue = "";
8        String[] paramValueArr = entry.getValue();
9        for (int i = 0; paramValueArr!= null && i < paramValueArr.length; i++) {
10           if (i == paramValueArr.length - 1) {
11               paramValue += paramValueArr[i];
12           }else {
13               paramValue += paramValueArr[i] + ",";
```

```
14          }
15      }
16      out.println(MessageFormat.format("{0}:{1}<br>", paramName,paramValue));
17  }
```

使用 getParameterMap()方法得到了每个参数及其所有值,存储到 Map<String,String[]>类型对象 paramMap 中。通过对 paramMap.entrySet()迭代,从每个 Map.Entry 对象中取得参数的名称 paramName(第6行)及该参数的所有值 paramValueArr(第8行);第9~15行通过循环读出 paramValueArr 的所有值并放到变量 paramValue 中;第16行输出该参数的名称和值。使用 getParameterMap()方法的运行结果如图5-20所示。

2. HTTP 请求的中文乱码问题

1) 以 POST 方式提交表单中中文参数出现的乱码问题

在文件5-5中,将第2行"request.setCharacterEncoding("GB18030");"删除。重新启动服务器,根据图5-17所示输入表单内容,表单数据提交后,运行结果如图5-21所示。

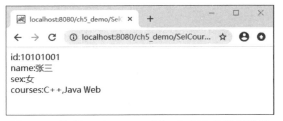
图5-20 使用 getParameterMap()方法的运行结果

图5-21 删除文件5-5中第2行内容后的运行结果

2) POST 方式提交中文数据乱码产生的原因和解决办法

在图5-21所示中,第一列中文正常显示,第二列内容中的中文则显示为乱码。这是因为当用户提交表单数据时,其中的数据是以 GB18030 编码的,在服务器端 request 对象读取参数时默认使用 ISO-8859-1 解码,由于编码与解码字符集不一致,所以读取的参数值就是乱码了。

HttpServletRequest 与 HttpServletResponse 在默认情况下都是使用 ISO-8859-1 码表,在本章的5.1.2节中分析了在中文输出乱码问题后,在 Servlet 中可以使用 setContentType()方法解决响应输出的中文乱码问题,因此,在输出第一列时能够正常输出;而第二列是 request 对象获取的请求参数的值,由于 request 对象没有能正确解码,得到的是乱码,因此发送到响应消息体的也是乱码。中文乱码问题示意如图5-22所示。

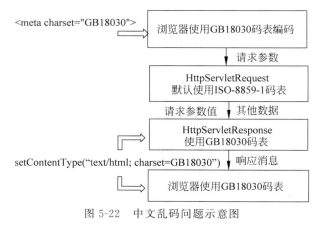
图5-22 中文乱码问题示意图

由图 5-22 所示可以看到,之所以会产生乱码,就是因为服务器端 HttpServletRequest 对象和客户端浏览器使用的编码不一致造成的。因此,解决的办法是在客户端和 HttpServletRequest 对象之间设置一个统一的编码,之后就按照此编码进行数据的传输和接收。

由于客户端浏览器是以 GB18030 字符编码将表单数据传输到服务器端的,因此服务器端也需要设置以 GB18030 字符编码进行接收,要想完成此操作,服务器端可以直接使用从 ServletRequest 接口继承而来的 setCharacterEncoding(charset)方法进行统一的编码设置。

因此,文件 5-5 中的第 2 行代码请勿删除,否则会产生乱码。

3) 以 GET 方式提交表单中文参数的乱码问题

在例 5-9 中,将 selCourse.html 文件中表单的 method 属性改为 GET,其他不变。

启动服务器运行,根据图 5-17 输入表单内容,表单数据提交后,页面依然产生乱码,显然,setCharacterEncoding(charset)方法不能解决 GET 请求的中文乱码问题。运行结果如图 5-23 所示。

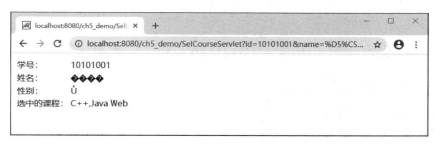

图 5-23 以 GET 方式的运行结果

4) 以 GET 方式提交中文数据乱码产生的原因和解决办法

(1) 产生的原因。对于以 GET 方式传输的数据,request 即使设置了以指定的编码接收数据也是无效的,默认的还是使用 ISO-8859-1 这个字符编码来接收数据。客户端以 GB18030 的编码传输数据到服务器端,而服务器端 request 对象使用的是 ISO-8859-1 这个字符编码来接收数据,服务器和客户端沟通的编码不一致,因此才会产生中文乱码。

(2) 解决办法。在接收到数据后,先获取 request 对象以 ISO-8859-1 字符编码接收到的原始数据的字节数组,然后通过字节数组以指定的编码构建字符串,即可解决乱码问题。其代码如下:

```
1   String name = request.getParameter("name");           //接收数据
2   name = new String(name.getBytes("ISO - 8859 - 1"), "GB18030");   //重新编码
```

5) 以超链接形式传递中文参数的乱码问题

客户端想传输数据到服务器端,可以通过表单提交的形式,也可以通过超链接后面加参数的形式,例如:

< a href = "SelCourseServlet?id = 1101&name = 李磊">单击</a>

单击超链接,数据是以 GET 的方式传输到服务器的,所以接收中文数据时也会产生中文乱码问题,而解决中文乱码问题的方式与上述的以 GET 方式提交表单中文数据乱码处理问题的方式一致。

综上所述,HTTP 请求参数的提交方式有 GET 和 POST 两种,对应地,处理中文乱码问

题也有以下两种不同的方式。

（1）如果提交方式为 POST，那么只需要在服务器端使用 setCharacterEncoding()方法设置 request 对象的编码即可，客户端以哪种编码提交的，服务器端的 request 对象就以对应的编码接收。

（2）如果提交方式为 GET，那么只能在接收到数据后再手工转换。其代码如下：

```
1  String data = request.getParameter("paramName");   //获取客户端提交上来的数据
2  byte[] source = data.getBytes("ISO-8859-1");       //查找 ISO-8859-1 码表,得到客户端
                                                      //提交的原始数据的字节数组
3  data = new String(source, "GB18030");              //通过字节数组以指定的编码构建字
                                                      //符串,解决乱码
```

通过字节数组以指定的编码构建字符串，这里指定的编码是根据客户端提交数据时使用的字符编码来定的，如果是 GB2312，那么就设置成 data＝new String(source，"GB2312")，如果是 UTF-8，那么就设置成 data＝new String(source，"UTF-8")。

无论使用哪种方式处理中文乱码，最终都要使服务器端与客户端中文编码方式保持一致。

5.3 RequestDispatcher 接口及其应用

视频讲解

5.3.1 RequestDispatcher 接口

当一个 Web 资源收到客户端的请求后，如果希望服务器通知另一个资源处理请求，那么这时可以通过 RequestDispatcher 接口的实例对象实现。ServletRequest 接口中定义了一个获取 RequestDispatcher 对象的方法。其代码如下：

```
public RequestDispatcher getRequestDispatcher(String path);
```

该方法返回一个 RequestDispatcher 对象，该对象充当给定路径的资源，资源可以是动态的也可以是静态的。参数 path 是指定资源路径名的字符串，可以是相对路径。如果路径名以"/"开头，用于表示当前 Web 应用的根目录。

注意：WEB-INF 目录中的内容对 RequestDispatcher 也是可见的。因此，传递给 RequestDispatcher()方法的资源可以是 WEB-INF 目录中的内容。

ServletContext 接口中也定义了同样的方法，和 ServletRequest 接口定义的 getRequestDispatcher()方法唯一的区别就是，ServletContext 接口的 getRequestDispatcher()方法的参数 path 必须以"/"开头。以下三条语句都可以获取资源 welcome.html 的 RequestDispatcher 对象。

```
1  ServletContext context = this.getServletContext();
2  RequestDispatcher rsd = context.getRequestDispatcher("/welcome.html");   //参数必须以"/"开头
3  RequestDispatcher rsd = request.getRequestDispatcher("welcome.html");    //参数不以"/"开头
4  RequestDispatcher rsd = request.getRequestDispatcher("/welcome.html");   //参数以"/"开头
```

获取到 RequestDispatcher 对象后，最重要的工作就是通知其他 Web 资源处理当前的 Servlet 请求，为此，RequestDispatcher 接口定义了两个相关方法。其代码如下：

```
1  public void forward(ServletRequest request, ServletResponse response)
2  public void include(ServletRequest request, ServletResponse response)
```

其中，forward()方法可以实现请求转发，include()方法可以实现请求包含。

注意：当 Servlet 源组件调用 RequestDispatcher 的 forward()方法或 include()方法时，都要把当前的 ServletRequest 对象和 ServletResponse 对象作为参数传给 forward 方法()或 include()方法，这就使得源组件和目标组件共享同一个 ServletRequest 对象和 ServletResponse 对象，就实现了多个 Servlet 协同处理同一个请求。

5.3.2 RequestDispatcher 应用

1. 请求转发

1）请求转发的基本概念

在 Servlet 中，请求转发是指一个 Web 资源在接收到客户端请求后，通知服务器去调用另一个 Web 资源进行处理，即将原页面的 request 对象和 response 对象传入新的页面，这就使新旧页面拥有相同的 request 对象和 response 对象。请求转发的工作原理如图 5-24 所示。

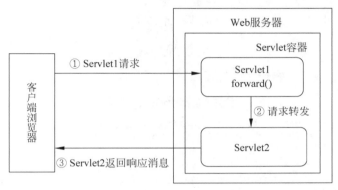

图 5-24 请求转发的工作原理

从图 5-24 所示中可以看出，当客户端访问 Servlet1 时，可以通过 forward()方法将请求转发给其他 Web 资源，其他 Web 资源处理完请求后，直接将响应结果返回到客户端。在这个过程中，客户端和服务器端发生一次请求和一次响应。

【例 5-10】 演示 forward()方法的使用。

（1）在项目 ch5_Demo 的 com.yzpc.servlet 包中创建一个名为 ForwardServlet.java 的 Servlet 类，该类使用 forword()方法将请求转发到一个新的 welcome.html 页面。ForwardServlet.java 代码如文件 5-6 所示。

文件 5-6　ForwardServlet.java 代码

```
1    package com.yzpc.servlet;
2    import java.io.IOException;
3    import javax.servlet.RequestDispatcher;
4    import javax.servlet.ServletException;
5    import javax.servlet.annotation.WebServlet;
6    import javax.servlet.http.HttpServlet;
7    import javax.servlet.http.HttpServletRequest;
8    import javax.servlet.http.HttpServletResponse;
9    @WebServlet("/ForwardServlet")
10   public class ForwardServlet extends HttpServlet {
11       private static final long serialVersionUID = 1L;
12       protected void doGet(HttpServletRequest request, HttpServletResponse response)
13       throws ServletException, IOexception {
```

```
14            RequestDispatcher rsd = this.getServletContext().getRequestDispatcher("/welcome.html");
15            rsd.forward(request, response);
16        }
17        protected void doPost(HttpServletRequest request, HttpServletResponse response)
18        throws ServletException, IOException {
19            doGet(request,response);
20        }
21    }
```

（2）在 ForwardServlet 中，通过调用 ServletContext 的 getRequestDispatcher(String path)方法，返回一个 RequestDispatcher 对象 rsd，再调用 rsd 的 forward()方法将当前 Servlet 的请求转发到 welcome.html 页面。

启动服务器后，在浏览器地址栏中输入 http://localhost:8080/ch5_demo/ForwardServlet，运行结果如图 5-25 所示。显示 welcome.html 页面的内容，但地址栏没有变化，这是因为，对于客户端来说，它只发出了一次请求，所以请求地址不变。

图 5-25　请求转发的运行结果

如果将文件 5-6 第 14 行代码中 getRequestDispatcher()方法的参数的"/"去掉，重新运行后，发生 IllegalArgumentException 异常，要求参数必须以"/"开头。IllegalArgumentException 异常如图 5-26 所示。

图 5-26　IllegalArgumentException 异常

如果通过 request 对象提供的 getRequestDispatche(String path)方法，获取 RequestDispatcher 对象，比较它们的使用有何不同。

将第 14 行代码改为"RequestDispatcher rsd=request.getRequestDispatcher("welcome.html");"

或者"RequestDispatcher rsd = request.getRequestDispatcher("/welcome.html");",重新编译后运行结果都如图5-25所示。

说明：request 对象的 getRequestDispatcher()可以使用绝对路径，也可以使用相对路径。其他效果与 ServletContext 对象的 getRequestDispatcher()方法一样。

2) 请求转发可以传递数据

request 对象同时也是一个域对象（Map 容器），开发人员通过 request 对象在实现转发时，把数据通过 request 对象带给其他 Web 资源处理。

【例 5-11】 使用请求转发传递数据。

(1) 在 com.yzpc.servlet 包中创建 Servlet 类 SendDataServlet，设置虚拟路径为"/send"。重写 doGet()方法，在 doGet()方法中调用 request.setAttribute()方法存储域数据，然后将请求转发给 ResultServlet 类。重写 doGet()方法的代码如下：

```
1  protected void doGet(HttpServletRequest request, HttpServletResponse response)
2  throws ServletException, IOException {
3      response.setContentType("text/html;charset = GB18030");
4      request.setAttribute("country", "中国");
5      request.setAttribute("city", "扬州");
6      RequestDispatcher rsd = request.getRequestDispatcher("ResultServlet");
7      rsd.forward(request, response);
8  }
```

(2) 在 com.yzpc.servlet 包中创建一个名为 ResultServlet 的 Servlet 类，设置虚拟路径为"/ResultServlet"，该类用于获取 SendDataServlet 类中存储在 request 对象中的数据并输出。ResultServlet 类的代码如下：

```
1  protected void doGet(HttpServletRequest request, HttpServletResponse response)
2  throws ServletException, IOException {
3      PrintWriter out = response.getWriter();
4      response.setContentType("text/html;charset = GB18030");
5      String country = (String)request.getAttribute("country");
6      String city = (String)request.getAttribute("city");
7      out.print(country + "< br >" + city);
8  }
```

启动 Tomcat 服务器，在浏览器的地址栏中输入地址 http://localhost:8080/ch5_demo/send 访问 SendDataServlet，浏览器的显示结果如图 5-27 所示。

图 5-27 request 对象传递数据的运行结果

从图 5-27 所示中可以看出，地址栏中显示的仍然是 ForwardServlet 的请求路径，但是浏览器却显示出了 ResultServlet 中要输出的内容。这是因为，请求转发是发生在服务器内部的行为,从 RequestForwardServlet 到 ResultServlet 属于一次请求,在一次请求中是可以使用 request 属性进行数据共享的。

3) 请求重定向和请求转发的区别

(1) RequestDispatcher.forward()方法只能将请求转发给同一个 Web 应用中的组件;而 HttpServletResponse.sendRedirect()方法还可以重定向到同一个站点上的其他应用程序中的资源,甚至是使用绝对 URL 重定向到其他站点的资源。

(2) 如果传递给 HttpServletResponse.sendRedirect()方法的相对 URL 以"/"开头,它是相对于整个 Web 站点的根目录;如果创建 RequestDispatcher 对象时指定的相对 URL 以"/"开头,它是相对于当前 Web 应用程序的根目录。

(3) 调用 HttpServletResponse.sendRedirect()方法重定向的访问过程结束后,浏览器地址栏中显示的 URL 会发生改变,由初始的 URL 地址变成重定向的目标 URL;调用 RequestDispatcher.forward()方法的请求转发过程结束后,浏览器地址栏保持初始的 URL 地址不变。

(4) RequestDispatcher.forward()方法的调用者与被调用者之间共享相同的 request 对象和 response 对象,它们属于同一个访问请求和响应过程;而 HttpServletResponse.sendRedirect()方法调用者与被调用者使用各自的 request 对象和 response 对象,它们属于两个独立的访问请求和响应过程。

2. 请求包含

1) 请求包含的基本概念

请求包含指的是使用 include()方法将 Servlet(源组件)请求转发给其他资源(目标组件)进行处理,并将生成的响应结果包含到源组件的响应结果中。

包含与转发相比,源组件与被包含的目标组件的输出数据都会被添加到响应结果中,在目标组件中对响应状态代码或者响应头所做的修改都会被忽略。

【例 5-12】 include()方法的使用。

(1) 在项目 ch5_demo 的 com.yapc.servlet 包中创建 IncludeServlet.java 文件。重写 doGet()方法代码如下:

```
1   protected void doGet(HttpServletRequest request, HttpServletResponse response) throws
    ServletException, IOException {
2       response.setContentType("text/html;charset=GB18030");
3       PrintWriter out = response.getWriter();
4       out.print("IncludeServlet:故人西辞黄鹤楼<br>");
5       //调用 include()方法包含 IncludedServlet
6       request.getRequestDispatcher("IncludedServlet").include(request, response);
7       out.print("IncludeServlet:烟花三月下扬州<br>");
8   }
```

上述代码中,第 2 行指定响应消息体的编码方式,第 4 行代码输出一行文本,第 6 行执行请求包含方法,将 IncludedServlet 包含到 IncludeServlet 中。

(2) 在 com.yapc.servlet 包中创建 IncludedServlet.java 文件。重写 doGet()方法代码如下:

```
1   protected void doGet(HttpServletRequest request, HttpServletResponse response)
2   throws ServletException, IOException {
3       response.getWriter().print("IncludedServlet:孤帆远影碧空尽,唯见长江天际流。");
4   }
```

（3）启动服务器。在浏览器地址栏中输入地址：http://localhost:8080/ch5_demo/IncludeServlet。请求包含运行结果如图 5-28 所示。

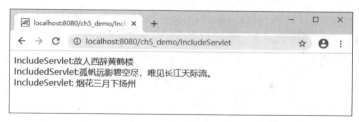

图 5-28　请求包含运行结果

由图 5-28 所示看出，运行结果既包含了 IncludeServlet 中的输出文本，又包含了 IncludedServlet 中的输出文本。并且 IncludedServlet 中的输出文本插在 IncludeServlet 中的输出文本的两句中间输出，输出次序与代码书写次序一致。

在 IncludedServlet 中没有指定响应消息体的编码方式，结果也没出现乱码。这是因为浏览器在请求 IncludeServlet 时已经创建了 response 对象，并且指定了编码方式，当客户端对接收到的数据进行解码时，Web 服务器会继续保持调用 response 对象中的信息，从而使 IncludedServlet 中的内容不会发生乱码。

即使 IncludedServlet 中指定响应消息体的编码方式，也会被服务器忽略。如将 IncludeServlet 中 doGet()方法的第 2 行代码删除，在 IncludedServlet 中 doGet()方法的第 1 和第 3 行代码之间添加"response.setContentType("text/html;charset=GB18030");"语句，运行结果输出中文乱码，如图 5-29 所示。

图 5-29　修改后的请求包含运行结果

2）请求转发和请求包含的区别

（1）相同点。

请求转发和请求包含都是在处理一个相同的请求，多个 Servlet 之间使用同一个 request 对象和 response 对象。

（2）不同点。

① 如果在 AServlet 中请求转发到 BServlet，那么在 AServlet 中不允许再输出响应体，即不能使用 response.getWriter() 和 response.getOutputStream() 向客户端输出，这一工作交由 BServlet 来完成；如果是由 AServlet 请求包含 BServlet，就没有这个限制。

② 请求转发不能设置响应消息体，但是可以设置响应消息头，简单来说，就是"留头不留体"。例如：response.setContentType("text/html;charset=GB18030") 是可以留下来的；请求包含不仅可以设置响应消息头，还可以设置响应消息体，简单来说就是"留头又留体"。

③ 请求转发大多应用在 Servlet 中，转发目标大多是 JSP 页面；请求包含大多应用在 JSP 页面中，完成多页面的合并。

5.4 本章小结

本章介绍了 HttpServletRequest 和 HttpServletResponse 接口及其常用方法。分析了 HTTP 请求参数和响应消息体中出现中文乱码问题的原因及解决方案,几种常见的页面重定向的技术包括刷新并跳转、请求重定向、请求转发及这几种方法之间的异同及其应用。

第 6 章　　JSP 技术

JSP 的全称为 Java Server Pages，是由 Sun Microsystems 公司主导创建的一种动态网页技术标准。JSP 部署于网络服务器上，可以响应客户端发送的请求，并根据请求内容动态地生成 HTML、XML 或其他格式文档的 Web 网页，然后返回给请求者。JSP 技术以 Java 语言作为脚本语言，为用户的 HTTP 请求提供服务，并能与服务器上的其他 Java 程序共同处理复杂的业务需求。

JSP 将 Java 代码和特定变动内容嵌入到静态的页面中，实现以静态页面为模板，动态生成其中的部分内容。JSP 引入了被称为"JSP 动作"的 XML 标签，用来调用内建功能。另外，可以创建 JSP 标签库，然后像使用标准 HTML 或 XML 标签一样使用它们。标签库能增强功能和服务器性能，而且不受跨平台问题的限制。JSP 文件在运行时会被其编译器转换成更原始的 Servlet 代码。JSP 编译器可以把 JSP 文件编译成用 Java 代码写的 Servlet，然后再由 Java 编译器来编译成能快速执行的二进制机器码，也可以直接编译成二进制码。

通过本章的学习，您可以：
(1) 了解 JSP 的特点及其运行原理；
(2) 掌握 JSP 的基本语法；
(3) 熟悉 JSP 指令和隐式对象的使用；
(4) 掌握 JSP 动作元素的使用；
(5) 掌握 JSP Model2 模式的开发方法。

6.1　JSP 概述

在动态网页开发中，经常需要动态生成 HTML 内容。例如，购物网站首页需要根据广告赞助、推荐策略和销售热度每天显示不同的商品信息。如果使用 Servlet 来实现动态网页的设计，不管是静态内容还是动态内容，都需要调用大量的输出语句，使得页面很难设计和维护。

6.1.1　什么是 JSP

JSP(Java Server Pages，Java 服务器页面)是建立在 Servlet 基础上的一种动态网页开发技术。它是在传统的 HTML 网页文件(*.htm,*.html)中使用 JSP 标签插入 Java 程序段(Scriptlet)，从而形成静态代码(HTML 标签)和动态代码(Java 代码)混合编码的一种文件，后缀名为".jsp"。它实现了 HTML 语法中的 Java 扩展(以 <%，%>形式)。

在很多动态网页中，绝大部分内容都是固定不变的，只有局部内容需要动态产生和改变，如果使用 Servlet 程序来输出只有局部内容需要动态改变的网页，其中所有的静态内容也需要用 Java 程序代码产生，整个 Servlet 程序的代码将非常臃肿，编写和维护都将非常困难。

为了弥补 Servlet 的缺陷，Sun 公司在 Servlet 的基础上推出了 JSP 技术作为解决方案。JSP 是简化 Servlet 编写的一种技术，它将 Java 代码和 HTML 语句混合在同一个文件中编写,只对网页中的动态内容采用 Java 代码来编写,而对固定不变的静态内容采用普通静态 HTML 页面的方式编写。

由于 JSP 是基于 Java 语言的一种技术,因此它也拥有 Java 语言跨平台、业务代码分离、组件重用、继承 Java Servlet 功能和预编译等特征。

(1) 跨平台。

既然 JSP 是基于 Java 语言的,那么它就可以使用 Java API,所以它也是跨平台的,可以应用在不同的系统中,如 Windows、Linux、Mac 和 Solaris 等。这同时也拓宽了 JSP 可以使用的 Web 服务器的范围。另外,应用于不同操作系统的数据库也可以为 JSP 服务,JSP 使用 JDBC 技术操作数据库,从而避免了代码移植导致更换数据库时的代码修改问题。

正是因为跨平台的特性,使得采用 JSP 技术开发的项目可以不加修改地应用到任何不同的平台上,这也应验了 Java 语言的"一次编写,到处运行"的特点。

(2) 业务代码分离。

采用 JSP 技术开发的项目,通常使用 HTML 来设计和格式化静态页面的内容,而使用 JSP 标签和 Java 代码片段来实现动态部分。程序开发人员可以将业务处理代码全部放到 JavaBean 中,从而实现业务代码从视图层分离。这样 JSP 页面只负责显示数据即可,当需要修改业务代码时,不会影响 JSP 页面的代码。

(3) 组件重用。

JSP 中可以使用 JavaBean 编写业务组件,也就是使用一个 JavaBean 类封装业务处理代码或者作为一个数据存储模型,在 JSP 页面甚至整个项目中都可以重复使用这个 JavaBean。JavaBean 也可以应用到其他 Java 应用程序中,包括桌面应用程序。

(4) 继承 Java Servlet 功能。

Servlet 是 JSP 出现之前的主要 Java Web 处理技术。它接收用户请求,在 Servlet 类中编写所有 Java 和 HTML 代码,然后通过输出流把结果页面返回给浏览器。其缺点是:在类中编写 HTML 代码非常不便,也不利于阅读。使用 JSP 技术之后,开发 Web 应用便变得相对简单、快捷,并且 JSP 最终要编译成 Servlet 才能处理用户请求,因此我们说 JSP 拥有 Servlet 的所有功能和特性。

(5) 预编译。

预编译就是在用户第一次通过浏览器访问 JSP 页面时,服务器端将对 JSP 页面代码进行编译,并且仅执行一次编译。编译好的代码将被保存,在用户下一次访问时,直接执行编译好的代码。这样不仅节约了服务器端的 CPU 资源,还大大提升了客户端的访问速度。

视频讲解

6.1.2 编写第一个 JSP 文件

1. 创建 Java Web 项目

在 Eclipse 中创建一个名称为 ch06_demo 的 Dynamic Web Project 项目。项目结构如图 6-1 所示。

选择 Windows→Preferences 菜单,打开 Preferences 对话框,选择 Web→JSP Files 选项,打开 JSP Files 对话框,在 Encoding 文本输入框中选择 ISO 10646/Unicode(UTF-8),设置 JSP 文件的编码为 UTF-8,以保证 JSP 文件中中文的正确输出。修改 JSP 文件编码如图 6-2 所示。

2. 创建 JSP 文件

在 WebContent 目录上右击,在弹出的菜单项中选择

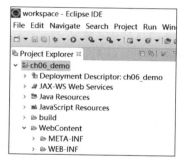

图 6-1 项目结构

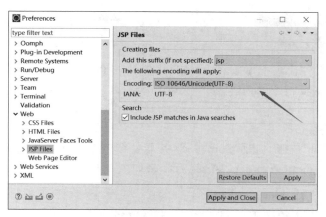

图 6-2　修改 JSP 文件编码

New→JSP Files 选项。在弹出的 New JSP File 对话框中输入文件名称 firstjsp.jsp，单击 Next 按钮，弹出选择 JSP 文件模板对话框，如图 6-3 所示。

说明：WebContent 目录是整个动态网站的根目录，对应 Java Web 应用的根目录，所有 JSP 文件及网站静态资源都存在该目录下。

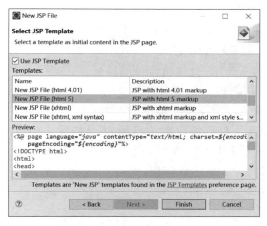

图 6-3　选择 JSP 文件模板

在图 6-3 所示中保持默认选项，单击 Finish 按钮，第一个 JSP 文件就创建成功了，在 body 部分新增一行文字信息。firstjsp.jsp 文件代码如文件 6-1 所示。

文件 6-1　firstjsp.jsp 文件代码

```
1   <%@ page language = "java" contentType = "text/html; charset = UTF-8"
2       pageEncoding = "UTF-8" %>
3   <!DOCTYPE html>
4   <html>
5     <head>
6       <meta charset = "UTF-8">
7       <title>Insert title here</title>
8     </head>
9     <body>
10        这是我的第一个 JSP 文件。
```

```
11    </body>
12  </html>
```

从firstjsp.jsp文件代码中可以看出,JSP文件和HTML文件没有太大区别,不同的是文件最前面多了一个page指令的内容,以"<%@"开始,以"%>"结束。page指令将在后面的章节介绍。

3. 运行JSP文件

单击"服务器启动"按钮,启动Tomcat服务器。在浏览器地址栏输入如下地址:http://localhost:8080/ch06_demo/firstjsp.jsp,运行结果如图6-4所示。

图6-4　JSP文件的运行结果

6.1.3　JSP运行原理

JSP的运行模式与Servlet一样,都是请求/响应模式;不同的是,Servlet需要配置请求路径,而JSP直接对应文件路径,无须配置。

JSP的运行原理如图6-5所示,具体执行过程如下:

(1) 客户端发出请求,请求访问JSP文件;
(2) JSP容器将JSP文件转化为Servlet源代码(.java)文件;
(3) JSP容器将Servlet源代码编译成Servlet字节码(.class);
(4) JSP容器加载编译后的代码并执行,产生Servlet实例;
(5) Servlet实例根据业务需要生成响应结果;
(6) JSP容器将响应结果发送给客户端。

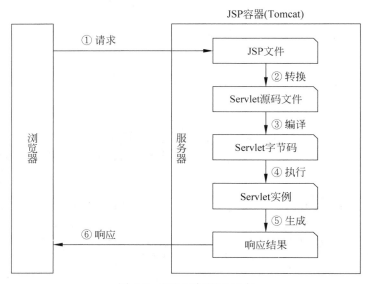

图6-5　JSP运行原理示意

注意：以上过程只在第一次请求 JSP 文件时执行，第二次及后面的每次请求会跳过（2）（3）两个步骤，直到 JSP 文件被修改。

为了加深对 JSP 运行原理的理解，接下来简单分析一下 JSP 所转换生成的 Servlet 源代码。以编写的第一个 JSP 文件 firstjsp.jsp 为例，其转换生成的 Java 源码可以在"eclipse_workspace\.metadata\.plugins\org.eclipse.wst.server.core\tmp0\work\Catalina\localhost\ch06_demo\org\apache\jsp"目录中找到。JSP 翻译转换文件如图 6-6 所示。

图 6-6　JSP 翻译转换文件

firstjsp.jsp 文件转换生成的 Java 文件名称为 firstjsp_jsp.java，类名为 firstjsp_jsp。其代码如文件 6-2 所示。

文件 6-2　firstjsp_jsp.java 文件代码

```
1   /*
2    * Generated by the Jasper component of Apache Tomcat
3    * Version: Apache Tomcat/8.5.57
4    * Generated at: 2020-09-07 07:40:22 UTC
5    * Note: The last modified time of this file was set to
6    *       the last modified time of the source file after
7    *       generation to assist with modification tracking
8    */
9   package org.apache.jsp;
10  import javax.servlet.*;
11  import javax.servlet.http.*;
12  import javax.servlet.jsp.*;
13  public final class firstjsp_jsp extends org.apache.jasper.runtime.HttpJspBase    implements
14      org.apache.jasper.runtime.JspSourceDependent,org.apache.jasper.runtime.JspSourceImports {
15    private static final javax.servlet.jsp.JspFactory _jspxFactory =
16        javax.servlet.jsp.JspFactory.getDefaultFactory();
17    private static java.util.Map<java.lang.String,java.lang.Long> _jspx_dependants;
18    private static final java.util.Set<java.lang.String> _jspx_imports_packages;
19    private static final java.util.Set<java.lang.String> _jspx_imports_classes;
20    static {
21      _jspx_imports_packages = new java.util.HashSet<>();
22      _jspx_imports_packages.add("javax.servlet");
23      _jspx_imports_packages.add("javax.servlet.http");
24      _jspx_imports_packages.add("javax.servlet.jsp");
25      _jspx_imports_classes = null;
26    }
27    private volatile javax.el.ExpressionFactory _el_expressionfactory;
28    private volatile org.apache.tomcat.InstanceManager _jsp_instancemanager;
29    public java.util.Map<java.lang.String,java.lang.Long> getDependants() {
30      return _jspx_dependants;
31    }
32    public java.util.Set<java.lang.String> getPackageImports() {
33      return _jspx_imports_packages;
34    }
```

```java
35    public java.util.Set < java.lang.String > getClassImports() {
36      return _jspx_imports_classes;
37    }
38    public javax.el.ExpressionFactory _jsp_getExpressionFactory() {
39      if (_el_expressionfactory == null) {
40        synchronized (this) {
41          if (_el_expressionfactory == null) {
42            _el_expressionfactory =
              _jspxFactory.getJspApplicationContext(getServletConfig().getServletContext())
              .getExpressionFactory();
43          }
44        }
45      }
46      return _el_expressionfactory;
47    }
48    public org.apache.tomcat.InstanceManager _jsp_getInstanceManager() {
49      if (_jsp_instancemanager == null) {
50        synchronized (this) {
51          if (_jsp_instancemanager == null) {
52            _jsp_instancemanager =
     org.apache.jasper.runtime.InstanceManagerFactory.getInstanceManager(getServletConfig());
53          }
54        }
55      }
56      return _jsp_instancemanager;
57    }
58    public void _jspInit() {
59    }
60    public void _jspDestroy() {
61    }
62    public void _jspService(final javax.servlet.http.HttpServletRequest request, final
   javax.servlet.http.HttpServletResponse response)
63        throws java.io.IOException, javax.servlet.ServletException {
64      final java.lang.String _jspx_method = request.getMethod();
65      if (!"GET".equals(_jspx_method) && !"POST".equals(_jspx_method) && !"HEAD".equals(_jspx_
   method) && !javax.servlet.DispatcherType.ERROR.equals(request.getDispatcherType())) {
66        response.sendError(HttpServletResponse.SC_METHOD_NOT_ALLOWED, "JSP 只允许 GET、POST
   或 HEAD。Jasper 还允许 OPTIONS");
67        return;
68      }
69      final javax.servlet.jsp.PageContext pageContext;
70      javax.servlet.http.HttpSession session = null;
71      final javax.servlet.ServletContext application;
72      final javax.servlet.ServletConfig config;
73      javax.servlet.jsp.JspWriter out = null;
74      final java.lang.Object page = this;
75      javax.servlet.jsp.JspWriter _jspx_out = null;
76      javax.servlet.jsp.PageContext _jspx_page_context = null;
77      try {
78        response.setContentType("text/html; charset = UTF - 8");
79        pageContext = _jspxFactory.getPageContext(this, request, response,
80             null, true, 8192, true);
81        _jspx_page_context = pageContext;
82        application = pageContext.getServletContext();
83        config = pageContext.getServletConfig();
```

```
84          session = pageContext.getSession();
85          out = pageContext.getOut();
86          _jspx_out = out;
87          out.write("\r\n");
88          out.write("<!DOCTYPE html>\r\n");
89          out.write("<html>\r\n");
90          out.write("<head>\r\n");
91          out.write("<meta charset=\"UTF-8\">\r\n");
92          out.write("<title>Insert title here</title>\r\n");
93          out.write("</head>\r\n");
94          out.write("<body>\r\n");
95          out.write("\t这是我的第一个JSP文件.\r\n");
96          out.write("</body>\r\n");
97          out.write("</html>");
98      } catch (java.lang.Throwable t) {
99          if (!(t instanceof javax.servlet.jsp.SkipPageException)){
100             out = _jspx_out;
101             if (out != null && out.getBufferSize() != 0)
102                 try {
103                     if (response.isCommitted()) {
104                         out.flush();
105                     } else {
106                         out.clearBuffer();
107                     }
108                 } catch (java.io.IOException e) {}
109             if (_jspx_page_context != null) _jspx_page_context.handlePageException(t);
110             else throw new ServletException(t);
111         }
112     } finally {
113         _jspxFactory.releasePageContext(_jspx_page_context);
114     }
115 }
116 }
```

从文件6-2中的代码可以看出,firstjsp_jsp类继承了org.apache.jasper.runtime.HttpJspBase类。HttpJspBase类的源代码如文件6-3所示。

文件6-3　HttpJspBase.java源代码

```
1   package org.apache.jasper.runtime;
2   import java.io.IOException;
3   import javax.servlet.ServletConfig;
4   import javax.servlet.ServletException;
5   import javax.servlet.http.HttpServlet;
6   import javax.servlet.http.HttpServletRequest;
7   import javax.servlet.http.HttpServletResponse;
8   import javax.servlet.jsp.HttpJspPage;
9   import org.apache.jasper.Constants;
10  import org.apache.jasper.compiler.Localizer;
11  public abstract class HttpJspBase extends HttpServlet implements HttpJspPage {
12      private static final long serialVersionUID = 1L;
13      protected HttpJspBase() {
14      }
15      @Override
```

```
16      public final void init(ServletConfig config)
17          throws ServletException
18      {
19          super.init(config);
20          jspInit();
21          _jspInit();
22      }
23      @Override
24      public String getServletInfo() {
25          return Localizer.getMessage("jsp.engine.info", Constants.SPEC_VERSION);
26      }
27      @Override
28      public final void destroy() {
29          jspDestroy();
30          _jspDestroy();
31      }
32      @Override
33      public final void service(HttpServletRequest request, HttpServletResponse response)
34          throws ServletException, IOException
35      {
36          _jspService(request, response);
37      }
38      @Override
39      public void jspInit() {
40      }
41      public void _jspInit() {
42      }
43      @Override
44      public void jspDestroy() {
45      }
46      protected void _jspDestroy() {
47      }
48      @Override
49      public abstract void _jspService(HttpServletRequest request,
50                                       HttpServletResponse response)
51          throws ServletException, IOException;
52  }
```

从文件 6-3 中的代码可以看出，HttpJspBase 类继承了 HttpServlet 类，所以说 JSP 文件其实就是一个 Servlet，并且 JSP 重写了 Servlet 的生命周期的方法，对外提供了 jspInit()方法和 jspDestroy()方法供 JSP 页面重写使用，通过 jspService()方法来响应用户请求。

6.2 JSP 基本语法

JSP 页面文件可以在 HTML 的基础上嵌入 JSP 脚本元素，JSP 脚本元素的编写需要遵循一定的规范。JSP 脚本元素是指嵌套在<%和%>之中的一条或多条 Java 语句，主要包括 JSP 脚本小程序、JSP 声明语句、JSP 表达式和 JSP 注释。

6.2.1 JSP 脚本小程序

JSP 脚本小程序(Scriptlet)是指嵌套在<%和%>之中的一段 Java 代码，语法如下：

```
<%    Java 代码    %>
```

【例 6-1】 用 JSP 脚本小程序实现求 1～100 的累加和。

在项目 ch06_demo 中创建 JSP 文件,命名为 sum1.jsp。sum1.jsp 主要代码如文件 6-4 所示。

文件 6-4 sum1.jsp 主要代码

```
1    <body>
2      <%
3        int sum = 0;
4        for(int i = 1;i < 101;i++){
5          sum += i;
6        }
7      %>
8    </body>
```

文件 6-4 中第 2～7 行为 JSP 脚本小程序。

注意：JSP 脚本小程序中不能编写方法的定义,因为 JSP 脚本小程序将被编译到_jspService()方法中,如果在 JSP 脚本小程序中编写方法定义,方法的定义代码将出现在_jspService()方法中,此方法中的定义方法违反了 Java 语法规则。

6.2.2 JSP 声明语句

JSP 声明语句用于定义变量和方法,以"<%!"开始,以"%>"结束。语法格式如下:

```
1    <%!
2        变量定义或方法
3    %>
```

【例 6-2】 定义一个方法实现 1～n 的累加和。

在项目 ch06_demo 中,复制 sum1.jsp,重命名为 sum2.jsp,在 sum2.jsp 中定义 sum()方法。sum2.jsp 的主要代码如文件 6-5 所示。

文件 6-5 sum2.jsp 的主要代码

```
1    <body>
2      <%!
3        int sum(int n){
4          int y = 0;
5          for(int i = 1;i <= n;i++){
6            y += i;
7          }
8          return y;
9        }
10     %>
11     JSP 声明语句自定义函数求 1～100 的累加和
12     <%
13       var x = sum(100);
14     %>
15   </body>
```

文件 6-5 中第 2～10 行为 JSP 声明语句。第 12～14 行是 JSP 小程序,用以调用声明语句中声明的 sum()方法。

注意：JSP 声明语句的位置没有要求,放在 JSP 文件的前面或者后面都可以。JSP 文件中可以有多个 JSP 声明语句。JSP 声明语句中定义的变量和方法最终会转换编译成 Servlet 类的成员变量和成员方法。JSP 声明语句的方法中不能进行页面内容的输出,只有被编译到 _jspService() 方法中的代码部分才能进行页面内容的输出。

6.2.3 JSP 表达式

JSP 表达式(Expression)提供了将一个 Java 变量或表达式的计算结果输出到客户端的简化方式,它将要输出的变量或表达式直接封装在以"<%="开头和以"%>"结尾的标记中,其基本的语法格式如下:

```
1    <% = Java 表达式 %>
```

其中,Java 表达式可以是变量、表达式和函数调用。

【例 6-3】 将 sum1.jsp 文件和 sum2.jsp 文件中累加和的输出使用 JSP 表达式输出。

(1) sum1.jsp 文件的输出。在文件 6-4 的第 7 行后面添加代码如下:

```
1    使用 JSP 小程序求 1~100 的累加和
2    <% = sum %>
```

sum1.jsp 运行结果如图 6-7 所示。

图 6-7 sum1.jsp 运行结果

(2) sum2.jsp 文件的输出。在文件 6-5 中删除第 12~14 行,添加语句如下:

```
1    <% = sum(100) %>
```

sum2.jsp 运行结果如图 6-8 所示。

图 6-8 sum2.jsp 运行结果

注意:(1) JSP 表达式的开始符号"<%="是一个整体,中间不能有空格,JSP 表达式中不能插入语句,即不能以分号(;)结束。

(2) JSP 表达式的计算结果会转换成字符串,直接输出在 JSP 响应页面的响应位置。

6.2.4 JSP 注释

JSP 注释如同其他编程语言的注释一样,不会对程序产生影响,只起到解释说明的作用。其代码格式如下:

```
1    <%-- 注释文字 --%>
```

【例6-4】 JSP注释的使用。

在ch06_demo项目中新建JSP文件,命名为comment.jsp。comment.jsp文件主要代码如文件6-6所示。

文件6-6 comment.jsp文件主要代码

```
1   <%@ page language="java" contentType="text/html; charset=UTF-8"
2       pageEncoding="UTF-8"%>
3   <!DOCTYPE html>
4   <html>
5       <head>
6           <meta charset="UTF-8">
7           <title>JSP注释</title>
8       </head>
9       <body>
10          <!-- HTML注释 -->
11          <%-- JSP注释 --%>
12      </body>
13  </html>
```

JSP页面在被转换成Servlet程序时,会忽略JSP注释部分。以上代码中有两种注释,第10行是HTML注释,第11行是JSP注释,在转换后的HTML源码中不会出现JSP注释部分。文件6-6的HTML源码的运行结果如图6-9所示。

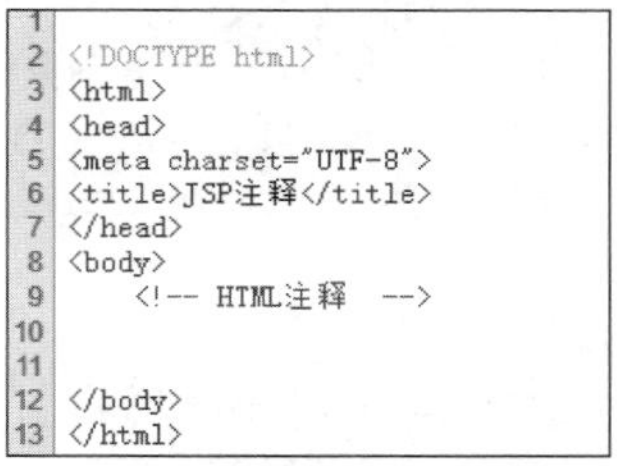

```
1
2   <!DOCTYPE html>
3   <html>
4   <head>
5   <meta charset="UTF-8">
6   <title>JSP注释</title>
7   </head>
8   <body>
9       <!-- HTML注释 -->
10
11
12  </body>
13  </html>
```

图6-9 文件6-6的HTML源代码的运行结果

从以上的运行结果可以看出,JSP注释的文字信息没有在运行结果中出现。

6.3 JSP指令

JSP指令用来设置整个JSP页面相关的属性,如网页的编码方式和脚本语言。语法格式如下:

```
1   <%@ directive attribute="value" %>
```

JSP指令可以有多个属性,它们以键值对的形式存在,并用逗号隔开。本节将介绍page指令和include指令。

6.3.1 page指令

page指令称为页面指令,用来定义JSP页面的全局属性,该配置会作用于整个页面,JSP指令不产生任何可见输出,只是说明在转换成Servlet的过程中如何处理JSP页面中的其余部分。page指令的语法格式如下:

```
1   <%@page 属性1="属性值1" 属性2="属性值2"%>
```

page 用于声明指令名称，属性用于指定 JSP 页面的某些特征。

page 指令提供了一系列属性，如表 6-1 所示。

表 6-1　page 指令的常用属性及其功能

属　　性	功　　能
contentType	设置 Content-Type 响应报头
language	告知容器在翻译 JSP 文件采用哪种语言，比如说 Java
autoFlush	是否自动刷出，true 表示自动刷出
buffer	缓冲区大小
extends	告知容器需要继承哪个类
import	导入需要的包
isELIgnored	是否忽略 EL 表达式
errorPage	指定错误处理页面，即处理当前 JSP 页面异常错误的另一个 JSP 页面
isErrorPage	判断是否是错误页面，isErrorPage="true"：表示当前页面是一个异常处理页面，只有在 isErrorPage="true" 的 JSP 页面上才会有一个 exception 的内置对象；isErrorPage="false"：表示当前页面不是一个异常处理页面，这是默认值
isThreadSafe	当前页面是否是线程安全的：true 或者 false
pageEncoding	指定当前页面的编码
session	当前页面是否使用 Session：true 表示需要使用；false 表示不需要使用

在一个 JSP 页面中可以使用多个 page 指令，import 属性用来导入包，可以多次出现，其他属性都只能出现一次。page 指令的属性名称是区分大小写的。page 指令可以放在 JSP 的文件的任何地方，它的作用范围都是整个 JSP 页面，为了 JSP 程序的可读性，一般把它放在 JSP 文件的顶部。

6.3.2　include 指令

在进行网站开发时，经常会在多个页面中出现相同内容，例如：页面顶部 Logo 和菜单，页面底部的法律声明等。使用 include 指令可以方便地在多个页面中引入要重复显示的内容，大大地减少了代码的重复量，方便我们对重复内容的维护。

通过 include 指令可以在一个 JSP 页面中静态包含另一个页面，也就是说被包含的文件中所有内容会被原样插入到使用 include 指令的位置。被包含的文件不会被单独执行，包含文件和被包含文件最终会生成一个文件，所以在包含和被包含的文件中不能用相同名称的变量。include 指令语法如下：

```
1    <%@ include file="path" %>
```

include 指令只有一个 file 属性，用于指定要包含文件的路径。该路径可以是相对路径，也可以是绝对路径。

注意，被包含的文件可以是 JSP 文件，也可以是 HTML 静态文件，甚至是任何文本文件。

【例 6-5】　演示 include 指令的用法。

在 ch06_demo 项目中创建两个 JSP 文件，分别命名为 include.jsp 和 date.jsp。include.jsp 文件代码如文件 6-7 所示。

文件 6-7　include.jsp 文件代码

```
1    <%@ page language="java" contentType="text/html; charset=UTF-8"
2        pageEncoding="UTF-8"%>
```

```
3    <!DOCTYPE html>
4    <html>
5    <head>
6    <meta charset = "UTF-8">
7    <title>Insert title here</title>
8    </head>
9    <body>
10       <%@ include file = "date.jsp" %>
11   </body>
12   </html>
```

date.jsp 文件代码如文件 6-8 所示。

文件 6-8 date.jsp 文件代码

```
1    <%@ page language = "java" contentType = "text/html; charset = UTF-8"
2        pageEncoding = "UTF-8" %>
3    <%
4    int y,m,d;
5    y = 2020;
6    m = 9;
7    d = 18;
8    %>
9    <b>今天是<% = y %>年<% = m %>月<% = d %>日</b>
```

注意：被包含的文件通常是包含页面的一部分，要注意不能重复使用 HTML 中的部分标记，如<html>、<body>等标记，防止引起嵌套而违反 HTML 语法。

运行 include.jsp 文件。include 指令结果如图 6-10 所示。运行结果的 HTML 源代码如图 6-11 所示。

图 6-10 include 指令运行结果

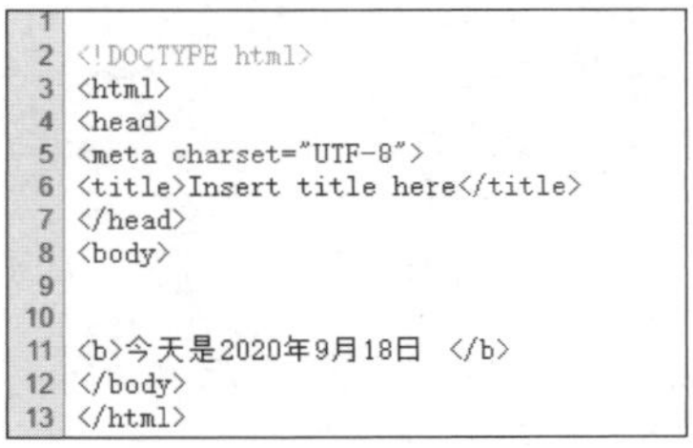

图 6-11 运行结果的 HTML 源代码

从以上运行结果可以看出，date.jsp 文件的输出内容已经被合并到 include.jsp 中。

注意：如果不单独运行 date.jsp，是不会将 date.jsp 转换为 Servlet 文件的，而是将 date.jsp 文件中的内容合并到 include.jsp 文件中，再将 include.jsp 文件转换为 Servlet 文件。以下是 include.jsp 文件翻译转换成 Servlet 文件的一部分代码。

```
1    public void _jspService(final javax.servlet.http.HttpServletRequest request, final
2                javax.servlet.http.HttpServletResponse response)
3                throws java.io.IOException, javax.servlet.ServletException {
4    final java.lang.String _jspx_method = request.getMethod();
5    if (!"GET".equals(_jspx_method) && !"POST".equals(_jspx_method) && !"HEAD".equals(_jspx_method)
6    && !javax.servlet.DispatcherType.ERROR.equals(request.getDispatcherType())) {
```

```
7              response.sendError(HttpServletResponse.SC_METHOD_NOT_ALLOWED, "JSP 只允许 GET、POST 或
8     HEAD。Jasper 还允许 OPTIONS");
9              return;
10         }
11      final javax.servlet.jsp.PageContext pageContext;
12      javax.servlet.http.HttpSession session = null;
13      final javax.servlet.ServletContext application;
14      final javax.servlet.ServletConfig config;
15      javax.servlet.jsp.JspWriter out = null;
16      final java.lang.Object page = this;
17      javax.servlet.jsp.JspWriter _jspx_out = null;
18      javax.servlet.jsp.PageContext _jspx_page_context = null;
19      try {
20         response.setContentType("text/html; charset=UTF-8");
21         pageContext = _jspxFactory.getPageContext(this, request, response,
22                    null, true, 8192, true);
23         _jspx_page_context = pageContext;
24         application = pageContext.getServletContext();
25         config = pageContext.getServletConfig();
26         session = pageContext.getSession();
27         out = pageContext.getOut();
28         _jspx_out = out;
29         out.write("\r\n");
30         out.write("<!DOCTYPE html>\r\n");
31         out.write("<html>\r\n");
32         out.write("<head>\r\n");
33         out.write("<meta charset=\"UTF-8\">\r\n");
34         out.write("<title>Insert title here</title>\r\n");
35         out.write("</head>\r\n");
36         out.write("<body>\r\n");
37         out.write("\t");
38         out.write("\r\n");
39         out.write("\r\n");
40         out.write("\r\n");
41   int y,m,d;
42   Date date = new Date();
43   y = date.getYear();
44   m = date.getMonth();
45   d = date.getDate();
46         out.write("\r\n");
47         out.write("<b>今天是");
48         out.print(y);
49         out.write('年');
50         out.print(m);
51         out.write('月');
52         out.print(d);
53         out.write("日</b>");
54         out.write("\r\n");
55         out.write("</body>\r\n");
56         out.write("</html>");
57      } catch (java.lang.Throwable t) {
58         if (!(t instanceof javax.servlet.jsp.SkipPageException)){
59            out = _jspx_out;
60            if (out != null && out.getBufferSize() != 0)
```

```
61              try {
62                  if (response.isCommitted()) {
63                      out.flush();
64                  } else {
65                      out.clearBuffer();
66                  }
67              } catch (java.io.IOException e) {}
68              if (_jspx_page_context != null) _jspx_page_context.handlePageException(t);
69              else throw new ServletException(t);
70          }
71      } finally {
72          _jspxFactory.releasePageContext(_jspx_page_context);
73      }
74  }
```

由第 33~63 行的代码可以确认,其是由 include.jsp 文件和 date.jsp 文件的内容合并而成的。

6.4 JSP 隐式对象

JSP 隐式对象是 JSP 容器为每个页面提供的 Java 对象,开发者可以直接使用它们而不用显式声明。JSP 隐式对象也被称为内置对象。JSP 支持 9 个隐式对象,如表 6-2 所示。

表 6-2 JSP 隐式对象及其功能

对象	功能
out	JspWriter 类的实例,用于页面输出
request	HttpServletRequest 类的实例,用于获得用户请求信息
response	HttpServletResponse 类的实例,用于向客户端发送响应信息
session	HttpSession 类的实例,用来保存用户信息
application	ServletContext 类的实例,用于保存整个应用范围内的共享信息
config	ServletConfig 类的实例,用于获取 web 应用配置信息
pageContext	PageContext 类的实例,代表 JSP 容器,用于获取上下文信息
page	类似于 Java 类中的 this 关键字,代表当前被访问 JSP 页面的实例化
exception	Exception 类的对象,代表发生错误的 JSP 页面中对应的异常对象

在表 6-2 所示的隐式对象中,request、response、config、application 已在前面的章节介绍,session 对象将在后面的章节介绍,本章只介绍 out、pageContext、exception 对象。

6.4.1 out 对象

在 JSP 页面中,经常需要向客户端发送文本内容,这时,可以使用 out 对象来实现。out 对象可以使用 write()、print()、println()方法中的一种进行页面输出。

【例 6-6】 out 对象的使用。

```
1   <%
2       out.print("out.print/") ;
3       out.println("out.println/") ;
4       out.println(97);
5       out.write(97);
6   %>
```

运行结果如图 6-12 所示，HTML 源代码内容如图 6-13 所示。

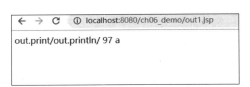

图 6-12　使用 out 对象的运行结果

图 6-13　运行结果的 HTML 代码内容

从以上代码和运行结果可以看出，print()方法和 println()方法的主要区别在于：print()方法后输出内容不换行；println()方法后输出的内容换行。println()方法和 write()方法的主要区别在于：println()方法将输出转换成字符串输出，参数可以是任何类型；write()方法仅支持输出字符、整数、字符串，在输出整数时，整数参数表示的是 ASCII 码，并输出其对应的字符。

注意：println()方法在输出内容的后面追加换行符，并不表示页面内容会换行，只是 HTML 代码层面的换行，如果要在页面显示效果上换行，需要输出
标记。

在 JSP 页面中输出字符串内容有多种方法，下面的案例代码展示了可用的几种输出方法。

【**例 6-7**】　JSP 页面中输出字符串内容的方法。

```
1  <%= "JSP 表达式输出///" %><br>
2  <% out.println("out.println 输出///"); %>
3  <% response.getWriter().println("response.getWriter 输出///"); %>
```

JSP 页面中的输出结果如图 6-14 所示；对应的 HTML 源代码内容如图 6-15 所示。

图 6-14　JSP 页面中的输出结果

图 6-15　JSP 页面中的 HTML 源代码

本例 JSP 文件所翻译转换的 Servlet 源代码片段如下：

```
1   //省略部分代码
2       try {
3         response.setContentType("text/html; charset = UTF - 8");
4         pageContext = _jspxFactory.getPageContext(this, request, response,
5                     null, true, 8192, true);
6         _jspx_page_context = pageContext;
7         application = pageContext.getServletContext();
8         config = pageContext.getServletConfig();
9         session = pageContext.getSession();
10        out = pageContext.getOut();
```

```
11          _jspx_out = out;
12          out.write("\r\n");
13          out.write("<!DOCTYPE html >\r\n");
14          out.write("< html >\r\n");
15          out.write("< head >\r\n");
16          out.write("< meta charset = \"UTF - 8\">\r\n");
17          out.write("< title > Insert title here </title >\r\n");
18          out.write("</head >\r\n");
19          out.write("< body >\r\n");
20          out.write("\t");
21          out.print( "JSP 表达式输出///");
22          out.write("< br >\r\n");
23          out.write("\t");
24     out.println("out.println 输出///");
25          out.write('\r');
26          out.write('\n');
27          out.write('      ');
28    response.getWriter().println("response.getWriter 输出///");
29          out.write("\r\n");
30          out.write("</body >\r\n");
31          out.write("</html >");
32        } catch (java.lang.Throwable t) {
33          if (!(t instanceof javax.servlet.jsp.SkipPageException)){
34            out = _jspx_out;
35            if (out != null && out.getBufferSize() != 0)
36              try {
37                if (response.isCommitted()) {
38                  out.flush();
39                } else {
40                  out.clearBuffer();
41                }
42              } catch (java.io.IOException e) {}
43            if (_jspx_page_context != null) _jspx_page_context.handlePageException(t);
44            else throw new ServletException(t);
45          }
46        } finally {
47          _jspxFactory.releasePageContext(_jspx_page_context);
48        }
49    //省略部分代码
```

从以上代码可以看出,在 JSP 页面上输出字符串内容可以使用 JSP 表达式、out 对象和 response 对象。使用 JSP 表达式输出时,最终会转换为 out.print() 方法进行输出,这一点可以从上面的代码片段第 22 行中看出。

response.getWriter() 和 out 对象的区别如下:

(1) out 和 response.getWriter 的类不同: out 的类是 JspWriter; response.getWrite 的类是 java.io.PrintWriter。

(2) 执行原理不同: out 的类 JspWriter 相当于一个带缓存功能的 printWriter,它不是直接将数据输出到页面,而是将数据刷新到 response 的缓冲区后再输出; response.getWriter 直接输出数据,所以 out.print() 方法输出的内容只能在其后输出。这一点可以从图 6-15 中 HTML 源代码看出,第 1 行的输出是通过 response.getWrite() 方法输出的,它先于其他内容的输出。

（3）out 为 JSP 的内置对象，刷新 JSP 页面，自动初始化获得 out 对象，所以使用 out 对象是需要刷新页面的；而 response.getWriter()响应信息通过 out 对象输出到网页上，当响应结束时它自动被关闭，与 JSP 页面无关，无须刷新页面。

例如，当用户调用 response.getWriter()对象的同时获得了网页的画笔，这时用户就可以通过这个画笔在网页上画任何想要显示的东西。

（4）out 对象的 print()方法和 println()方法在缓冲区溢出并且没有自动刷新时，会产生 IOException；而 response.getWrite()方法的 print()方法和 println()方法中都是抑制 IOException 异常的，不会有 IOException。

6.4.2 pageContext 对象

pageContext 对象是 javax.servlet.jsp.PageContext 对象的一个实例。pageContext 对象代表当前 JSP 页面的上下文环境。可以通过这个对象获取其他 8 个隐式对象。pageContext 对象获取其他隐式对象的方法及功能如表 6-3 所示。

表 6-3　PageContext 对象获取其他隐式对象的方法及功能

方　　法	功　　能
JspWriter getOut()	用于获取 out 隐式对象
ServletConfig getServletConfig()	用于获取 config 内置对象
Object getPage()	用于获取 page 内置对象
ServletRequest getRequest()	用于获取 request 内置对象
ServletResponse getResponse()	用于获取 response 内置对象
HttpSession getSession()	用于获取 session 内置对象
ServletContext getServletContext()	用于获取 application 内置对象
Exception getException()	用于获取 exception 内置对象

一般不会在 JSP 页面中使用 pageContext 对象以获取其他隐式对象，因为所有隐式对象在 JSP 页面中都可以直接使用，主要是当以 pageContext 作为参数传递给其他方法时，在其他方法中可以通过 pageContext 对象来获取其他隐式对象。

pageContext 也是一个域对象，可以用来保存数据，它的范围是当前页面（page 域），这个 page 域的范围只是在当前 JSP 页面中，它的范围也是四个域对象（pageContext、request、session、application）中最小的。需要注意的是，Servlet 中只能使用 request、session、application 三个对象，JSP 页面中可以使用所有域对象。有关域对象的操作方法及功能如表 6-4 所示。

表 6-4　PageContext 域对象的操作方法及功能

方　　法	功　　能
Object getAttribute(String name, int scope)	获取属性名为 name，范围为 scope 的属性对象
Object getAttribute(String name)	获取属性名为 name，page 范围的属性对象
Enumeration getAttributeNamesInScope(int scope)	获取范围为 scope 的所有属性名称
int getAttributesScope(String name)	获取属性名称为 name 的属性范围
void removeAttribute(String name, int scope)	移除属性名称为 name、范围为 scope 的属性对象
void removeAttribute(String name)	移除属性名称为 name、page 范围的属性对象
void setAttribute(String name, Object value, int scope)	设置属性名称为 name、值为 value、范围为 scope 的属性对象
void setAttribute(String name, Object value)	设置属性名称为 name、值为 value、page 范围的属性对象
Object findAttribute(String name)	寻找在所有范围中属性名称为 name 的属性对象

表 6-4 所示中，scope 参数的范围值有四个，分别代表四种范围：PAGE_SCOPE、REQUEST_SCOPE、SESSION_SCOPE、APPLICATION_SCOPE。

注意：findAttribute()方法会依次在 page、request、session、application 范围查找名称为 name 的数据，如果找到就停止查找；如果在多个范围内有相同名称的数据，那么 page 范围的优先级最高。

pageContext 还提供了 include()包含和 forward()跳转两种方法，这两种方法是 request.getRequestDispatch.include()方法和 request.getRequestDispatch.forward()方法的简化，其实 pageContext.include()方法和 pageContext.forward()方法在 Servlet 内部依然还是使用 request 的方式，只是提供了简化。

【例 6-8】 pageContext 对象的使用。

使用 pageContext 对象的代码如下：

```
1  <%
2      pageContext.setAttribute("age", 20);
3      Integer age = (Integer)pageContext.getAttribute("age");
4      out.println(age);                //20
5      pageContext.setAttribute("age", 40, pageContext.SESSION_SCOPE);
6      age = (Integer)pageContext.getAttribute("age",pageContext.SESSION_SCOPE);
7      out.println(age);                //40
8      age = (Integer)pageContext.findAttribute("age");
9      out.println(age);                //20
10 %>
```

从以上代码可以看出，当 page 域和 session 域中都有名称为 age 的属性时，findAttribute()方法优先获取 page 域中的属性对象。

注意：getAttribute()方法返回的是 Object 类型，需要强制转换为需要的类型。

6.4.3 exception 对象

当 JSP 页面的执行出现异常时，通常会出现错误页面，用户体验不佳。

【例 6-9】 JSP 页面异常。

创建 exception1.jsp 文件，代码如文件 6-9 所示。

文件 6-9 创建 exception.jsp 文件代码

```
1  <%@ page language = "java" contentType = "text/html; charset = UTF-8"
2      pageEncoding = "UTF-8" %>
3  <!DOCTYPE html>
4  <html>
5      <head>
6      <meta charset = "UTF-8">
7      <title> Insert title here </title>
8      </head>
9      <body>
10         <%
11             int x = 5/0;
12             out.print(x);
13         %>
14     </body>
15 </html>
```

以上代码运行结果如图 6-16 所示。

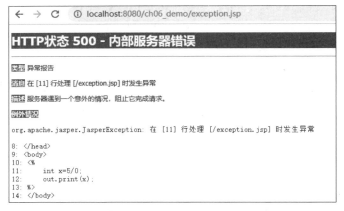

图 6-16　创建 exception1.jsp 文件的运行结果

从文件 6-9 中第 11 行代码可以看到一个明显的除 0 错误，当 JSP 页面执行出现错误时，会抛出一个 exception 对象。如果没有处理异常，最终异常会被 JSP 引擎处理并显示一个错误信息。

在 JSP 页面中可以使用 try…catch 语句来处理异常。

【例 6-10】　使用 try…catch 语句处理异常。

复制 exception1.jsp 文件，重命名为 exception2.jsp。exception2.jsp 文件主要代码如文件 6-10 所示。

文件 6-10　exception2.jsp 文件主要代码

```
1   <%
2       try{
3           int x = 5/0;
4           out.print(x);
5       }catch(Exception e){
6           out.print("除 0 错误");
7       }
8   %>
```

以上代码运行结果如图 6-17 所示。

图 6-17　使用 try…catch 处理异常的运行结果

如果在每个 JSP 页面中都使用 try…catch 来处理异常会很不方便，可以使用一个统一的页面来处理所有异常，即在 JSP 页面中使用<%@ page errorPage="showerror.jsp" %>指令，可以将异常统一交给 showerror.jsp 页面处理。在错误处理页面中，需要在 page 指令中设置 isErrorPage="true"，只有这样，才可以在页面中使用 exception 对象来获取错误信息。

【例 6-11】 使用 page 指令处理 JSP 页面的异常。

复制 exception1.jsp 文件，重命名为 exception3.jsp。在 page 指令后插入如下代码：

```
1    <%@ page errorPage="showerror.jsp" %>
```

新建 JSP 页面，命名为 showerror.jsp。showerror.jsp 文件代码，如文件 6-11 所示。

文件 6-11 showerror.jsp 文件代码

```
1   <%@ page language="java" contentType="text/html; charset=UTF-8"
2       pageEncoding="UTF-8"%>
3   <%@ page isErrorPage="true" %>
4   <!DOCTYPE html>
5   <html>
6   <head>
7   <meta charset="UTF-8">
8   <title>错误处理页面</title>
9   </head>
10  <body>
11  错误信息:<%= exception.getMessage() %>
12  </body>
13  </html>
```

以上代码运行结果如图 6-18 所示。

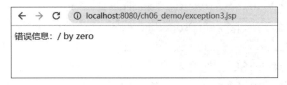

图 6-18 使用 page 指令处理 JSP 页面异常的运行结果

从以上结果可以看出，当 exception3.jsp 文件运行出错时，会自动调用 showerror.jsp 页面并采用转发的机制进行处理，而 URL 路径并没有发生变化。

6.5 JSP 动作元素

如果要在 JSP 页面中实现一个功能，通常可以用脚本小程序嵌入一段 Java 代码。这对于前端设计人员来讲，要求过高。如果能将一些简单的、常用的功能设计成标签的使用形式，会大大简化前端设计人员的工作。JSP 动作元素就可以实现这样的功能。

JSP 规范提供了在 JSP 页面中使用的标准标记即 JSP 动作元素，这些标记用于从 JSP 页面中删除或消除 Scriptlet 代码。

JSP 动作元素是在用户请求阶段运行的，它们内置在 JSP 文件里，所以能够直接使用，不需要进行引用定义。在 JSP 页面被翻译成 Servlet 源码的过程中，当遇到 JSP 动作元素时，就调用与之相应的 Servlet 方法来取代它，所有 JSP 动作元素的前面都有一个 jsp 前缀作为标记，一般格式如下：

```
1    <jsp:标记名… 属性…/>
```

有些 JSP 动作元素中间还嵌套有 JSP 动作元素，即一个 JSP 动作元素中又包含了其他 JSP 动作元素或者其他内容。嵌套 JSP 动作元素的使用格式如下：

```
1    <jsp:标记名…属性…>
2        <jsp:标记名…属性以及参数…/>
3    </jsp:标记名>
```

常用 JSP 动作元素的方法及功能如表 6-5 所示。

表 6-5 常用 JSP 动作元素的方法及功能

方　　法	功　　能
<jsp:useBean>	定义 JSP 页面使用一个 JavaBean 实例
<jsp:setProperty>	设置一个 JavaBean 中的属性值
<jsp:getProperty>	从 JavaBean 中获取一个属性值
<jsp:include>	在 JSP 页面包括一个外在文件
<jsp:forward>	把到达的请求转发到另一个页面进行处理
<jsp:param>	用于传递参数值
<jsp:plugin>	用于指定在客户浏览器中插入插件的属性
<jsp:params>	用于向 HTML 页面的插件传递参数值
<jsp:fallback>	指定处理 client 不支持插件执行的情况

表 6-5 中的 JSP 动作元素可以分为以下 5 类。

(1) JSP 中使用 JavaBean 的动作元素：<jsp:useBean id=""> 定义使用一个 JaveBean 实例，id 属性定义了实例名称；<jsp:getProperty> 从一个 JavaBean 对象中获取指定属性值，并将其加入到响应中；<jsp:setProperty> 设置 JavaBean 对象中指定属性的值。

(2) 在 JSP 中包含其他 JSP 文件或者 Web 资源的动作元素：<jsp:include> 在请求处理阶段包含来自一个 Servlet 或者 JSP 文件的响应，注意与 include 指令的不同。

(3) 将到达的请求转发给另一个 JSP 页面或者 Web 资源以便进一步地操作动作元素：<jsp:forward> 将某个请求的处理转发到另一个 Servlet 或者 JSP 页面。

(4) 在其他动作元素的中间指定参数的动作元素：<jsp:param> 对使用<jsp:include> 或者<jsp:forward> 传递到另一个 Servlet 或者 JSP 页面的请求加入一个传递参数值。

(5) 在客户端的页面嵌入 Java 对象的动作元素：<jsp:plugin> 可以在页面中插入 Java Applet 小程序或 JavaBean，它们能够在客户端运行，但需要在 IE 浏览器中安装 Java 插件。

下面将重点介绍<jsp:include>、<jsp:forward> 和<jsp:param> 动作元素。

6.5.1 <jsp:include>动作元素

<jsp:include> 动作元素用来包含静态和动态的文件。该动作元素把指定文件插入正在生成的页面。语法格式如下：

```
<jsp:include page = "相对URL地址" flush = "true" />
```

在上述语法格式中，page 属性用于指定被引入资源的相对路径；flush 属性用于指定是否将当前页面的输出内容刷新到客户端。在默认情况下，flush 属性的值为 false。

【例 6-12】 <jsp:include> 动作元素的使用。

创建两个 JSP 文件，分别命名为 jspinclude.jsp 和 included.jsp。jspinclude.jsp 文件中通过<jsp:include> 动作元素包含 included.jsp 文件。jspinclude.jsp 文件代码如文件 6-12 所示。

文件 6-12　jspinclude.jsp 文件代码

```
1   <%@ page language = "java" contentType = "text/html; charset = UTF - 8"
2       pageEncoding = "UTF - 8" %>
3   <!DOCTYPE html>
4   <html>
5     <head>
6       <meta charset = "UTF - 8">
7       <title>jsp include 动作元素</title>
8     </head>
9     <body>
10      包含文件的内容
11      <jsp:include page = "included.jsp"></jsp:include>
12    </body>
13  </html>
```

included.jsp 文件代码如文件 6-13 所示。

文件 6-13　included.jsp 文件代码

```
1   <%@ page language = "java" contentType = "text/html; charset = UTF - 8"
2       pageEncoding = "UTF - 8" %>
3   <div>
4   <% Thread.sleep(5000); %>
5   被包含的内容
6   </div>
```

例 6-12 的运行结果如图 6-19 所示。

从运行结果可以观察到，当执行 jspinclude.jsp 文件时，页面的内容并没有立即输出，而是在等待 5s 后，包含文件和被包含文件的输出结果同时显示。因为在被包含文件中使用 Thread.sleep()方法延时了 5s，包含文件要等待 5s 才能拿到被包含文件的输出内容。

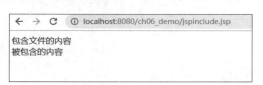

图 6-19　例 6-12 的运行结果

注意：<jsp:include>动作元素和 include 指令的区别：include 指令是在编译期间将包含文件和被包含文件合并编译成一个文件；而<jsp:include>动作元素是在执行期间将包含文件和被包含文件的输出结果合并输出给客户端，包含文件和被包含文件都会被编译成独立的 Servlet 文件。

将文件 6-12 中第 11 行代码改为以下代码，将 flush 属性值改为 true。

```
<jsp:include page = "included.jsp" flush = "true"></jsp:include>
```

再次运行文件 6-12，从运行结果我们发现，输出文本"包含文件的内容"立即出现，等待 5s 后，输出文本"被包含的内容"才出现。这是因为 flush 属性值设为 true 时，会将<jsp:include>动作之前的运行结果先刷新到客户端，然后再等待被包含文件输出结果。

jspinclude.jsp 文件转换成的 Servlet 后的主要代码如下：

```
1   public void _jspService(final javax.servlet.http.HttpServletRequest request, final
2                   javax.servlet.http.HttpServletResponse response)
3                   throws java.io.IOException, javax.servlet.ServletException {
4       final java.lang.String _jspx_method = request.getMethod();
```

```
 5    if (!"GET".equals(_jspx_method) && !"POST".equals(_jspx_method) && !"HEAD".equals(_jspx_method)
 6        && !javax.servlet.DispatcherType.ERROR.equals(request.getDispatcherType())) {
 7          response.sendError(HttpServletResponse.SC_METHOD_NOT_ALLOWED,"JSP 只允许 GET、POST 或
 8              HEAD。Jasper 还允许 OPTIONS");
 9          return;
10      }
11      final javax.servlet.jsp.PageContext pageContext;
12      javax.servlet.http.HttpSession session = null;
13      final javax.servlet.ServletContext application;
14      final javax.servlet.ServletConfig config;
15      javax.servlet.jsp.JspWriter out = null;
16      final java.lang.Object page = this;
17      javax.servlet.jsp.JspWriter _jspx_out = null;
18      javax.servlet.jsp.PageContext _jspx_page_context = null;
19      try {
20          response.setContentType("text/html; charset=UTF-8");
21          pageContext = _jspxFactory.getPageContext(this, request, response,
22                  null, true, 8192, true);
23          _jspx_page_context = pageContext;
24          application = pageContext.getServletContext();
25          config = pageContext.getServletConfig();
26          session = pageContext.getSession();
27          out = pageContext.getOut();
28          _jspx_out = out;
29          out.write("\r\n");
30          out.write("<!DOCTYPE html>\r\n");
31          out.write("<html>\r\n");
32          out.write("<head>\r\n");
33          out.write("<meta charset=\"UTF-8\">\r\n");
34          out.write("<title>jsp include 动作元素</title>\r\n");
35          out.write("</head>\r\n");
36          out.write("<body>\r\n");
37          out.write("包含文件的内容\r\n");
38          org.apache.jasper.runtime.JspRuntimeLibrary.include(request, response, "included.jsp",
    out, true);
39          out.write("\r\n");
40          out.write("</body>\r\n");
41          out.write("</html>");
42      } catch (java.lang.Throwable t) {
43          if (!(t instanceof javax.servlet.jsp.SkipPageException)){
44              out = _jspx_out;
45              if (out != null && out.getBufferSize() != 0)
46                  try {
47                      if (response.isCommitted()) {
48                          out.flush();
49                      } else {
50                          out.clearBuffer();
51                      }
52                  } catch (java.io.IOException e) {}
53              if (_jspx_page_context != null) _jspx_page_context.handlePageException(t);
54              else throw new ServletException(t);
55          }
56      } finally {
57          _jspxFactory.releasePageContext(_jspx_page_context);
58      }
59  }
```

从上述代码第 38 行可以看出，<jsp:include>动作最终被转换为 org.apache.jasper.runtime.JspRuntimeLibrary.include(request, response, "included.jsp", out, true)方法的调用，其运行原理与 RequestDispatcher.include()方法类似。

注意：在被包含文件中不能改变响应状态码或者设置响应消息头。

6.5.2 <jsp:forward>动作元素

<jsp:forward>动作元素的作用类似于 Java 代码中的 request.getRequestDispatcher(" ").forward(request,response)，是将当前请求转发到其他 Web 资源(HTML 页面、JSP 页面和 Servlet 等)，执行请求转发代码之后的当前页面将不再执行，而是执行该元素指定的目标页面。其具体语法格式如下：

```
<jsp:forward page = "相对 URL 地址"/>
```

在上述语法格式中，page 属性用于指定请求转发资源的相对路径。

【例 6-13】 <jsp:forward>动作元素的使用。

创建两个 JSP 文件，分别命名为 jspforward.jsp 和 target.jsp。jspforward.jsp 文件代码如下：

```
1  <body>
2  <b>jspforward 文件中的内容</b>
3  <jsp:forward page = "target.jsp"></jsp:forward>
4  </body>
```

target.jsp 文件主要代码如下：

```
1  <body>
2    target 文件中的内容
3  </body>
```

例 6-13 的运行结果如图 6-20 所示。

从以上运行结果可以看出，jspforward.jsp 文件输出的"jspforward 文件中的内容"文字内容并没有输出，而是输出了 target.jsp 文件中的"target 文件中的内容"文字内容，这说明在执行请求转发之后的当前页面将不再执行，而是执行该元素指定的目标页面。同时，浏览器地址栏中的 URL 仍然是 jspforward.jsp，而不是 target.jsp。

图 6-20 例 6-13 的运行结果

6.5.3 <jsp:param>动作元素

<jsp:param>动作元素以"名称：值"对的形式为其他标签提供附加信息，通常它和<jsp:include>、<jsp:forward>和<jsp:plugin>配合，作为子元素使用。语法格式如下：

```
<jsp:param name = "名称" value = "值"/>
```

其中，name 指定属性的名称；value 指定属性的值。

【例 6-14】 为<jsp:include>动作元素添加参数。

创建两个 JSP 文件，分别命名为 jspparam.jsp 和 included2.jsp。jspparam.jsp 文件代码如文件 6-14 所示。

文件 6-14 jspparam.jsp 文件代码

```jsp
1   <%@ page language="java" contentType="text/html; charset=UTF-8"
2       pageEncoding="UTF-8"%>
3   <!DOCTYPE html>
4   <html>
5   <head>
6   <meta charset="UTF-8">
7   <title>jsp param 动作元素</title>
8   </head>
9   <body>
10  <% request.setCharacterEncoding("UTF-8"); %>
11  <jsp:include page="included2.jsp">
12  <jsp:param value="学生管理系统" name="title"/>
13  </jsp:include>
14  </body>
15  </html>
```

上述代码第 12 行，利用<jsp:param>动作元素为<jsp:include>动作元素添加参数 title，值为"学生管理系统"。在被包含文件 included2.jsp 中就可以通过 request.getParameter()方法读取参数 title 的值。included2.jsp 文件代码如文件 6-15 所示。

文件 6-15 included2.jsp 文件代码

```jsp
1   <%@ page language="java" contentType="text/html; charset=UTF-8"
2       pageEncoding="UTF-8" %>
3   <%
4   request.setCharacterEncoding("UTF-8");
5   %>
6   <div>
7   标题:<b><%= request.getParameter("title") %></b>
8   </div>
```

上述代码第 7 行，通过 JSP 表达式读取参数值并显示到页面上。例 6-14 的运行结果如图 6-21 所示。

图 6-21 例 6-14 的运行结果

6.6 JSP 开发模式

Java Web 应用开发提供了多种开发模式，包括纯 Servlet 模式、纯 JSP 模式、JSP+JavaBean 模式(JSP Model1)和 JSP+JavaBean+Servlet 模式(JSP Model2)。在实际开发中，JSP Model2 模式用得最多，纯 Servlet 模式几乎不使用。

6.6.1 纯 JSP 模式

在纯 JSP 模式下，通过应用 JSP 中的脚本小程序，可以直接在 JSP 页面中实现各种功能。工作原理如图 6-22 所示。

虽然这种模式很容易实现，但是，其缺点也非常明显。因为将大部分的 Java 代码与

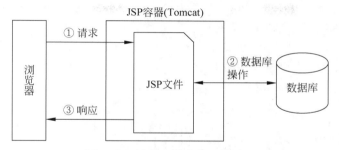

图 6-22 纯 JSP 模式的工作原理

HTML 代码混淆在一起,会给程序的维护和调试带来很多困难,而且难以理解完整的程序结构。

这就好比规划管理一个大型企业,如果将负责不同任务的所有员工都安排在一起工作,势必会造成公司秩序混乱、不易管理等诸多隐患。所以说,单纯的 JSP 页面编程模式是无法应用到大型、中型甚至小型的 JSP Web 应用程序开发中的。

之前的案例代码中,因为没有复杂的业务逻辑,所以采用的就是这种模式。

6.6.2 JSP Model1 模式

JSP Model1 采用 JSP+JavaBean 的技术,可将页面显示和业务逻辑分开。其中,JSP 实现流程控制和页面显示;JavaBean 对象封装数据和业务逻辑。

JavaBean 是一种可重用的 Java 组件,它可以被 Applet、Servlet、JSP 等 Java 应用程序调用。JavaBean 是特殊的 Java 类,并要求遵守以下 JavaBean API 规范:

(1) 它必须具有一个公共的、无参的构造方法,这个方法可以是编译器自动产生的默认构造方法。

(2) 它提供公共的 setter 方法和 getter 方法,让外部程序设置和获取 JavaBean 的属性。

【例 6-15】 创建 Blog(日志)的 JavaBean。

在项目 ch06_demo 中创建包 javabean,在 javabean 包中创建类文件,命名为 Blog.java。Blog.java 文件代码如文件 6-16 所示。

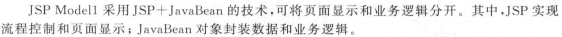

文件 6-16 Blog.java 文件代码

```java
1   package javabean;
2   public class Blog {
3   private String title;
4   private String content;
5   public String getTitle(){
6       return title;
7   }
8   public void setTitle(String title){
9       this.title = title;
10  }
11  public String getContent(){
12      return content;
13  }
14  public void setContent(String content){
15      this.content = content;
16  }
17  }
```

在文件 6-16 中,定义了一个 Blog 类,该类就是一个 JavaBean,它没有定义构造方法,Java 编译器在编译时,会自动为这个类提供一个默认的构造方法。Blog 类中定义了两个私有属性,并提供了公共的 setter 和 getter 方法供外界访问这个属性。

JSP Model1 模式的工作原理如图 6-23 所示。

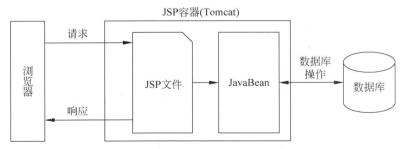

图 6-23　JSP Model1 模式的工作原理

从图 6-23 可以看出,JSP Model1 模式将封装数据和处理数据的业务逻辑交给了 JavaBean 组件,JSP 只负责接收用户请求和调用 JavaBean 组件来响应用户的请求。这种设计实现了数据、业务逻辑和页面显示的分离,在一定程度上实现了程序开发的模块化,降低了程序修改和维护的难度。

【例 6-16】　使用 JSP Model1 模式开发日志显示页面。

在 ch06_demo 项目的源代码 src 目录下创建 javaben 包和 dao 包,以及 Blog 类和 BlogDAO 类。项目结构示意如图 6-24 所示。

Blog 类的代码如文件 6-16 所示,BlogDAO 类的文件代码如文件 6-17 所示。

图 6-24　项目结构示意

文件 6-17　BlogDAO.java 类的文件代码

```
1   package dao;
2   import javabean.Blog;
3   public class BlogDAO {
4       public Blog getBlog() {
5           Blog b = new Blog();
6           b.setTitle("博客标题");
7           b.setContent("博客内容");
8           return b;
9       }
10  }
```

在 WebContent 目录下创建 showBlog.jsp 文件,代码如文件 6-18 所示。

文件 6-18　showBlog.jsp 文件代码

```
1   <%@ page import = "javabean.Blog" %>
2   <%@ page import = "dao.BlogDAO" %>
3   <%@ page language = "java" contentType = "text/html; charset = UTF-8"
4       pageEncoding = "UTF-8" %>
```

```
5   <!DOCTYPE html>
6   <html>
7   <head>
8   <meta charset = "UTF-8">
9   <title>Insert title here</title>
10  </head>
11  <body>
12  <%
13    BlogDAO dao = new BlogDAO();
14    Blog blog = dao.getBlog();
15  %>
16  <div>
17    <h1><% = blog.getTitle() %></h1>
18    <div><% = blog.getContent() %></div>
19  </div>
20  </body>
21  </html>
```

从文件 6-18 中的代码可以看到, showBlog. jsp 文件通过 BlogDAO 类(操作数据的 JavaBean)来获取 Blog 对象实例,然后调用 Blog 实例的 getter() 方法并获取日志标题和内容并显示。

例 6-16 的运行结果如图 6-25 所示。

图 6-25　例 6-16 的运行结果

视频讲解

6.6.3　JSP Model2 模式

JSP Model 2 模式采用 JSP+Servlet+JavaBean 的技术,此技术将原本 JSP 页面中的流程控制代码提取出来,封装到 Servlet 中,从而实现了整个程序页面显示、流程控制和业务逻辑的分离。JSP Model 2 模式的工作原理如图 6-26 所示。

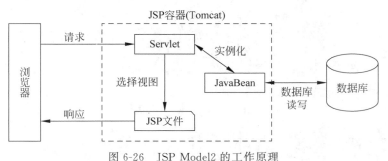

图 6-26　JSP Model2 的工作原理

实际上,JSP Model2 模式就是 MVC[模型(Model)-视图(View)-控制器(Controller)]设计模式。其中,控制器的角色由 Servlet 实现;视图的角色由 JSP 页面实现;模型的角色由 JavaBean 实现。

MVC 提供了一种按功能对软件进行模块划分的方法,它将软件程序分为 3 个核心模块: Model(模型)、View(视图)、Controller(控制器)。它们的作用如下所述。

(1) Model 负责管理应用程序的业务数据、定义访问控制以及修改这些数据的业务规则。当 Model 的状态发生改变时,它会通知 View 发生改变,并为 View 提供查询 Model 状态的方法。

（2）View 负责与用户进行交互，它从 Model 中获取数据向用户展示，同时也能将用户请求传递给 Controller 进行处理。当 Model 的状态发生改变时，View 会对用户进行同步更新，从而保持与 Model 数据的一致性。

（3）Controller 是负责应用程序中处理用户交互的部分，它负责从 View 中读取数据，控制用户输入，并向 Model 发送数据。

【例 6-17】 使用 JSP Model2 模式开发日志显示页面。

在 ch06_demo 项目的源代码 src 目录下增加 controller 包及 ShowBlog.java 文件，在 WebContent 目录下新建 view 目录，并创建 blogview.jsp 文件。目录结构如图 6-27 所示。

ShowBlog.java 文件主要代码如文件 6-19 所示。

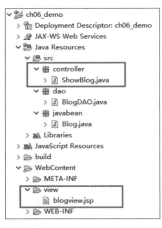

图 6-27　目录结构

文件 6-19　ShowBlog.java 文件主要代码

```
1   package controller;
2   import java.io.IOException;
3   import javax.servlet.ServletException;
4   import javax.servlet.annotation.WebServlet;
5   import javax.servlet.http.*;
6   import dao.BlogDAO;
7   import javabean.Blog;
8   @WebServlet("/ShowBlog")
9   public class ShowBlog extends HttpServlet {
10      protected void doGet(HttpServletRequest request, HttpServletResponse response) throws ServletException, IOException {
11          //TODO Auto-generated method stub
12          BlogDAO dao = new BlogDAO();
13          Blog blog = dao.getBlog();
14          request.setAttribute("blog", blog);
15          request.getRequestDispatcher("/view/blogview.jsp").forward(request, response);
16      }
17   }
```

blogview.jsp 文件代码如文件 6-20 所示。

文件 6-20　blogview.jsp 文件代码

```
1   <%@page import="javabean.Blog"%>
2   <%@ page language="java" contentType="text/html; charset=UTF-8"
3       pageEncoding="UTF-8"%>
4   <!DOCTYPE html>
5   <html>
6   <head>
7   <meta charset="UTF-8">
8   <title>Insert title here</title>
9   </head>
10  <body>
11  <%
12   Blog blog = (Blog)request.getAttribute("blog");
13  %>
```

```
14    <div>
15     <h1><%=blog.getTitle() %></h1>
16     <div><%=blog.getContent() %></div>
17    </div>
18   </body>
19  </html>
```

blogview.jsp 文件代码如文件 6-20 所示。

重新启动 Tomcat 服务器,在浏览器地址栏中输入 URL:http://localhost:8080/ch06_demo/ShowBlog,运行结果如图 6-28 所示。

图 6-28 例 6-17 的运行结果

图 6-28 和图 6-25 所示的运行效果一样,但是整个设计模式完全不同。浏览器向 Servlet(ShowBlog.java)发出请求;Servlet 实例化 JavaBean(BlogDAO.java)并获取用于显示的日志对象(Blog),然后将 Blog 对象存入 request 域对象,并调用 request.getRequestDispatcher("/view/blogview.jsp").forward(request,response)方法将请求转发到视图(blogview.jsp);在视图(blogview.jsp)中,通过 request 域对象取出 Servlet 存储的 Blog 域对象,并在适当的位置显示日志信息。整个过程完全按照 MVC 的工作原理运行。

6.7 本章小结

本章主要讲解了 JSP 的语法、JSP 指令、JSP 隐式对象、JSP 动作元素和 JSP 开发模式。通过本章的学习,读者可以了解 JSP 的概念和特点,熟悉 JSP 的运行原理,掌握 JSP 的基本语法,能够熟练掌握 JSP 常用指令及隐式对象的使用,并掌握常用动作元素的使用。实际开发中,JSP Model2 模式的开发方法用得最多,通过本章的学习,希望大家能熟练使用 JSP Modle2 模式进行 Java Web 的开发。JSP 本质就是 Servet,最终会编译成 Servlet 类。但 JSP 文件在形式上与 HTML 文件相似,可以直观表达页面的内容和布局。因此,在动态网页开发中,学会 JSP 开发相当重要,读者应该熟练掌握本章内容。

第 7 章　会话及会话技术

HTTP 是无状态的协议。也就是说，当用户访问 Web 应用时，服务器端无法区分该客户端是谁。为了实现某一个功能（如购物车），浏览器和服务器之间必须保存一些数据，这时用到的就是会话技术。在 Web 开发中，服务器跟踪用户信息的技术称为会话技术，简单地说就是帮助服务器端记住客户端状态和区分客户端。

通过本章的学习，您可以：
（1）了解会话的概念；
（2）了解 Cookie 和 Session 的概念；
（3）熟悉 Cookie 对象和 Session 对象的常用方法；
（4）掌握 Cookie 对象和 Session 对象的使用。

7.1　会话概述

会话是浏览器和服务器之间的多次请求和响应，从浏览器访问服务器开始，到访问服务器结束，浏览器关闭为止，这期间产生的多次请求和响应加在一起就称为浏览器和服务器之间的一次会话。就像打电话一样，从拨号、对方接听到挂断电话，两个人会进行多次的对话。

在一次会话中往往会产生一些数据，可以通过会话技术（Session 和 Cookie）来保存会话中产生的数据。Cookie 技术将数据存储在客户端本地，减少了服务器端的存储压力，但安全性相对较弱，客户端可以清除 Cookie；Session 技术将数据存储在服务器端，安全性较高。

Session 和 Cookie 的主要区别如下所述。
（1）Session 数据保存在服务器端；Cookie 数据保存在客户端。
（2）Session 可以保存任何对象；Cookie 只能保存字符串对象。
（3）Session 较安全；Cookie 不安全，且不能存储敏感数据，需对保存的数据进行加密处理。
（4）Session 默认过期时间为 30min；Cookie 默认过期时间为在关闭浏览器后。
（5）Session 适合保存客户状态；Cookie 适合保存持久化的数据状态。

7.2　Cookie 对象

7.2.1　Cookie 概述

Cookie 是在客户端浏览器存储数据的会话技术。浏览器根据用户访问的服务器所作出的响应，可以在用户本地保存一小段文本信息，用来记录与用户相关的信息。当用户下次再次登录此网站时，浏览器根据用户输入的网址，在本地寻找是否存在与该网址匹配的 Cookie，如果有，就将请求和该 Cookie 一起发送给服务器做处理。

浏览器和服务器之间传递 Cookie 的过程如图 7-1 所示。

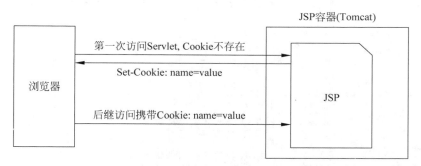

图 7-1　浏览器和服务器之间传递 Cookie 的过程

当用户第一次访问服务器时,服务器端检测到访问请求中并未携带 Cookie 信息,就会通过 HTTP 响应头向客户端发送一个 Cookie,以便浏览器下一次访问服务器时能够识别客户端。服务器端通过增加 Set-Cookie 头字段来给客户端发送 Cookie,头字段格式如下:

```
Set-Cookie:JSESSIONID = 7DCF398AACD21762838311E4FAC37184; Path = /ch06_demo;
```

其中,JSESSIONID 表示 Cookie 的名称;7DCF398AACD21762838311E4FAC37184 是 Cookie 的值;Path 表示 Cookie 的路径属性。

注意:Cookie 必须以键值对的形式存在,其属性可以有多个,但这些属性之间必须用分号和空格分隔。

当用户后继访问服务器时,浏览器会将服务器存储在本地的 Cookie 通过请求头发送给服务器。请求头的字段格式如下:

```
Cookie: JSESSIONID = 7DCF398AACD21762838311E4FAC37184
```

如果有多个 Cookie,每个键值对之间就用分号隔开。

说明:服务器端不是在浏览器第一次访问服务器时才向客户端发送 Cookie,而是每一次响应都可以向客户端发送 Cookie。

7.2.2　Cookie API

为了封装 Cookie 信息,在 Servlet API 中提供了一个 javax.servlet.http.Cookie 类,该类包含了生成 Cookie 信息和提取 Cookie 信息各个属性的方法。

Cookie 类的常用方法及功能如表 7-1 所示。

表 7-1　Cookie 类的常用方法及功能

方　　法	功　　能
public Cookie(String name,String value)	Cookie 构造方法
public void setDomain(String pattern)	设置 Cookie 的域名
public String getDomain()	获取 Cookie 的域名
public void setMaxAge(int expiry)	设置 Cookie 有效期,以秒为单位,默认有效期为当前 Session 的存活时间
public int getMaxAge()	获取 Cookie 有效期,以秒为单位,默认为-1,表明 Cookie 会保留到浏览器关闭为止
public String getName()	返回 Cookie 的名称,名称创建后将不能被修改

续表

方法	功能
public void setValue(String newValue)	设置 Cookie 的值
public String getValue()	获取 Cookie 的值
public void setPath(String uri)	设置 Cookie 的路径,默认为当前页面目录下的所有 URL,还有此目录下的所有子目录
public String getPath()	获取 Cookie 的路径
public void setSecure(boolean flag)	指明 Cookie 是否要加密传输
public void setComment(String purpose)	设置注释描述 Cookie 的目的。当浏览器将 Cookie 展现给用户时,注释将会变得非常有用
public String getComment()	返回描述 Cookie 目的的注释,若没有,则返回 null

1. 创建 Cookie

通过 Cookie 类的构造方法可以创建一个 Cookie,构造方法如下:

```
public Cookie(String name, String value)
```

在 Cookie 的构造方法中有 name 和 value 两个字符串类型参数。其中,参数 name 用于指定 Cookie 的名称;参数 value 用于指定 Cookie 的值。

注意:Cookie 一旦创建,它的名称就不能更改,Cookie 的值可以为任何值,创建后允许被修改。

【例 7-1】 创建 Cookie 和发送 Cookie 到客户端。

创建 JSP 文件,命名为 cookie1.jsp,在该文件中创建 Cookie 和发送 Cookie 到客户端,cookie1.jsp 文件代码如文件 7-1 所示。

文件 7-1　cookie1.jsp 文件代码

```jsp
1   <%@ page language="java" contentType="text/html; charset=UTF-8"
2    pageEncoding="UTF-8"%>
3   <!DOCTYPE html>
4   <html>
5   <head>
6   <meta charset="UTF-8">
7   <title>创建 Cookie</title>
8   </head>
9   <body>
10  <%
11      Cookie cookie = new Cookie("title", "The_Chinese_Dream");
12      response.addCookie(cookie);
13      out.print("Cookie已经写入客户端,请在客户端查看!");
14  %>
15  </body>
16  </html>
```

从文件 7-1 中的代码可以看出,通过 response.addCookie() 方法可以将 Cookie 对象发送到客户端。打开 Chrome 浏览器,按 F12 键打开开发者模式。在地址栏中输入文件 7-1 的 URL,运行结果如图 7-2 所示。

单击图 7-2 中①处 Application 选项卡和②处 Cookies 项目下的网站,可以看到③处的 Cookie 键值对,Cookie 的名称为 title,值为 The_Chinese_Dream。

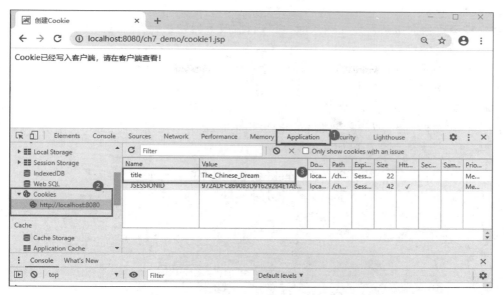

图 7-2 例 7-1 的运行结果

注意：Cookie 的 Value 值中不可以包含中文、空格和以下一些字符"[ ]（ ）＝，"／？@ ：；"，如果一定要包含这些符号，可以使用 URLEncoder.encode()方法进行编码后再发送到客户端，在服务器端获取到这类 Cookie 值时再使用 URLDecoder.decode()方法进行解码。

【例 7-2】 使用中文 Cookie 值。

创建 JSP 文件，命名为 cookie2.jsp，在该文件中创建 Cookie 并设置其值为中文。使用 URLEncoder.encode()方法时，需要导入包 java.net.URLEncoder。cookie2.jsp 文件代码如文件 7-2 所示。

文件 7-2 cookie2.jsp 文件代码

```
1   <%@ page import="java.net.URLEncoder" %>
2   <%@ page language="java" contentType="text/html; charset=UTF-8"
3     pageEncoding="UTF-8" %>
4   <!DOCTYPE html>
5   <html>
6   <head>
7   <meta charset="UTF-8">
8   <title>创建Cookie</title>
9   </head>
10  <body>
11    <%
12        String str = URLEncoder.encode("中国梦");
13        Cookie cookie = new Cookie("title1",str);
14        response.addCookie(cookie);
15        out.print("Cookie已经写入客户端,请在客户端查看!");
16    %>
17  </body>
18  </html>
```

从文件 7-2 中的代码可以看出，第 1 行使用 page 指令的 import 属性导入需要的包；第 12 行对中文字符进行编码；第 13 行创建 Cookie 时，设置 Cookie 的值为编码后的字符串 str。

2. 读取 Cookie

客户端浏览器向服务器发送请求时，会将当前服务器发送到客户端的 Cookie 通过 HTTP 头字段发送给服务器。

服务器端通过 request.getCookies() 方法来获取客户端发送的所有 Cookie，该方法返回的是 Cookie 数组。

【例 7-3】 读取 Cookie 并显示。

创建 JSP 文件，命名为 cookie3.jsp，读取当前请求头中的所有 Cookie 并显示 Cookie 的值。cookie3.jsp 文件主要代码如文件 7-3 所示。

文件 7-3　cookie3.jsp 文件主要代码

```
1   <head>
2   <meta charset="UTF-8">
3   <title>读取Cookie</title>
4   </head>
5   <body>
6   <%
7       Cookie[] cookies = request.getCookies();
8       for(int i=0;i<cookies.length;i++){
9   %>
10      <%=cookies[i].getName()%>:<%=cookies[i].getValue()%><br>
11  <%
12      }
13  %>
14  </body>
```

说明：文件 7-3 中的第 7 行读取所有 Cookie 值并存放到 Cookie 数组的 Cookies 中；第 8～13 行通过 for 语句遍历数组 Cookies 的所有元素；第 10 行使用 Cookies 对象的 getName() 方法和 getValue() 方法读取 Cookie 的名称和值。读取 Cookie 的运行结果如图 7-3 所示。

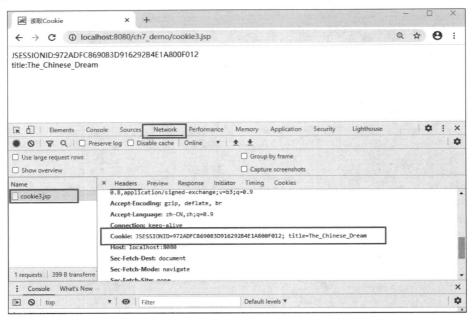

图 7-3　例 7-3 的运行结果

从图 7-3 所示的运行结果可以看出,客户端浏览器通过 HTTP 请求头将多个 Cookie 发送给服务器,且每个 Cookie 键值对之间用分号分隔。

从文件 7-3 的代码中可以看出,request.getCookies()方法返回的 Cookie 数组需要通过循环进行逐个处理,如果需要读取指定名称的 Cookie,就要进行条件判断。

【例 7-4】 读取指定名称为 title 的 Cookie 值。

创建 JSP 文件,命名为 cookie4.jsp,读取当前请求头中的所有 Cookie,通过对 Cookie 数组遍历找到名称为 title 的 Cookie,读取其值并输出 cookie4.jsp 文件主要代码,如文件 7-4 所示。

文件 7-4　cookie4.jsp 文件主要代码

```
1   <%
2       Cookie[] cookies = request.getCookies();
3       for(int i = 0;i < cookies.length;i++){
4           if("title".equals(cookies[i].getName())){
5               out.print(cookies[i].getName() + ":" + cookies[i].getValue());
6           }
7       }
8   %>
```

说明:文件 7-4 的第 4 行,比较 Cookie 的名称是否与 title 匹配,如果匹配,就表示找到指定的 Cookie,输出其名称和值。读取指定 Cookie 的运行结果如图 7-4 所示。

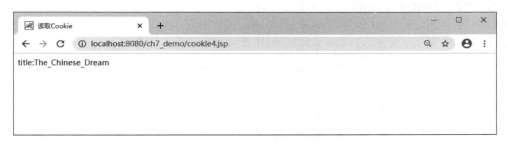

图 7-4　读取指定 Cookie 的运行结果

【例 7-5】 读取中文 Cookie 的值。

创建 JSP 文件,命名为 cookie5.jsp,读取当前请求头中的所有 Cookie,通过对 Cookie 数组遍历找到名称为 title1 的 Cookie,读取其值并使用 URLDecoder.decode 进行解码,需要导入包 "java.net.URLDecoder"。cookie5.jsp 文件主要代码如文件 7-5 所示。

文件 7-5　cookie5.jsp 文件的主要代码

```
1   <%
2       Cookie[] cookies = request.getCookies();
3       for(int i = 0;i < cookies.length;i++){
4           if("title1".equals(cookies[i].getName())){
5               String v = URLDecoder.decode(cookies[i].getValue());
6               out.print(cookies[i].getName() + ":" + v);
7           }
8       }
9   %>
```

读取中文 Cookie 值的运行结果如图 7-5 所示。

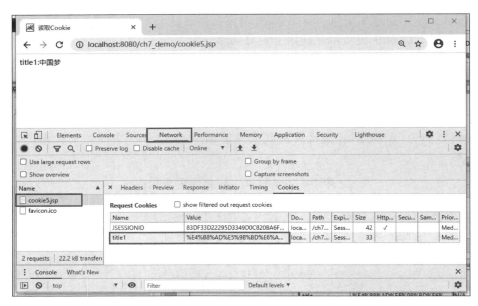

图 7-5 例 7-5 的运行结果

3. 删除 Cookie

要删除客户端的 Cookie，需要创建一个值为空的同名的 Cookie 并发送到响应端，同时使用 setMaxAge() 方法将 Cookie 的有效期设置为 0。

【例 7-6】 删除名为 title 的 Cookie。

创建 JSP 文件，命名为 cookie6.jsp。cookie6.jsp 文件的主要代码如文件 7-6 所示。

文件 7-6 cookie6.jsp 文件的主要代码

```
1   <%
2       Cookie cookie = new Cookie("title","");
3       cookie.setMaxAge(0);
4       response.addCookie(cookie);
5       out.print("Cookie已删除!");
6   %>
```

删除 Cookie 的运行结果如图 7-6 所示。

在图 7-6 所示中的 Application 选项卡中可以看到，原先存储在客户端的 Cookie 已被删除。

4. Cookie 的有效期

Cookie 的有效期是通过 setMaxAge() 方法来设置的，其参数是一个整数，含义如下：

（1）如果参数为正数，浏览器会把 Cookie 写到硬盘中，无论是否关闭浏览器或计算机，只要还在有效期内，访问网站时该 Cookie 就有效。

（2）如果参数为负数，Cookie 是临时性的，仅在本浏览器内有效，在关闭浏览器后，Cookie 就失效了，Cookie 不会写到硬盘中。Cookie 的默认值就是 −1。

（3）如果参数为 0，则表示删除该 Cookie。Cookie 机制没有提供删除 Cookie 对应的方法，只要把 MaxAge 设置为 0，就等同于删除 Cookie。

5. Cookie 的域名和路径

Cookie 的隐私安全机制决定 Cookie 是不可跨域名的。比如 www.baidu.com 和 www.google.com 之间的 Cookie 是互不交换的。即使是一级域名相同，不同的二级域名也不能交换，比如

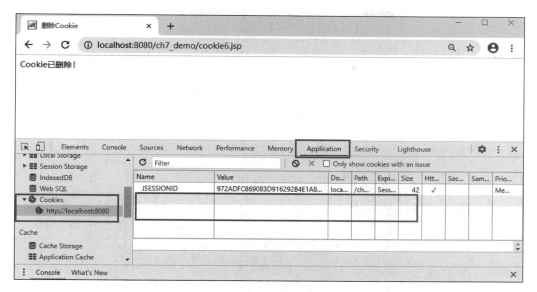

图 7-6 例 7-6 的运行结果

www.google.com 和 www.image.google.com 的 Cookie 也不能互相访问。

Cookie 还有一个 path 属性表示 Cookie 的路径,可以通过 setPath()方法来设置。如果不设置 Cookie 的 path,Cookie 的路径就是请求的路径。子路径可以访问父路径下的 Cookie,但父路径不可以访问子路径下的 Cookie。

7.3 Session 对 象

7.3.1 Session 概述

Cookie 是在客户端浏览器存储数据的会话技术,而 Session 是将会话数据存储在服务器端的技术。Cookie 存储的数据只能是字符串,而 Session 在服务器端可以存储任何类型的数据。

Session 是服务器端技术,利用这个技术,服务器在运行时可以为每一个用户的浏览器创建一个其独享的 Session 对象。由于 Session 为用户浏览器独享,所以用户在访问服务器的 Web 资源时,可以把各自的数据放在各自的 Session 中,当用户再去访问服务器中的其他 Web 资源时,其他 Web 资源再从服务器存储的用户 Session 中获取数据并为用户服务。

客户端在第一次请求服务器时,服务器端会创建一个 Session 对象,用于存储客户端信息,每一个 Session 对象都有唯一的 SessionID,以区别于其他客户端,同时服务器端还会创建一个 Cookie,并且该 Cookie 中有一对键值对 name=JSESSIONID,value=SessionID。然后在响应客户端的请求时将该 Cookie 发送给客户端,至此客户端就有了与服务器端一一对应的值,即 SessionID 与 JSESSIONID。

客户端在第二次请求服务器时,服务器端会从客户端请求信息的 Cookie 中获取 JSESSIONID,并与服务器端的 Session 的 SessionID 进行匹配,如果匹配成功,就说明该客户端不是第一次访问,然后可以继续跟踪用户会话数据。通过 Session 技术可以实现用户的自动登录、购物车等功能。

在 JSP 页面中可以直接通过隐式对象 session 来使用 Session 对象,在 Servlet 中可以通过 request.getSession()方法获取 Session 对象。在下面的案例中均以 JSP 文件为例进行讲解。

在第一次运行 JSP 文件时,JSP 容器会创建一个 Session 对象,即 JSP 的隐式对象 session。并将该 Session 对象的 ID 封装到一个 Cookie 对象中,设置 Cookie 名称为 JSESSIONID,Cookie 的值为 Session 对象的 ID,然后将该 Cookie 发送到客户端浏览器进行保存。

【例 7-7】 JSP 中的 Session 对象与客户端 JSESSIONID 的关系。

创建 JSP 文件,命名为 session1.jsp,通过 Session 对象的 getId()方法读取隐式对象 session 的 ID 并输出。session1.jsp 文件代码如文件 7-7 所示。

文件 7-7　session1.jsp 文件代码

```
1  <%@ page language="java" contentType="text/html; charset=UTF-8"
2    pageEncoding="UTF-8"%>
3  <!DOCTYPE html>
4  <html>
5    <head>
6      <meta charset="UTF-8">
7      <title>session</title>
8    </head>
9    <body>
10     sessionid:<%=session.getId()%>
11   </body>
12 </html>
```

读取 JSP 中的 Session 对象的 ID 的运行结果如图 7-7 所示。

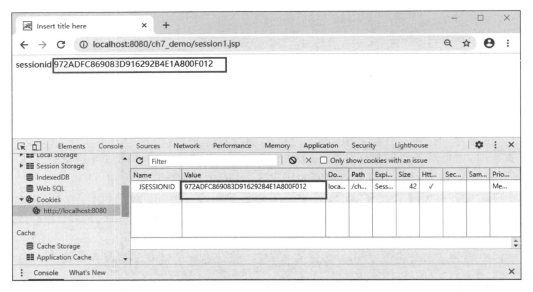

图 7-7　读取 JSP 中 Session 对象的 ID 的运行结果

从图 7-7 所示的运行结果可以看出,客户端中名称为 JSESSIONID 的 Cookie 值与服务器端通过 session.getId()方法获取到的 Sessionid 值一致。

通过以上机制,服务器端可以唯一区分每一个客户端,并为每一个客户端创建一个对应的

Session 对象,这个 Session 对象就是 JSP 页面中的隐式对象 Session。Session 对象本身是个域对象,这样就可以在域对象中存储会话数据。

7.3.2 Session API

JSP 中的隐式对象 Session 的类型是 javax.servlet.http.HttpSession。HttpSession 类的常用方法及功能如表 7-2 所示。

表 7-2 HttpSession 类的常用方法及功能

方法	功能
public String getId()	返回 Session 对象的 ID
public long getCreationTime()	返回 Session 对象被创建的时间,以毫秒为单位,从 1970 年 1 月 1 日凌晨开始算起
public long getLastAccessedTime()	返回客户端最后访问的时间,以毫秒为单位,从 1970 年 1 月 1 日凌晨开始算起
public int getMaxInactiveInterval()	返回最大时间间隔,以秒为单位,Servlet 容器将会在这段时间内保持会话打开
public void setMaxInactiveInterval(int interval)	用来指定时间,以秒为单位,Servlet 容器将会在这段时间内保持会话有效
public void invalidate()	将 Session 无效化,解绑任何与该 Session 绑定的对象
public boolean isNew()	返回是否为一个新的客户端,或者客户端是否拒绝加入 Session
public void setAttribute(String name, Object value)	使用指定的名称和值来产生一个对象并绑定到 Session 中
public Object getAttribute(String name)	返回 Session 对象中与指定名称绑定的对象,若不存在,则返回 null
public Enumeration getAttributeNames()	返回 Session 对象中所有的对象名称
public void removeAttribute(String name)	移除 Session 中指定名称的对象

1. 保存 Session 会话数据

JSP 页面中可以通过 Session 对象的 setAttribute() 方法将会话数据保存到 Session 对象的域中。

【例 7-8】 保存 Session 会话数据。

创建 JSP 文件,命名为 session2.jsp。session2.jsp 文件主要代码如文件 7-8 所示。

文件 7-8 session2.jsp 文件主要代码

```
1   <body>
2       <%
3           session.setAttribute("name", "中国");
4           session.setAttribute("age", 71);
5           out.print("session 会话数据已存储!");
6       %>
7   </body>
```

保存会话数据的运行结果如图 7-8 所示。

从文件 7-8 中的代码可以看出,Session 对象的域中可以保存多种数据类型。

2. 获取 Session 会话数据

JSP 页面中可以通过 Session 对象的 getAttribute() 方法来获取会话数据。

图 7-8　例 7-8 的运行结果

【例 7-9】　获取 Session 会话数据。

创建 JSP 文件，命名为 session3.jsp。session3.jsp 文件主要代码如文件 7-9 所示。

文件 7-9　session3.jsp 文件主要代码

```
1    <body>
2      <%
3        String name = (String)session.getAttribute("name");
4        Integer age = (Integer)session.getAttribute("age");
5      %>
6      name:<%= name %><br>
7      age:<%= age %>
8    </body>
```

获取会话数据的运行结果如图 7-9 所示。

图 7-9　例 7-9 的运行结果

从文件 7-9 中的代码可以看出，通过 getAttribute()方法获取的会话数据是 Object 类型，需要强制转换为对应的类型。

3. 删除 Session 会话数据

JSP 页面中可以通过 Session 对象的 removeAttribute()方法来删除会话数据。

【例 7-10】　删除 Session 会话数据。

创建 JSP 文件，命名为 session4.jsp。session4.jsp 文件主要代码如文件 7-10 所示。

文件 7-10　session4.jsp 文件的主要代码

```
1    <body>
2      <%
3        session.removeAttribute("name");
4        session.removeAttribute("age");
5      %>
6    </body>
```

如果需要删除 Session 对象域中所有的会话数据，也可以调用 invalidate()方法将所有 Session 对象的数据清除。当 Tomcat 服务器会话超时（默认 30min），服务器端也会清除所有 Session 对象的会话数据。

7.4　本 章 小 结

　　本章主要讲解了会话及会话技术,包括 Cookie 和 Session。Cookie 是客户端的会话技术,其优点在于服务器承担的压力较小,缺点是安全性比较低,而且只能存储字符串;Session 是服务器端的会话技术,其优点是安全性比较高,并且 Session 可以存储任何类型的数据,缺点是运用 Session 的技术,服务器会承担更大的压力。通过本章的学习,读者可以了解会话的概念和特点,了解 Cookie 和 Session 的区别和联系,熟悉会话数据保存和获取的原理,能够熟练掌握 Cookie 对象和 Session 对象的使用。

第 8 章　　EL 和 JSTL

在 MVC 设计模式下,JSP 文件只负责显示,不处理业务逻辑,通常要求 JSP 文件的结构简单且易维护,尽量不要有 Java 代码。但是,在 JSP 文件中为了显示数据,通常要获取 servlet 作用域对象中的数据以及进行程序结构控制,这都会增加 JSP 页面的复杂度,导致 JSP 页面混乱难以维护。为了解决以上问题,JSP 规范提供了 EL 和 JSTL 标签库来简化 JSP 页面的编写,使 JSP 页面变得简洁易维护,尽量消除 Java 代码的编写。

通过本章的学习,您可以:

(1) 了解 EL 和 JSTL 的概念;
(2) 熟悉 EL 表达式语法;
(3) 掌握 EL 表达式和 JSTL 标签库的使用。

8.1　EL

8.1.1　EL 概述

为了简化 JSP 页面中的表达式输出,从 JSP 2.0 规范开始,提供了 EL(Expression Language,表达式语言)。EL 的语法格式如下:

```
${表达式}
```

EL 以"${"开始,以"}"结束,其中表达式的书写必须符合 EL 的语法规范要求。下面以一个实际案例来演示 EL 的用法。

【例 8-1】　EL 的使用。

创建一个名称为 ch08_demo 的 Dynamic Web Project,在源代码 src 目录下创建包 servlet,在 servlet 包中创建名称为 QAServlet.java 的 Servlet 类,通过注解@WebServlet("/qa")设置虚拟路径。QAServlet.java 文件主要代码如文件 8-1 所示。

文件 8-1　QAServlet.java 文件主要代码

```
1    protected void doGet(HttpServletRequest request, HttpServletResponse response) throws
     ServletException, IOException{
2        String title = "学习日志";
3        String content = "大学生手册的学习。";
4        request.setAttribute("title", title);
5        request.setAttribute("content", content);
6        request.getRequestDispatcher("qa.jsp").forward(request, response);
7    }
```

在 WebContent 目录下创建一个名称为 qa.jsp 的 JSP 文件。qa.jsp 文件主要代码如文件 8-2 所示。

文件 8-2　qa.jsp 文件主要代码

```
1    <body>
2    标题:<%=request.getAttribute("title")%><br>
3    内容:<%=request.getAttribute("content")%>
4    </body>
```

运行 Tomcat 服务器,在浏览器地址栏中输入 http://localhost:8080/ch08_demo/qa,运行结果如图 8-1 所示。

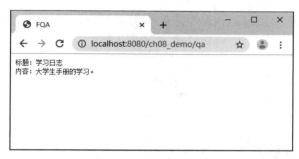

图 8-1　例 8-1 的运行结果

文件 8-1 和文件 8-2 采用了典型的 MVC 设计模式。其中,文件 8-1 将标题和内容存入 request 作用域对象中;文件 8-2 从 request 作用域对象中取出标题和内容并显示,其是通过 request.getAttribute()方法来获取作用域对象的值,如果需要获取的值较多,这种写法略显烦琐。如果使用 EL 表达式来获取作用域对象中的属性,就会简洁很多,可对文件 8-3 代码做如下修改。修改后的 qa.jsp 文件如文件 8-3 所示。

文件 8-3　修改后的 qa.jsp 文件主要代码

```
1    <body>
2    标题:${title}<br>
3    内容:${content}
4    </body>
```

上述代码中 ${title} 的意思是取出某一作用域对象中名称为 title 的属性值,因为我们并没有指定具体作用域对象,所以它会默认先从 page 作用域对象中查找,如果找不到,再依次从 request、session、application 作用域对象中查找。如果途中找到 title 属性,就直接回传,不再继续找下去,但是如果全部的作用域对象都没有找到,就回传 null,当然 EL 还会作出优化,页面上显示为空白,而不是打印输出 null。可见,使用 EL 会使取值显示操作变得简捷而高效。

8.1.2　EL 中的变量

EL 中的变量并不是 Java 语法中局部或全局变量的概念,而是作用域对象中存储的属性名称的映射,通过在"${}"中输入变量名来直接取得作用域对象中与其对应的属性值,但是变量名在输入时,也要符合以下标识符的命名规范。

（1）变量名可以由大写字母、小写字母、数字和下画线组成;

（2）不能以数字开头;

(3) 不能与 EL 保留字冲突；

(4) 不能与 EL 隐式对象名称冲突。

EL 中的保留字有：and、or、not、eq、ne、lt、qt、le、ge、true、false、null、instance、empty、div、mod。

注意：EL 中的变量命名必须符合标识符规范，否则会发生编译错误。

8.1.3 EL 中的常量

EL 中可以使用字面量来表示固定的数值。

1. 布尔常量

布尔常量只有 true 和 false 两个，用来表示只用两种状态的值。

2. 整型常量

EL 中用十进制数来表示整型数，其范围在 −9223372036854775808 ～ 9223372036854775807，最小数可以表示为 Long.MIN_VALUE，最大数可以表示为 Long.MAX_VALUE。

3. 浮点数常量

EL 中可以用带小数的十进制数表示浮点数，如 3.14，也可以表示为指数形式，如 1.2E4。最小数可表示为 Double.MIN_VALUE(4.9E-324)，最大数可以表示为 Double.MAX_VALUE(1.7976931348623157E308)。

4. 字符串常量

EL 中的字符串常量是用单引号(')或双引号(")括起来的一段字符。字符串中如果出现单引号(')、双引号(")、反斜杠(\)时，就需要进行转义。

注意：字符串使用双引号括起来时，中间的单引号不需要转义；如果字符串使用单引号括起来时，中间的双引号也不需要转义，如"a'b"表示的值是 a'b。

5. Null 常量

Null 常量用于表示变量引用的对象为空，它只有一个值，用 null 表示。

8.1.4 EL 运算符

EL 支持简单的运算符，根据运算方式的不同，可以分为以下 7 种。

1. 算术运算符

EL 中支持加(+)、减(−)、乘(*)、除(/)、取余(%)运算符。其中，除法运算符也可以表示为"div"，但前后须加空格，如 ${6 div 3}$ 输出 2.0。取余运算符也可以表示为"mod"，但需要注意前后加空格，如 ${7 mod 4}$ 输出 3。

2. 比较运算符

EL 中支持使用比较运算符来比较两个操作数的大小，运算结果为布尔型。EL 中的比较运算符的说明、案例及其运算结果如表 8-1 所示。

表 8-1 EL 中比较运算符的说明、案例及其运算结果

比较运算符	说 明	案 例	运 算 结 果
==(或 eq)	等于	${1==2}或${1 eq 2}	false
!=(或 ne)	不等于	${1!=2}或${1 ne 2}	true
<(或 lt)	小于	${1<2}或${1 lt 2}	true
<=(或 le)	小于或等于	${1<=2}或${1 le 2}	true
>(或 gt)	大于	${1>2}或${1 gt 2}	false
>=(或 ge)	大于或等于	${1>=2}或${1 ge 2}	false

3. 逻辑运算符

EL 中支持使用逻辑运算符来对布尔表达式进行计算，计算结果为布尔型。EL 中的逻辑运算符的说明、案例及其运算结果如表 8-2 所示。

表 8-2 EL 中的逻辑运算符的说明、案例及其运算结果

逻辑运算符	说　　明	案　　例	运 算 结 果
&&（或 and）	逻辑与	${true&&false}或${true and false}	false
||（或 or）	逻辑或	${true\|\|false}或${true or false}	true
!（或 not）	逻辑非	${!true}或${not true}	false

4. empty 运算符

EL 中支持使用 empty 运算符来判断变量是否为空，计算结果为布尔型。语法格式如下：

```
${ empty var}
```

如果变量 var 没有定义或者值为 null，计算结果为 true，否则为 false；如果变量 var 是集合类型，并且集合中不含任何元素，计算结果为 true，否则为 false。

5. 条件运算符

EL 中支持使用条件运算符(?:)进行计算，语法格式如下：

```
${T?A:B}
```

其中，T 为布尔表达式，如果 T 为 true，那么计算结果为 A 的值，否则计算结果为 B 的值。如 EL 表达式 ${(1>2)?1:2} 的运算结果为 2。

6. 点运算符

EL 中支持使用点运算符(.)来访问对象的属性，语法格式如下：

```
${A.B}
```

其中，A 是对象名称；B 是属性名称。如 EL 表达式 ${blog.title} 表示访问作用域对象中 blog 对象的 title 属性。

7. 方括号运算符

EL 中支持使用方括号运算符([ ])来访问对象的属性或集合元素，语法格式如下：

```
${A[B]}
```

其中，A 是对象名称或集合名称；B 为属性名称或对象索引值。

在访问对象属性时，大多数情况下方括号运算符和点运算符可以替换使用，如 ${blog.title} 也可以写成 ${blog[title]}。但当属性名中包含特殊字符时，如 "-"，就只能使用方括号运算符。

当访问集合元素时，可以通过指定下标来访问。如 ${list[0].title} 可以访问 list 集合中第一个元素的 title 属性。

8.1.5 EL 隐式对象

JSP 有 9 个隐式对象，而 EL 中有 11 个隐式对象，其中对象 pageContext 与 JSP 中的一致。EL 隐式对象的类型及说明如表 8-3 所示。

表 8-3 EL 隐式对象的类型及说明

隐式对象	类型	说明
pageContext	javax.servlet.jsp.PageContext	表示此 JSP 的 PageContext
pageScope	java.util.Map	取得 Page 范围的属性名称所对应的值
requestScope	java.util.Map	取得 Request 范围的属性名称所对应的值
sessionScope	java.util.Map	取得 Session 范围的属性名称所对应的值
applicationScope	java.util.Map	取得 Application 范围的属性名称所对应的值
param	java.util.Map	如同 ServletRequest.getParameter(String name)。回传 String 类型的值
paramValues	java.util.Map	如同 ServletRequest.getParameterValues(String name)。回传 String[]类型的值
header	java.util.Map	如同 ServletRequest.getHeader(String name)。回传 String 类型的值
headerValues	java.util.Map	如同 ServletRequest.getHeaders(String name)。回传 String[]类型的值
cookie	java.util.Map	如同 HttpServletRequest.getCookies()
initParam	java.util.Map	如同 ServletContext.getInitParameter(String name)。回传 String 类型的值

1. pageContext 隐式对象

我们可以使用 pageContext 来获取其有关用户请求或页面的详细信息。常用 pageContext 表达式及说明如表 8-4 所示。

表 8-4 pageContext 表达式及说明

表达式	说明
${pageContext.request.queryString}	取得请求的参数字符串
${pageContext.request.requestURL}	取得请求的 URL,但不包括请求之参数字符串,即 Servlet 的 HTTP 地址
${pageContext.request.contextPath}	获取上下文路径
${pageContext.request.method}	获取 HTTP 的方法(GET、POST)
${pageContext.request.protocol}	获取使用的协议(HTTP/1.1、HTTP/1.0)
${pageContext.request.remoteUser}	获取用户名称
${pageContext.request.remoteAddr}	获取用户的 IP 地址
${pageContext.session.new}	判断 Session 是否为新的,所谓新的 Session,表示刚由 Server 产生而 Client 尚未使用
${pageContext.session.id}	获取 Session 的 ID
${pageContext.servletContext.serverInfo}	获取主机端的服务信息

2. 作用域隐式对象

EL 中的 pageScope、requestScope、sessionScope 和 applicationScope 四个隐式对象分别用于访问 JSP 页面的 pageContext、request、session 和 application 四个作用域对象中的属性。例如,表达式 ${pageScope.userName} 返回 page 作用域中的属性 userName 的值,等效于<%= pageContext.getAttribute("userName")%>;表达式 ${sessionScope.userName} 返回 session 作用域中的属性 userName 的值,等效于<%= session.getAttribute("userName")%>。

在 EL 中也可以不使用这些隐式对象来指定查找域,而是直接引用这些作用域中的属性名称。例如,表达式${userName}就会在 pageContext、request、session 和 application 四个作用域内按顺序依次查找属性 userName,直到找到为止。

3. 请求参数隐式对象

EL 中的隐式对象 param 和 paramValues 用于获取客户端访问 JSP 页面时传递的请求参数的值,由于 HTTP 允许使用相同的请求参数名出现多次,即一个请求参数可能会有多个值,所以,EL 提供了 param 和 paramValues 这两个隐式对象来分别获取请求参数的某个值和所有值。

隐式对象 param 用于返回一个请求参数的某个值,如果同一个请求参数有多个值,则返回第一个参数的值。隐式对象 paramValues 用于返回一个请求参数的所有值,返回结果为由该参数的所有值组成的字符串数组,例如表达式${paramValues.habit[0]}用于返回数组中第一个元素的值。

4. 请求头隐式对象

EL 中的隐式对象 header 和 headerValues 用于获取客户端访问 JSP 页面时传递的请求头字段的值。由于 HTTP 允许一些请求头字段出现多次,即一个请求头字段可能会有多个值,所以,EL 提供两个隐式对象 header 和 headerValues 分别获取请求头字段的某个值和所有值。

隐式对象 header 返回一个请求头字段的某个值,如果同一个请求头字段有多个值,就返回第一个值,例如,使用表达式${header.referer}可以非常方便地获取 referer 请求头字段的值。隐式对象 headerValues 用于返回一个由请求头字段所有值组成的字符串数组。

5. cookie 隐式对象

EL 中的隐式对象 cookie 是 Map 类型,用于存储所有 Cookie 信息。该对象中元素的关键字为各个 Cookie 的名称,值为对应的 Cookie 对象。这些 Cookie 对象是通过调用 HttpServletRequest.getCookies()方法得到的。使用 EL 中的隐式对象 cookie 可以访问某个 Cookie 对象,如果多个 Cookie 共用一个名称,就返回 Cookie 对象数组中的第一个 Cookie 对象。例如,要访问一个名为 userName 的 Cookie 对象,可以使用表达式${cookie.userName}。

6. initParam 隐式对象

EL 中的隐式对象 initParam 是一个代表 Web 应用程序中的所有初始化参数的 Map 类型集合,每个初始化参数的值是 ServletContext.getInitParameter(String name)方法返回的字符串。Web 应用程序的初始化参数可以通过两种方式来配置,分别是在 server.xml 文件中配置和在 web.xml 文件中配置。

8.2 JSTL

8.2.1 JSTL 概述

在 JSP 诞生之初,JSP 提供了在 HTML 代码中嵌入 Java 代码的特性,这使得开发者可以利用 Java 语言的优势来完成许多复杂的业务逻辑。但是,开发者发现,在 HTML 代码中嵌入了过多的 Java 代码,前端程序员对于动辄上千行的 JSP 代码基本丧失了维护能力,非常不利于 JSP 的维护和扩展。基于上述问题,从 JSP1.1 规范后,JSP 增加了自定义标签库的支持,提供了 Java 脚本的复用性,提高了开发者的开发效率。

JSTL 的英文全称是 JavaServer Pages Standard Tag Library,中文全称是 JSP 标准标签库。JSTL 的目标是简化 JSP 页面的设计。对于页面设计人员来说,使用脚本语言操作动态数据是比较困难的,而采用标签和表达式语言则相对容易。JSTL 的使用为页面设计人员和程序开发人员的分工协作提供了便利。

根据 JSTL 标签所提供的功能,目前主要使用 5 个标签库,如表 8-5 所示。

表 8-5　JSP 标准标签库的 URI 和前缀

标 签 库	URI	前　　缀
Core（核心标签库）	http://java.sun.com/jsp/jstl/core	c
I18N（格式标签库）	http://java.sun.com/jsp/jstl/fmt	fmt
SQL	http://java.sun.com/jsp/jstl/sql	sql
XML	http://java.sun.com/jsp/jstl/xml	x
Functions	http://java.sun.com/jsp/jstl/functions	fn

Core 核心标签库是整个 JSTL 中最常用的标签库,主要由基本输入/输出、流程控制、迭代操作和 URL 操作四个部分组成,负责 Web 应用的常见工作,如循环、表达式赋值、基本输入/输出等。

I18N 是一个国际化、格式化的标签库,包含了用于格式化数据和日期的标签,如设置 JSP 页面的本地信息、设置 JSP 页面的时区、使日期按照本地格式显示等。

XML 标签库用于访问 XML 文件的工作,支持 JSP 对 XML 文档的处理。

数据库标签库包括了大部分访问数据库的逻辑操作,包括查询、更新、事务处理、设置数据源等,可以做访问数据库的工作。

函数标签库是用来读取已经定义的某个函数。

视频讲解

8.2.2　JSTL 的使用

1. 下载

JSTL 不像 EL 那样可以直接使用,而是需要安装 JAR 包。可以从 Apache 的官方网站下载 JSTL 的 Jar 包或进入"http://archive.apache.org/dist/jakarta/taglibs/standard/binaries/"网址下载 JSTL 的压缩包:jakarta-taglibs-standard-1.1.2.zip。

2. 安装

解压下载的 jakarta-taglibs-standard-1.1.2.zip 文件,并将 jakarta-taglibs-standard-1.1.2/lib/目录下的两个 jar 文件（standard.jar 和 jstl.jar）复制到 WebContent/WEB-INF/lib/目录下即可。JSTL 安装位置如图 8-2 所示。

图 8-2　JSTL 安装位置

3. 测试

【例 8-2】 测试 JSTL 标签。

在 WebContent 目录下创建 jstl.jsp 文件,代码如文件 8-4 所示。

文件 8-4　jstl.jsp 文件代码

```
1  <%@ page language="java" contentType="text/html; charset=UTF-8"
2      pageEncoding="UTF-8"%>
3  <%@ taglib prefix="c" uri="http://java.sun.com/jsp/jstl/core"%>
4  <!DOCTYPE html>
5  <html>
6      <head>
```

```
7          <meta charset="UTF-8">
8          <title>JSTL</title>
9       </head>
10      <body>
11          <c:out value="立德树人,知行合一"></c:out>
12      </body>
13  </html>
```

文件 8-4 中第 3 行代码通过 taglib 指令导入 Core 标签库,其中 prefix 属性指定标签库前缀,uri 属性指定标签库 URI;第 11 行代码通过<c:out>标签输出字符串,其效果等同于 JSP 表达式<%="立德树人,知行合一"%>。文件 8-4 的运行结果如图 8-3 所示。

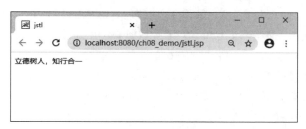

图 8-3　文件 8-4 的运行结果

8.2.3　Core 标签库

Core 标签库是使用最多的标签库,下面主要对 Core 标签库的使用进行介绍。Core 标签库中的标签及其描述如表 8-6 所示。

表 8-6　Core 标签库中的标签和描述

标　　签	描　　述
\<c:out\>	用于在 JSP 中显示数据,就像<%= ... >
\<c:set\>	用于保存数据
\<c:remove\>	用于删除数据
\<c:catch\>	用来处理产生错误的异常状况,并且将错误信息存储起来
\<c:if\>	与我们在一般程序中用的 if 一样
\<c:choose\>	本身只当作<c:when>和<c:otherwise>的父标签
\<c:when\>	<c:choose>的子标签,用来判断条件是否成立
\<c:otherwise\>	<c:choose>的子标签,接在<c:when>标签后,当<c:when>标签判断为 false 时被执行
\<c:import\>	检索一个绝对或相对 URL,然后将其内容暴露给页面
\<c:forEach\>	基础迭代标签,接受多种集合类型
\<c:forTokens\>	根据指定的分隔符来分隔内容并迭代输出
\<c:param\>	用来给包含或重定向的页面传递参数
\<c:redirect\>	重定向至一个新的 URL
\<c:url\>	使用可选的查询参数来创造一个 URL

下面主要对使用较多的<c:out>、<c:set>、<c:if>、<c:choose>、<c:when>、<c:otherwise>和<c:forEach>标签进行介绍。

1. <c:out>标签

<c:out>标签的作用与 JSP 表达式(<%= %>)相似,用来显示一个表达式的结果,但是与

JSP 表达式不同的是，<c:out>标签可以直接通过"."操作符来访问对象属性。如访问 blog 对象的 title 属性时，JSP 表达式表示为<%=blog.getTitle()%>，而使用<c:out>标签可表示为<c:out value="${blog.title}">。<c:out>标签的语法格式如下：

语法格式 1：

```
<c:out value="表达式" [default="默认值"] [escapeXml="<true|false>"]/>
```

语法格式 2：

```
<c:out value="表达式" [escapeXml="<true|false>"]>["默认值"]</c:out>
```

其中，value 属性指定要输出的内容；"表达式"可以是字符串常量，也可以是 EL；default 属性可省略，用于指定默认值，当"表达式"的值为 null 时，输出"默认值"；escapeXml 属性可省略，默认值为 true，用于设定是否转换特殊字符（如 &lt、&gt 等一些转义字符）。

提示：JSTL 的使用是和 EL 分不开的，EL 虽然可以直接将结果返回给页面，但有时得到的结果为空，<c:out>有特定的结果处理功能，EL 的单独使用会降低程序的易读性，建议把 EL 的结果放入<c:out>标签中输出。

2. <c:set>标签

<c:set>标签的作用与 JSP 动作元素<jsp:setProperty>功能相似，用于设置变量值和对象属性。

<c:set>标签的语法格式如下：

```
1    <c:set
2        var = "<string>"
3        value = "<string>"
4        target = "<string>"
5        property = "<string>"
6        scope = "<page|request|session|application>"/>
```

使用场景 1：设置主要域对象中的名称值对，使用语法如下：

```
<c:set value="值" var="名称" [scope="page|request|session|application"]>
```

其中，scope 不指定时默认为 page，如将名称为 username、值为 tom 的键值对存储在 session 作用域对象中可以表示为<c:set vlaue="tom" var="username" scope="session"/>。

注意：如果 value 为 null，则 var 指定的属性将被删除。

使用场景 2：设置 JavaBean 对象属性或 Map 对象的元素，使用语法如下：

```
1    <c:set target="${对象名}" property="属性名" value="表达式"/>
```

如给名称为 blog 的对象设置属性 title 的值为 abc，可以表示为<c:set traget="${blog}" property="title" value="abc"/>。

注意："target"和"var"属性不能同时使用。若 target 是一个 Map 对象，则 property 指定的是该 Map 的一个 key，value 赋值的是该 key 对应的 value；若 target 是一个 JavaBean 对象，则 property 指定的是该对象的一个属性；若 target 表达式为 null，或不是一个 Map 或 JavaBean 对象，则会抛出异常。

3. <c:if>标签

在编写JSP页面时,经常需要根据条件来显示不同的内容,这时可以使用<c:if>标签,语法格式如下:

```
1  <c:if test = "${布尔表达式}" [var = "变量名" [scope = page|request|session|application]]>
2      标签体
3  </c:if>
```

其中,test属性指定一个EL进行条件计算,计算结果保存在var属性指定的变量中,变量的作用域由scope属性指定,scope默认值为page。如果布尔表达式计算结果为true,就执行标签体的内容。

【例8-3】 使用<c:if>标签实现:根据当前时间,显示不同的问候语。

创建c_if.jsp文件,代码如文件8-5所示。

文件8-5 c_if.jsp文件代码

```
1   <%@ page language = "java" contentType = "text/html; charset = UTF-8"
2       pageEncoding = "UTF-8" %>
3   <%@ taglib prefix = "c" uri = "http://java.sun.com/jsp/jstl/core" %>
4   <!DOCTYPE html>
5   <html>
6       <head>
7           <meta charset = "UTF-8">
8           <title>c:if</title>
9       </head>
10      <body>
11          <c:set var = "hour" value = "${6}"/>
12          <c:if test = "${hour>=6&&hour<12}">
13              上午好
14          </c:if>
15          <c:if test = "${hour>=12&&hour<18}">
16              下午好
17          </c:if>
18          <c:if test = "${hour>=18&&hour<22}">
19              晚上好
20          </c:if>
21          <c:if test = "${hour>=22||hour<6}">
22              深夜了,注意休息!
23          </c:if>
24      </body>
25  </html>
```

运行结果如图8-4所示。

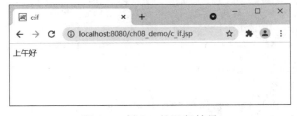

图8-4 例8-3的运行结果

4. <c:choose>、<c:when>、<c:otherwise> 标签

<c:choose>标签与Java语言中switch语句的功能一样,用于在众多选项中做出选择;<c:when>标签和<c:otherwise>标签是<c:choose>的子标签,<c:when>标签的功能类似switch语句中的case;而<c:otherwise>标签的功能类似于switch语句中的default。语法格式如下:

```
1   <c:choose>
2       <c:when test = "<boolean>">
3           ...
4       </c:when>
5       <c:when test = "<boolean>">
6           ...
7       </c:when>
8       ...
9       ...
10      <c:otherwise>
11          ...
12      </c:otherwise>
13  </c:choose>
```

【例8-4】 使用<c:choose>标签实现例8-3的功能。复制c_if.jsp文件,重命名为c_choose.jsp,使用<c:choose>标签实现输出问候语。c_choose.jsp文件的主要代码如文件8-6所示。

文件8-6 c_choose.jsp文件的主要代码

```
1   <body>
2   <c:set var = "hour" value = "${6}"/>
3   <c:choose>
4       <c:when test = "${hour > = 6&&hour < 12}">
5           上午好!
6       </c:when>
7       <c:when test = "${hour > = 12&&hour < 18}">
8           下午好!
9       </c:when>
10      <c:when test = "${hour > = 18&&hour < 22}">
11          晚上好!
12      </c:when>
13      <c:otherwise>
14          深夜了,注意休息!
15      </c:otherwise>
16  </c:choose>
17  </body>
```

从文件8-6中可以看出,在多分支的情况下,<c:choose>及其子标签的使用更方便简洁。

5. <c:forEach> 标签

在JSP的开发中,迭代是经常要使用到的操作。例如,逐行地显示查询的结果等。在早期的JSP中,通常使用Iterator或者Enumeration对象进行迭代输出。现在,通过JSTL的<c:forEach>标签可以在很大程度上简化迭代操作。

JSTL 所支持的迭代标签有两个,分别是<c:forEach>和<c:forTokens>。这里介绍的是<c:forEach>标签。

<c:forEach>标签的作用就是迭代输出标签内部的内容。它既可以进行固定次数的迭代输出,也可以依据集合中对象的个数来决定迭代的次数。

<c:forEach>标签的语法格式如下:

```
1   <c:forEach var = "变量名"   items = "要迭代的集合"   varStatus = "每个对象的状态"
        begin = "迭代初始值"   end = "迭代终值"   step = "迭代的步长">
2       标签体
3   </c:forEach>
```

<c:forEach>标签属性含义如下:

(1) var:迭代参数的名称。在迭代体中可以使用的变量的名称,用来表示每一个迭代变量。类型为 String。

(2) items:要进行迭代的集合。对于它所支持的类型将在下面进行讲解。

(3) varStatus:迭代变量的名称,用来表示迭代的状态,可以访问到迭代自身的信息。

(4) begin:如果指定了 items,那么迭代就从 items[begin]开始进行迭代;如果没有指定 items,那么就从 begin 开始迭代。它的类型为整数。

(5) end:如果指定了 items,那么就在 items[end]结束迭代;如果没有指定 items,那么就在 end 结束迭代。它的类型也为整数。

(6) step:迭代的步长。

使用场景 1:对集合内的元素进行迭代,以下代码是对 list 集合元素迭代输出的案例。

```
1   <c:forEach var = "item" items = "${list}" varStatus = "status">
2           $ status.count: ${item}
3   </c:forEach>
```

使用场景 2:固定次数的迭代,以下代码是输出 1~9 的平方值的案例。

```
1   <c:forEach var = "x" begin = "1" end = "9" step = "1">
2           ${x * x}
3   </c:forEach>
```

【例 8-5】 使用<c:forEach>标签,迭代输出九九乘法表。

创建 JSP 文件 c_foreach.jsp,主要代码如文件 8-7 所示。

文件 8-7   c_foreach.jsp

```
1   <body>
2       <c:forEach var = "i" begin = "1" end = "9" step = "1">
3           <c:forEach var = "j" begin = "1" end = "${i}" step = "1">
4               ${i} * ${j} = ${i * j}
5           </c:forEach>
6           <br>
7       </c:forEach>
8   </body>
```

运行结果如图 8-5 所示。

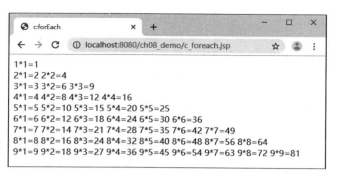

图 8-5 例 8-5 的运行结果

8.3 本章小结

本章主要讲解了 EL 和 JSTL。熟练和掌握本章内容，对于简化 JSP 页面的编写有很大好处。EL 的取值范围是 4 种作用域对象（取值优先顺序为：pageContext→request→session→application），没有取值就不显示，不会显示 null。EL 不属于 Scriptlet 范畴，不能访问页面局部变量，但是可以直接访问作用域对象（pageScope、requestScope、sessionScope、applicationScope）。JSTL 需要下载 Jar 包并且通过 taglib 指令引入后才能使用，EL 可以直接使用。JSTL 通常要与 EL 配合使用。

第 9 章 Servlet 高级

Servlet 技术规范定义了 Servlet、Filter 和 Listener 三门技术。其中 Servlet 用于处理客户端的请求。Filter 和 Listener 是 Servlet 规范中的两个高级特性，Filter 可以对访问的请求和响应进行拦截并修改，Listener 可以监听到应用程序的启动和关闭状态，善用这两个高级特性能够轻松解决一些特殊问题。

通过本章的学习，您可以：

(1) 了解什么是 Filter；
(2) 掌握 Filter 的创建和配置；
(3) 掌握 Filter 的使用；
(4) 了解什么是 Listener；
(5) 熟悉 8 种监听器接口；
(6) 掌握使用监听器监听域对象的生命周期和属性变更。

9.1 Filter

Filter 也称为过滤器，是 Servlet 2.3 规范中新增加的一项功能。狭义的 Filter 是指 Java 语言实现的一个接口，广义的 Filter 是指任何实现了这个 Filter 接口的类。

Web 开发人员通过 Filter 技术，对 Web 服务器管理的所有 Web 资源，例如 JSP、Servlet 和 HTML 文件等进行拦截，从而实现一些通用的功能。如编码的过滤、判断用户的登录状态等。就好比在现实生活中，人们使用污水净化设备对水源进行过滤净化。

9.1.1 Filter 概述

通过 Filter 技术，开发人员可以实现用户在访问某个目标资源之前，对访问的请求和响应进行拦截，从而在 Servlet 进行响应处理的前后实现一些特殊功能。Filter 在 Web 应用中的拦截过程示意如图 9-1 所示。

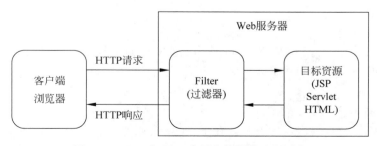

图 9-1 Filter 在 Web 应用中的拦截过程示意

在图 9-1 所示中,当用户通过浏览器访问服务器中的目标资源时,用户请求首先会被 Filter 拦截,在 Filter 中进行预处理操作,然后再将用户请求转发给目标资源。当服务器端接收到这个请求后会对其进行响应,在服务器端处理响应的过程中,也需要将响应结果经过滤器处理后,才发送给客户端。当然,如果在 Filter 预处理不通过,用户请求就不发送给目标资源,而是直接返回客户端。

Servlet 过滤器 API 包含了 3 个接口,它们都在 javax.servlet 包中,分别是 Filter 接口、FilterChain 接口和 FilterConfig 接口。

1. Filter 接口

(1) Filter 接口的方法。

所有的过滤器都必须实现 Filter 接口。该接口定义了 init()、doFilter()和 destory()3 个方法。

① init()方法的语法格式如下:

```
public void init(FilterConfig filterConfig) throws ServletException;
```

该方法用于初始化过滤器,开发人员可以在初始化方法中完成与构造方法类似的初始化功能,参数 filterConfig 对象中存储 Filter 实例初始化时的配置信息,如果 Filter 初始化失败,就抛出 ServletException 异常。

② doFilter()方法的语法格式如下:

```
public void doFilter(ServletRequest request, ServletResponse response, FilterChain chain) throws
IOException, ServletException;
```

该方法有 3 个参数。其中,参数 request 和 response 为 Web 服务器或 Filter 链中的上一个 Filter 传递过来的请求和响应对象;参数 Chain 代表当前 Filter 链的对象,提供对链中下一个 Filter 的访问,以便将请求和响应传递给 Filter 以进行进一步处理。

③ destroy()方法的语法格式如下:

```
public void destroy();
```

该方法在 Web 服务器卸载 Filter 对象之前被调用,该方法用于释放被 Filter 对象打开的资源,例如关闭数据库和 IO 流。

这 3 个方法都是过滤器的生命周期方法,init()方法在 Web 应用程序加载时被调用,destroy()方法在 Web 应用程序卸载时被调用,这两个方法在整个生命周期中只会被调用一次,而 doFilter()方法只要有客户端请求时就会被调用,而且过滤器所有的工作都集中在 doFilter()方法中。

(2) Filter 的创建。

在 Web 应用开发中,把实现了 Filter 接口的类称为过滤器。过滤器的开发步骤如下。

① 创建实现 javax.servlet.Filter 接口的类。

② 过滤器的配置。

【例 9-1】 演示 Filter 的拦截效果。

① 创建 Servlet 类,用作目标资源。在 Eclipse 中创建一个名为 ch9_Demo 的 Web 项目,并在项目的 src 下创建一个名为 com.yzpc.filter 的包,在该包中创建一个名为 TestServlet01 的 Servlet 类,在该类中输出"执行 TestServlet01"。TestServlet01 类的实现代码如下所示。

```
1   package com.yzpc.filter;
2   import java.io.*;
3   import javax.servlet.ServletException;
4   import javax.servlet.http.*;
5   public class MyServlet extends HttpServlet {
6       public void doGet(HttpServletRequest request, HttpServletResponse response)
7       throws ServletException, IOException {
8           response.getWriter().write("执行 TestServlet01 ");
9       }
10      public void doPost(HttpServletRequest request, HttpServletResponse response)
11      throws ServletException, IOException {
12          doGet(request, response);
13      }
14  }
```

② 创建 Filter 类，用于拦截 TestServlet01。在 com.yzpc.filter 包名上右击，在弹出的菜单中选择 Filter，打开 Create Filter 对话框。Create Filter 对话框如图 9-2 所示。

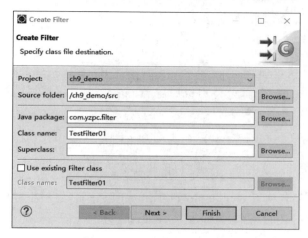

图 9-2　Create Filter 对话框

在 Class name 文本框中输入类名 TestFilter01，单击 Finish 按钮完成 Filter 的创建，并显示 TestFilter01 的模板，代码如下：

```
1   package com.yzpc.filter;
2   import java.io.IOException;
3   import javax.servlet.*;
4   public class TestFilter01 implements Filter {
5       public TestFilter01() {
6       }
7       public void destroy() {
8       }
9       public void doFilter(ServletRequest request, ServletResponse response, FilterChain
        chain) throws IOException, ServletException {
10          chain.doFilter(request, response);
11      }
12      public void init(FilterConfig fConfig) throws ServletException {
13      }
14  }
```

在该类中,init()方法和 destroy()方法一般使用默认的实现,不做修改,过滤器功能的实现代码添加到 doFilter()方法中。本例在 doFilter()方法中实现拦截 TestServlet01 的功能,代码如下:

```
1  public void doFilter(ServletRequest request, ServletResponse response, FilterChain chain)
   throws IOException, ServletException {
2      response.setContentType("text/html;charset = GB18030");
3      PrintWriter out = response.getWriter();
4      out.write("正在执行 TestFilter01... ");
5  }
```

③ 配置 Filter 与 Servlet。在 web.xml 文件中配置 Filter 与 Servlet,代码如下:

```
1   <servlet>
2       <servlet-name>TestServlet01</servlet-name>
3       <servlet-class>com.yzpc.filter.TestServlet01</servlet-class>
4   </servlet>
5   <servlet-mapping>
6       <servlet-name>TestServlet01</servlet-name>
7       <url-pattern>/TestServlet01</url-pattern>
8   </servlet-mapping>
9   <filter>
10      <filter-name>TestFilter01</filter-name>
11      <filter-class>com.yzpc.filter.TestFilter01</filter-class>
12  </filter>
13  <filter-mapping>
14      <filter-name>TestFilter01</filter-name>
15      <url-pattern>/TestServlet01</url-pattern>
16  </filter-mapping>
```

④ 部署并运行。部署项目 ch9_demo 到 Tomcat 服务器,启动服务器,在浏览器的地址栏中输入 TestServlet01 的访问路径,页面上显示"正在执行 TestFilter01..."。运行结果如图 9-3 所示。

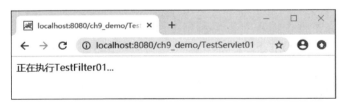

图 9-3 例 9-1 的运行结果

在图 9-3 所示中只输出了 TestFilter01 的输出内容,而没有输出 TestServlet01 的输出内容。因为 web.xml 文件中 TestFilter01 的<url-pattern>元素的内容与 TestServlet01 的<url-pattern>元素的内容是相同的,所以在访问 TestServlet01 时,就会执行 TestFilter01 的 doFilter()方法,因此 TestServlet01 就被过滤器拦截了。如果要显示 TestServlet01 的输出内容,就必须在 doFilter()方法调用 chain.doFilter(request,response)方法对 TestServlet01 放行,这样,用户的请求才能到达 TestServlet01。

⑤ 修改 Filter 对 TestServlet01 放行。为 TestFilter01.java 文件中的 doFilter()方法添加如下语句。

```
chain.doFilter(request, response);
```

⑥ 运行项目并查看结果。重新启动 Tomcat 服务器,刷新浏览器再次访问 TestServlet01,浏览器窗口显示的结果如图 9-4 所示。

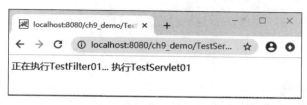

图 9-4　修改 Filter 对 TestServlet01 放行的运行结果

从图 9-4 所示中可以看出,在使用浏览器访问 TestServlet01 时,浏览器窗口中既显示了 TestFilter01 的输出信息,又显示了 TestServlet01 的输出信息,因为在 TestFilter01 中执行了 chain.doFilter()方法,用户请求顺利到达 TestServlet01 程序,因此能够执行 TestServlet01 的 doGet()方法,从而输出"执行 TestServlet01"。

(3) Filter 的配置。Filter 程序是一个实现了特殊接口的 Java 类,与 Servlet 类似,也是由 Servlet 容器进行调用和执行的。创建 Filter 时也需要进行配置,可以在 web.xml 文件中配置,也可以使用注解配置。

① 在 web.xml 文件中配置。在 web.xml 文件的 Filter 注册代码,示例如下:

```
1    <!--注册 Filter-->
2    <filter>
3        <filter-name>TestFilter01</filter-name>
4        <filter-class>com.yzpc.filter.TestFilter01</filter-class>
5    </filter>
6    <!--映射 Filter-->
7    <filter-mapping>
8        <filter-name>TestFilter01</filter-name>
9        <url-pattern>/TestServlet01</url-pattern>
10   </filter-mapping>
```

上述代码中,<filter>根元素用于注册一个 Filter,子元素<filter-name>用于设置 Filter 名称,子元素<filter-class>用于指定 Filter 类的完整名称。

<filter-mapping>元素用于设置一个 Filter 所负责拦截的资源。其有两个子元素: <filter-name>和<url-pattern>。其中,<filter-name>子元素用于设置 Filter 的注册名称,该元素的内容必须是在<filter>元素中声明过的过滤器的名字;<url-pattern>子元素用于匹配用户请求的 URL,即要过滤的目标资源的 URL,例如"/TestServlet01"。

<url-pattern>元素的内容还可以使用通配符 * 来表示。

例如,"*.do"表示拦截所有以 .do 结尾的请求,"/*"表示拦截用户的所有请求。

在 web.xml 文件中,每一个<filter-mapping>元素都可以配置一个 Filter 所负责拦截的资源。在<filter-mapping>元素中有一个特殊的子元素<dispatcher>,该元素用于指定过滤器所拦截的资源被 Servlet 容器调用的方式,可以设置多个<dispatcher>子元素用来指定 Filter 对资源的多种调用方式进行拦截。示例代码如下:

```
1   <filter-mapping>
2       <filter-name>TestFilter01</filter-name>
3       <url-pattern>/index.jsp</url-pattern>
4       <dispatcher>REQUEST</dispatcher>
5       <dispatcher>FORWARD</dispatcher>
6   </filter-mapping>
```

上述代码中,指定被拦截的资源被 Servlet 容器调用的方式为 REQUEST 和 FORWARD 两种。

<dispatcher>元素的值有如下 4 个。

a. REQUEST。当用户直接访问页面时,Web 容器将会调用过滤器。如果目标资源是通过 RequestDispatcher 的 include()方法或 forward()方法访问时,该过滤器就不会被调用。REQUEST 是默认方式。

b. INCLUDE。如果目标资源是通过 RequestDispatcher 的 include()方法访问时,那么该过滤器将被调用。除此之外,该过滤器不会被调用。

c. FORWARD。如果目标资源是通过 RequestDispatcher 的 forward()方法访问时,那么该过滤器将被调用。除此之外,该过滤器不会被调用。

d. ERROR。如果目标资源是通过声明式异常处理机制调用时,那么该过滤器将被调用。除此之外,过滤器不会被调用。

注意:Filter 的配置方式和 Servlet 相似。区别在于,Filter 的<url-pattern>元素的内容是需要被过滤的资源的虚拟路径,而不是访问 Filter 的路径。当被过滤的资源被访问时,Filter 就会执行。

② @WebFilter 注解。@WebFilter 用于将一个类声明为过滤器,该注解将会在部署时被容器处理,容器将根据具体的属性配置将相应的类部署为过滤器。@WebFilter 注解的常用属性如表 9-1 所示。

表 9-1 @WebFilter 注解的常用属性

属性名	类型	描述
filterName	String	指定过滤器的 name 属性,等价于<filter-name>元素
value	String[]	等价于 urlPattern 属性,但两者不能同时使用
urlPatterns	String[]	指定一组过滤器的 url 匹配模式,等价于<url-pattern>元素
dispatcherTypes	DispatcherType	指定过滤器的转发模式,具体包括 REQUEST,INCLUDE,FORWARD,ERROR
servletNames	String[]	指定对哪些 Servlet 进行过滤,取值为 web.xml 文件中的<servlet-name>的内容或@WebServlet 中 name 属性的取值
initParams	WebInitParam[]	指定一组过滤器初始化参数,等价于<init-param>标签
description	String	该过滤器的描述信息,等价于<description>标签

表 9-1 所示中的所有属性均为可选属性,但是 value、urlPatterns、servletNames 三者必须至少包含一个,且 value 和 urlPatterns 不能共存,如果同时指定,通常忽略 value 的取值。

【例 9-2】 Filter 对转发请求的拦截效果。

以 FORWARD 为例,演示 Filter 对转发请求的拦截效果的步骤如下:

① 在项目 ch9_Demo 的 com.yzpc.filter 包中创建一个名为 TestServlet02 的 Servlet 类,

该类用于将请求转发给 test02.jsp 页面。doGet()方法的代码如下所示：

```
1   public void doGet (HttpServletRequest request, HttpServletResponse response) throws ServletException, IOException {
2       request.getRequestDispatcher("/test02.jsp").forward(request, response);
3   }
```

② 在 WebContent 文件夹中创建 test02.jsp 页面。页面代码如下。

```
1   <%@ page language = "java" contentType = "text/html; charset = GB18030" pageEncoding = "GB18030" %>
2   <!DOCTYPE html >
3   < html >
4       < head >
5           < meta charset = "GB18030">
6           < title > Insert title here </title >
7       </head >
8       < body >
9           < p >促进开放合作</p >
10          < p > promote openess and cooperation </p >
11      </body >
12  </html >
```

③ com.yzpc.filter 包中创建一个名为 TestFilter02 的 Filter 类。在 TestFilter02 中输出"World Internet Conference"，并调用 chain.doFilter()方法。doFilter()方法代码如下：

```
1   public void doFilter(ServletRequest request, ServletResponse response, FilterChain chain) throws IOException, ServletException {
2       response.getWriter().write("World Internet Conference");
3       chain.doFilter(request, response);
4   }
```

④ 在 web.xml 文件中添加 TestFilter02 的映射信息，以实现对 test01.jsp 的拦截。增加子元素< dispatcher >，设该元素的值为 FORWARD。配置信息如下：

```
1   < filter >
2       < filter - name > TestFilter02 </filter - name >
3       < filter - class > com.yzpc.filter.TestFilter02 </filter - class >
4   </filter >
5   < filter - mapping >
6       < filter - name > TestFilter02 </filter - name >
7       < url - pattern >/test01.jsp </url - pattern >
8       < dispatcher > FORWARD </dispatcher >
9   </filter - mapping >
```

⑤ 发布项目，启动服务器。在浏览器地址栏中输入 TestServlet02 的访问路径，请求访问 TestServlet02，在 Servlet 中调用 RequestDispatcher 的 forward()方法访问资源 test02.jsp，启动了过滤器 TestFilter02，执行过滤器的 doFilter()方法，输出"World Internet Conference"，继续执行 chain.doFilter()方法，过滤器放行，继续访问 test02.jsp，显示页面 test02.jsp 的输出内容。拦截 forward 请求的资源的输出结果如图 9-5 所示。

⑥ 修改 TestServlet02 类的 doGet()方法，使用 include()方法实现对 test01.jsp 的访问。其代码如下：

图 9-5 拦截 forward 请求的资源的输出结果

```
1   protected void doGet(HttpServletRequest request, HttpServletResponse response) throws
    ServletException, IOException {
2       response.setrequest.getRequestDispatcher("test01.jsp").include(request, response);
3   }
```

⑦ 重启服务器后,运行结果如图 9-6 所示。

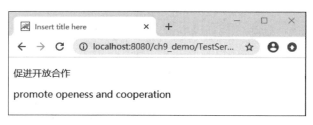

图 9-6 修改 TestServlet02 类的 doGet()方法的运行结果

过滤器 TestFilter02 只拦截使用 forward()方法访问的 test01.jsp,当使用 include()方法时,过滤器不会被启动,因此,不会显示过滤器的输出内容。

本例中如果 Filter 的配置使用@WebFilter 注解,代码如下:

```
@WebFilter(urlPatterns = "/top.jsp",dispatcherTypes = DispatcherType.FORWARD)
```

注意:Filter 的配置只能使用注解方式和 web.xml 文件中的一个,否则程序不能编译。

2. FilterChain 接口

在一个 Web 应用程序中可以注册多个 Filter 程序,每个 Filter 程序都可以针对某一个 URL 进行拦截。如果多个 Filter 程序都对同一个 URL 进行拦截,那么这些 Filter 就会组成一个 Filter 链(也称过滤器链)。

Filter 链用 FilterChain 对象表示,FilterChain 对象中有一个 doFilter()方法。语法格式如下。

```
public void doFilter(ServletRequest request, ServletResponse response) throws IOException,
ServletException;
```

说明:

(1) 该方法把请求传递给 Filter 链的下一个 Filter,若当前 Filter 是 Filter 链的最后一个 Filter,则把请求传递给目标 Servlet 或其他资源。

(2) 该方法的请求和响应参数的类型是 ServletRequest 和 ServletResponse,也就是说,过滤器的使用并不依赖于具体的协议。

通常用户所访问的资源是一个 Servlet 或 JSP 页面,而 JSP 其实是一个被封装了的 Servlet,于是用户就可以统一地认为每次访问的都是一个 Servlet,而每当用户访问一个 Servlet 时,Web 容器都会调用该 Servlet 的 service()方法去处理请求。而 service()方法又会根据请求方式的不同(Get/Post)去调用相应的 doGet()或 doPost()方法,实际处理请求的就是 doGet()方法或 doPost()方法。doGet()方法或 doPost()方法是通过 response.getWriter()得到客户端的输出流对象,然后用此对象对客户端进行响应的。

因此可以这样理解过滤器的执行流程:执行第一个过滤器的 chain.doFilter()之前的代码→第二个过滤器的 chain.doFilter()之前的代码→……→第 n 个过滤器的 chain.doFilter()之前的代码→所请求 Servlet 的 service()方法中的代码→所请求 Servlet 的 doGet()方法或 doPost()方法中的代码→第 n 个过滤器的 chain.doFilter()方法之后的代码→……→第二个过滤器的 chain.doFilter()方法之后的代码→第一个过滤器的 chain.doFilter()方法之后的代码。有两个过滤器的 Filter 链的拦截过程示意如图 9-7 所示。

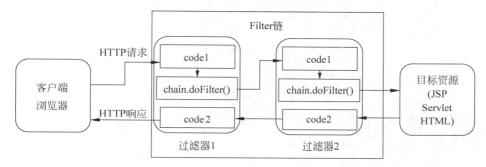

图 9-7 有两个 Filter 链的拦截过程示意

在图 9-7 所示中,当浏览器访问 Web 服务器中的资源时,需要经过两个过滤器 Filter1 和 Filter2。首先 Filter1 会对这个请求进行拦截,在 Filter1 中处理完请求后,通过调用 Filter1 的 doFilter()方法将请求传递给 Filter2,Filter2 处理用户请求后同样调用 doFilter()方法,最终将请求发送给目标资源。当 Web 服务器对这个请求做出响应时,也会被过滤器拦截,但这个拦截顺序与之前相反,最终将响应结果发送给客户端浏览器。

多个 Filter 拦截的顺序与 Filter 配置方式有关。使用 web.xml 文件配置的拦截规则与配置的顺序有关,即靠前的先被调用。使用@WebFilter 注解配置的,则与 Filter 名称有关,即按名称的字母顺序排序。

【例 9-3】 演示如何使用 Filter 链拦截资源 TestServlet01 的同一个请求。

(1)创建过滤器。在 ch9_Demo 项目的 com.yzpc.filter 包中新建 3 个过滤器:FirstFilter、SecondFilter 和 ThirdFilter。

① 新建过滤器 FirstFilter 的代码如下:

```
1   public class FirstFilter implements Filter {
2       public void init(FilterConfig fConfig) throws ServletException {
3           //过滤器对象在初始化时调用,可以配置一些初始化参数
4       }
5       public void doFilter(ServletRequest request, ServletResponse response,FilterChain chain)
6           throws IOException, ServletException {
7           //用于拦截用户的请求,如果和当前过滤器的拦截路径匹配,那么该方法会被调用
8           PrintWriter out = response.getWriter();
9           out.write("FirstFilter  Before<br/>");
```

```
10          chain.doFilter(request, response);
11          out.write("FirstFilter After<br/>");
12      }
13      public void destroy() {
14          //过滤器对象在销毁时自动调用,释放资源
15      }
16  }
```

② 新建过滤器 SecondFilter 的代码如下:

```
1   public class SecondFilter implements Filter {
2       public void init(FilterConfig fConfig) throws ServletException {
3           //过滤器对象在初始化时调用,可以配置一些初始化参数
4       }
5       public void doFilter(ServletRequest request, ServletResponse response,FilterChain chain)
        throws IOException, ServletException {
6           //用于拦截用户的请求,如果和当前过滤器的拦截路径匹配,那么该方法会被调用
7           PrintWriter out = response.getWriter();
8           out.write("SecondFilter Before<br/>");
9           chain.doFilter(request, response);
10          out.write("<br/> SecondFilter After<br/>");
11      }
12      public void destroy() {
13          //过滤器对象在销毁时自动调用,释放资源
14      }
15  }
```

③ ThirdFilter 代码如下:

```
1   public class ThirdFilter implements Filter {
2       public void init(FilterConfig fConfig) throws ServletException {
3           //过滤器对象在初始化时调用,可以配置一些初始化参数
4       }
5       public void doFilter(ServletRequest request, ServletResponse response,FilterChain chain)
        throws IOException, ServletException {
6           //用于拦截用户的请求,如果和当前过滤器的拦截路径匹配,那么该方法会被调用
7           PrintWriter out = response.getWriter();
8           out.write("ThirdFilter Before<br/>");
9           chain.doFilter(request, response);
10          out.write("<br/> ThirdFilter After<br/>");
11      }
12      public void destroy() {
13          //过滤器对象在销毁时自动调用,释放资源
14      }
15  }
```

(2) 修改 web.xml。为了防止其他过滤器影响此次 Filter 链的演示效果,需要先将 web.xml 文件中的其他过滤器的配置信息注释掉,然后将 FirstFilter、SecondFilter 和 ThirdFilter 过滤器的映射信息配置在 TestServlet01 配置信息前面,代码如下:

```
1   <filter>
2       <filter-name>FirstFilter</filter-name>
3       <filter-class>com.yzpc.filter.FirstFilter</filter-class>
```

```
4      </filter>
5      <filter>
6          <filter-name>SecondFilter</filter-name>
7          <filter-class>com.yzpc.filter SecondFilter</filter-class>
8      </filter>
9      <filter>
10         <filter-name>ThirdFilter</filter-name>
11         <filter-class>com.yzpc.filter ThirdFilter</filter-class>
12     </filter>
13     <filter-mapping>
14         <filter-name>ThirdFilter</filter-name>
15         <url-pattern>/TestServlet01</url-pattern>
16     </filter-mapping>
17     <filter-mapping>
18         <filter-name>SecondFilter</filter-name>
19         <url-pattern>/TestServlet01</url-pattern>
20     </filter-mapping>
21     <filter-mapping>
22         <filter-name>FirstFilter</filter-name>
23         <url-pattern>/TestServlet01</url-pattern>
24     </filter-mapping>
25     <servlet>
26         <servlet-name>TestServlet01</servlet-name>
27         <servlet-class>com.yzpc.filter    TestServlet01</servlet-class>
28     </servlet>
29     <servlet-mapping>
30         <servlet-name>TestServlet01</servlet-name>
31         <url-pattern>/TestServlet01</url-pattern>
32     </servlet-mapping>
```

上述代码中,第 13 行是 ThirdFilter 的< filter-mapping >标签,第 17 行是 SecondFilter 的 < filter-mapping >标签,第 21 行是 FirstFilter 的< filter-mapping >标签。运行后注意观察 Filter 的拦截顺序。

(3) 运行项目并查看结果。启动 Tomcat 服务器,在浏览器的地址栏中输入 TestServlet01 的访问路径,浏览器窗口中的显示结果如图 9-8 所示。

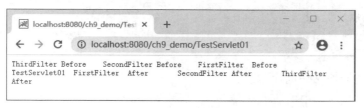

图 9-8　Filter 链运行结果(一)

从图 9-8 所示中可以看出,TestServlet01 首先被 ThirdFilter 拦截了,然后又被 SecondFilter 拦截,然后被 FirstFilter 拦截,直到 TestServlet01 被 FirstFilter 放行后,浏览器 才显示出 TestServlet01 中的输出内容。可以看到,Filter 链中各个 Filter 的拦截顺序与它们 在 web.xml 文件中< filter-mapping >元素的书写顺序一致。

(4) 使用@WebFilter 注解配置 Filter。将 web.xml 文件中的关于 Filter 和 Servlet 的配 置信息全部加注释。在 FirstFilter、SecondFilter 和 ThirdFilter 的类声明前加如下注解:

```
@WebFilter("/TestServlet01")          //指定Filter拦截资源的虚拟路径
```

在TestServlet01的类声明前加如下注解：

```
@WebServlet("/TestServlet01")
```

重新启动服务器并发布项目运行结果，如图9-9所示。

图9-9 Filter链运行结果（二）

从图9-9所示可以看出，拦截顺序是FirstFilter、SecondFilter和ThirdFilter，是根据Filter名称的字母顺序排列的。

3. FilterConfig 接口

与普通的Servlet程序一样，Filter程序也很可能需要访问Servlet容器。Servlet规范将代表ServletContext对象和Filter的配置参数信息都封装到一个称为FilterConfig的对象中。FilterConfig接口用于定义FilterConfig对象应该对外提供的方法，以便在Filter程序中可以调用这些方法来获取ServletContext对象，以及获取在web.xml文件中为Filter设置的名称和初始化参数。FilterConfig的定义如下：

```
1   package javax.servlet;
2   import java.util.Enumeration;
3   public interface FilterConfig {
4       //获得Filter名称
5       public String getFilterName();
6       //返回FilterConfig对象中所包装的ServletContext对象的引用
7       public ServletContext getServletContext();
8       //获得Filter初始化参数的值
9       public String getInitParameter(String name);
10      //获得Filter的所有初始化参数的名称，返回一个Enumeration对象
11      public Enumeration<String> Enumeration getInitParameterNames();
12  }
```

【例9-4】 统计网站访问次数。

设置过滤器，对网站中的所有资源进行过滤，在doFilter()方法中对访问次数进行累加，计数的结果存储到ServletContext对象的域属性中。在web.xml文件中设置Filter的初始化参数，用于存储网站计数器的初始值。

（1）在项目ch9_demo中的com.yzpc.filter包中创建名为CountFilter的Filter类。其主要代码如下：

```
1   package com.yzpc.filter;
2   import java.io.IOException;
3   import javax.servlet.*;
4   import javax.servlet.http.HttpServletRequest;
```

```
5    public class CountFilter implements Filter {
6        private Integer count;                                  //设置访问次数计数器
7        public CountFilter() {}
8        public void destroy() {}
9        public void doFilter(ServletRequest request, ServletResponse response, FilterChain
         chain) throws IOException, ServletException {
10           //将 ServletRequest 转换为 HttpServletRequest
11           HttpServletRequest req = (HttpServletRequest)request;
12           ServletContext context = req.getServletContext();   //获取 ServletContext 对象
13           count++;                                              //计数器累加
14           context.setAttribute("count", count);                //将计数器存储到 ServletContext 中
15           chain.doFilter(request, response);
16       }
17       public void init(FilterConfig fConfig) throws ServletException {
18           count = Integer.parseInt(fConfig.getInitParameter("count")); //读取计数器初值
19       }
20   }
```

(2) 在 web.xml 文件中配置过滤器。其代码如下：

```
1    <filter>
2        <filter-name>CountFilter</filter-name>
3        <filter-class>com.yzpc.filter.CountFilter</filter-class>
4        <init-param>
5            <param-name>count</param-name>
6            <param-value>0</param-value>
7        </init-param>
8    </filter>
9    <filter-mapping>
10       <filter-name>CountFilter</filter-name>
11       <url-pattern>/top.jsp</url-pattern>
12   </filter-mapping>
```

在 web.xml 文件中，通过<filter>元素的子元素<init-param>设置初始化参数，<param-name>元素指定参数名称为 count，<param-value>元素指定参数的初始值为 0。通过<url-pattern>元素指定拦截资源为 top.jsp。

也可以通过对过滤器的成员变量赋值来设置初始值，但那样过滤器编译后，初始值就不能修改了。所以在实际开发中都会通过<init-param>元素设置初始化参数，以增加程序的灵活性。

(3) 在 WebContent 文件夹中创建 top.jsp 文件。在 top.jsp 文件中通过 EL 读取域属性值，输出网站访问次数。其主要代码如下：

```
1    <body>
2        网站访问次数 ${count}<br>
3    </body>
```

(4) 启动服务器，发布项目。在地址栏中输入如下地址 http://localhost:8080/ch9_demo/top.jsp，运行结果如图 9-10 所示。

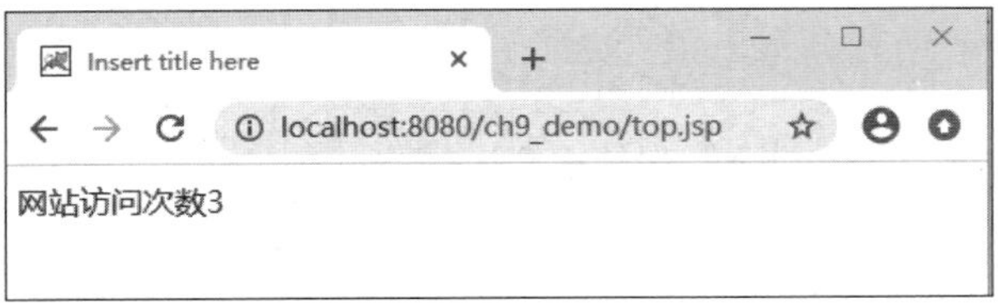

图 9-10 统计网站访问次数运行结果

9.1.2 Filter 应用

在实际应用中,会将需要重复执行的代码写到过滤器中,通过在访问资源时先运行过滤器来实现需要执行的过程,避免了重复书写大量代码的麻烦,如中文乱码问题、用户验证等。

1. 中文编码过滤器

在开发 Web 项目时,解决中文乱码问题是不可避免的。在前面所学的知识中,解决乱码的通常做法是在 Servlet 程序中设置编码方式,但是,当多个 Servlet 程序都需要设置编码方式时,就会书写大量重复的代码。

为了解决这一问题,可以在 Filter 中对获取到的请求和响应消息进行编码处理,这样就可以实现全站编码方式的统一。

【例 9-5】 字符编码过滤器的实现。

实现学生信息的添加功能,并创建字符编码过滤器,避免产生中文乱码的现象。

创建项目 characterDemo,在项目中创建三个包:com.yzpc.bean、com.yzpc.filter 和 com.yzpc.servlet。

(1) 创建过滤器。在包 com.yzpc.filter 中创建类 CharacterFilter,在 doFilter()方法中对请求和响应的字符编码进行设置。其主要代码如下:

```java
1   package com.yzpc.filter;
2   import java.io.IOException;
3   import javax.servlet.*;
4   import javax.servlet.annotation.*;
5   import javax.servlet.http.*;
6   @WebFilter(urlPatterns = { "/*" },
        initParams = { @WebInitParam(name = "encoding", value = "GB18030")})
7   public class CharacterFilter implements Filter {
8       private String encoding;  //设置编码
9       public void doFilter(ServletRequest request, ServletResponse response, FilterChain
        chain) throws IOException, ServletException {
10          //将 requset,response 强制转换为 HttpServletRequest,HttpServletResponse 类型
11          HttpServletRequest req = (HttpServletRequest) request;
12          HttpServletResponse resp = (HttpServletResponse) response;
13          //拦截所有的请求,指定 request 和 response 的编码为 encoding
14          if(encoding!= null) {
15              req.setCharacterEncoding(encoding);              //设置 Http 请求的字符编码集
16              resp.setContentType("text/html;charset = " + encoding);
                                                                 //设置响应消息的字符编码集
17          }
18          chain.doFilter(req, resp);
19      }
20      public void init(FilterConfig fConfig) throws ServletException {
21          encoding = fConfig.getInitParameter("encoding");     //获取初始化参数值
22      }
23  }
```

上述代码中,第 6 行用@WebFilter 注解指定拦截所有资源,并设置初始化参数 encoding 的值为 GB18030;第 8 行定义成员变量存放指定的编码格式;第 21 行读取初始化参数的值并存放在 encoding 变量中;第 14~第 17 行根据 encoding 变量的值设置 HTTP 请求和响应的中文字符编码集;第 18 行调用 chain.doFilter(req,resp)方法放行。

注意:参数是 HttpServletRequest 对象和 HttpServletResponse 对象。

(2) 在 com.yzpc.bean 包中创建类 Student.java,其代码如下:

```
1   package com.yzpc.bean;
2   public class Student {
3       private String id;
4       private String name;
5       private int sex;                //0 表示男生,1 表示女生
6       private int age;
7       public String getId() {return id;}
8       public void setId(String id) {this.id = id;}
9       public String getName() {return name;}
10      public void setName(String name) {this.name = name;}
11      public int getSex() {return sex;}
12      public void setSex(int sex) {this.sex = sex;}
13      public int getAge() {return age;}
14      public void setAge(int age) {this.age = age;}
15  }
```

(3) 在 WebContent 文件夹下创建 register.jsp 文件。在该文件中创建添加学生信息的表单,并提交给 RegisterServlet 处理。其代码如下:

```
1   <h2>学生注册</h2>
2   <form action="RegisterServlet" method="POST">
3       <label>学号</label><input type="text" name="stuId"><br>
4       <label>姓名</label><input type="text" name="stuName"><br>
5       <label>性别</label><input type="radio" name="stuSex" value="0">男
6       <input type="radio" name="stuSex" value="1">女<br>
7       <label>年龄</label><input type="text" name="stuAge"><br>
8       <input type="submit" value="提交">
9       <input type="reset" value="重置">
10  </form>
```

(4) 在 com.yzpc.servlet 包中创建 RegisterServlet.java 类,设置虚拟路径为"/RegisterServlet"。读取 register.jsp 页面用户提交的信息,并以获取到的信息创建 Student 实例对象,通过请求转发,发送到 registerSuccess.jsp 页面显示。doGet()方法代码如下:

```
1   protected void doGet(HttpServletRequest request, HttpServletResponse response) throws ServletException, IOException {
2       //TODO Auto-generated method stub
3       String id = request.getParameter("stuId");       //获取填写的编号,id 是文本框的名字,
                                                          <input type="text" name="id">
4       String name = request.getParameter("stuName");   //获取填写的用户名
5       String sex = request.getParameter("stuSex");     //获取选中的性别
6       String age = request.getParameter("stuAge");
7       Student stu1 = new Student();                    //创建 Student 对象
8       //给对象 stu1 的属性赋值
9       stu1.setId(id);
```

```
10    stu1.setName(name);
11    stu1.setSex(Integer.parseInt(sex));
12    stu1.setAge(Integer.parseInt(age));
13    //将对象 stu1 存储到 request 的域属性中
14    request.setAttribute("stu1", stu1);
15    //将请求转发到 registerSuccess.jsp 页面,并在页面上显示学生注册信息
16    request.getRequestDispatcher("registerSuccess.jsp").forward(request, response);
17    }
```

（5）创建 registerSuccess.jsp 页面，通过 EL 表达式读取域属性值，在页面上显示用户注册信息，其主要代码如下：

```
1    <h2>恭喜注册成功</h2>
2    <label>学号:</label>${stu1.id}<br>
3    <label>姓名:</label>${stu1.name}<br>
4    <label>性别:</label>${stu1.sex==0?"男":"女"}<br>
5    <label>年龄:</label>${stu1.age}<br>
```

（6）项目运行结果。在地址栏中输入 http://localhost:8080/characterDemo/register.jsp，显示注册页面，输入注册信息。注册页面如图 9-11 所示。

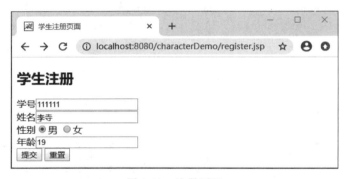

图 9-11　注册页面

单击图 9-11 所示中的"提交"按钮，显示注册成功页面，并显示用户注册信息。注册成功页面如图 9-12 所示。

图 9-12　注册成功页面

2. 用户自动登录

当用户访问网站时，服务器端将用户信息回写入用户 Cookie 中。以后在用户每一次请求时，服务器端只要读用户 Cookie 就可以判断用户是否已登录，就实现了用户的自动登录功能。

但这样处理,每个被请求的 Servlet 都要验证用户 Cookie,将要书写大量重复代码,如果将验证用户 Cookie 的代码写入 Filter 中,只需要在访问资源时先执行 Filter,就可以实现用户验证了。

【例 9-6】 用 Filter 实现用户自动登录。

用 Filter 实现用户自动登录的流程如下所述。

(1) 利用 AutoLoginFilter 拦截用户对于 index.jsp 页面的访问。

(2) 在 AutoLoginFilter 中判断用户是否已经登录;假若已登录,则放行;否则跳转至 login.jsp。

(3) LoginServlet 处理登录逻辑。

用 Filter 实现用户自动登录的操作步骤如下:

(1) 创建项目 DemoAutoLogin,建 3 个包:com.yzpc.entity、com.yzpc.filter 和 com.yzpc.servlet,在包中分别创建类 User.java、AutoLoginFilter、LoginServlet 和 LogoutServlet;在 WebContent 文件夹中创建页面:index.jsp 和 login.jsp。目录结构如图 9-13 所示。

图 9-13 目录结构

(2) User.java 用于封装用户登录信息,其代码如下:

```
1   package com.yzpc.entity;
2   public class User {
3       private String username;
4       private String password;
5       public String getUsername() {
6           return username;
7       }
8       public void setUsername(String username) {
9           this.username = username;
10      }
11      public String getPassword() {
12          return password;
13      }
14      public void setPassword(String password) {
15          this.password = password;
16      }
17  }
```

(3) index.jsp 页面的实现。用户登录成功,在页面上显示欢迎信息,其主要代码如下:

```
1   <% User user = (User)session.getAttribute("user");
2   if(user == null){ %>
3       <div align = "right">您还没有登录,请 <a href = "login.jsp">登录</a></div>
4   <% }else { %>
5       <div align = "right">欢迎您,<% = user.getUsername() %>!
6       <a href = "LogoutServlet">退出</a>
7       </div>
8       <h2>学生管理系统</h2>
9   <% } %>
```

(4) login.jsp 页面的实现。设置用户名、密码输入框和有效期的选择框,其主要代码如下:

```
1   <form action="LoginServlet" method="POST">
2       用户名:<input type="text" name="username"/><br>
3       密码:<input type="password" name="password"/><br>
4       <!-- 设置自动登录的有效时间 -->
5       自动登录时间:<input type="radio" name="autoLogin" value="${60*60*24*31}">一个月
6       <input type="radio" name="autoLogin" value="${60*60*24*31*3}">三个月
7       <input type="radio" name="autoLogin" value="${60*60*24*31*6}">半年
8       <input type="radio" name="autoLogin" value="${60*60*24*31*12}">一年
9       <input type="submit" value="登录"/><br>
10      <input type="reset" value="重置"/><br>
11  </form>
```

(5) 过滤器 AutoLoginFilter 的实现。利用 AutoLoginFilter 拦截用户对于 index.jsp 页面的访问,读取 Cookie 值,对 Cookie 值进行验证,判断是否是有效用户信息,如果是有效信息,就存入 Session 域中,然后对用户请求放行;否则重定向至 login.jsp 页面。将 AutoLoginFilter 的映射设为"/*",可以拦截用户对所有资源的访问,就可以实现对访问本网站任意资源的用户进行身份验证和自动登录,避免了在每个被请求的 Servlet 中重复书写用户自动登录代码的麻烦。

```
1   public void doFilter(ServletRequest req, ServletResponse resp, FilterChain chain) throws
        IOException, ServletException {
2       HttpServletRequest request = (HttpServletRequest)req;
3       HttpServletResponse response = (HttpServletResponse)resp;
4       //读取 cookie
5       Cookie[] cookies = request.getCookies();
6       String autologin = null;
7       for(int i=0;cookies!=null && i<cookies.length;i++) {
8           if("autologin".equals(cookies[i].getName())) {
9               autologin = cookies[i].getValue();
10              break;
11          }
12      }
13      if(autologin!=null) {
14          //分离用户名和密码
15          String[] parts = autologin.split("-");
16          String username = parts[0];
17          String password = parts[1];
18          //检查用户名和密码是否正确
19          if("yzpc".equals(username)&&"123456".equals(password)) {
20              //登录成功,将用户状态 user 对象存入 Session 域
21              User user = new User();
22              user.setUsername(username);
23              user.setPassword(password);
24              request.getSession().setAttribute("user",user);
25          }
26      }//pass the request along the filter chain
27      chain.doFilter(request, response);
28  }
```

（6）LoginServlet 的实现。LoginServlet 处理登录逻辑。读取用户登录信息，如果用户登录信息正确，就将用户信息存入 Session 中，同时读取用户设置的自动登录时间（设置 Cookie 的有效期），并将用户信息发送到 Cookie 中。只要 Cookie 没有超过有效期，用户信息就一直存在。如果用户登录信息有误，就返回登录页面。LoginServlet 主要代码如下：

```
1   protected void doGet(HttpServletRequest request, HttpServletResponse response) throws
    ServletException, IOException {
2       request.setCharacterEncoding("UTF-8");
3       response.setContentType("text/html;charset=UTF-8");
4       PrintWriter out = response.getWriter();
5       String username = request.getParameter("username");
6       String password = request.getParameter("password");
7       if("yzpc".equals(username) && "123456".equals(password)) {
8           User user = new User();
9           user.setUsername(username);
10          user.setPassword(password);
11          request.getSession().setAttribute("user",user);
12          //发送自动登录的cookie
13          String autoLogin = request.getParameter("autoLogin");
14          if(autoLogin!= null) {
15              Cookie cookie = new Cookie("autologin",username + "-" + password);
16              cookie.setMaxAge(Integer.parseInt(autoLogin));
17              cookie.setPath(request.getContextPath());
18              response.addCookie(cookie);
19          }
20          response.sendRedirect("index.jsp");
21      }
22      else {
23          out.print("用户名或密码错误,3秒后将自动跳转到登录页面!");
24          response.setHeader("refresh","3;url=" + request.getContextPath() + "/login.jsp");
25      }
26  }
```

（7）配置 web.xml 文件。在 web.xml 文件配置 Servlet 与 Filter，将 Filter 的映射设为"/*"，拦截所有资源，其主要代码如下：

```
1   <filter>
2       <display-name>AutoLoginFilter</display-name>
3       <filter-name>AutoLoginFilter</filter-name>
4       <filter-class>com.yzpc.filter.AutoLoginFilter</filter-class>
5   </filter>
6   <filter-mapping>
7       <filter-name>AutoLoginFilter</filter-name>
8       <url-pattern>/*</url-pattern>
9   </filter-mapping>
10  <servlet>
11      <servlet-name>LoginServlet</servlet-name>
12      <servlet-class>com.yzpc.servlet.LoginServlet</servlet-class>
13  </servlet>
14  <servlet-mapping>
15      <servlet-name>LoginServlet</servlet-name>
16      <url-pattern>/LoginServlet</url-pattern>
17  </servlet-mapping>
```

（8）发布项目。发布项目DemoAutoLogin，启动服务器，在地址栏中输入http://localhost:8080/DemoAutoLogin/。由于是首次访问，须提醒用户登录。运行结果如图9-14所示。

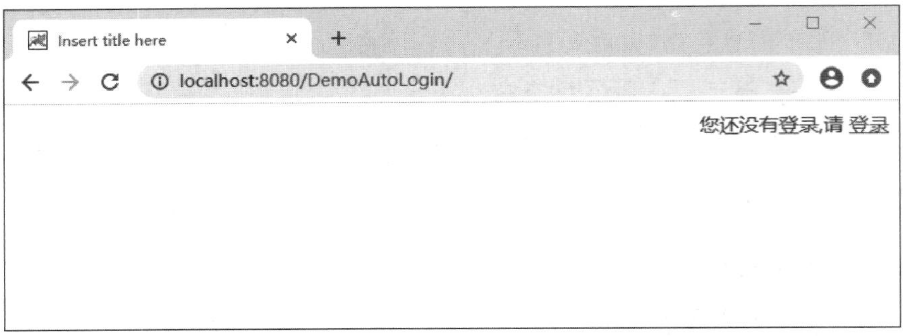

图 9-14　首次访问页面

单击图9-14的"登录"按钮，进入登录页面，如图9-15所示。

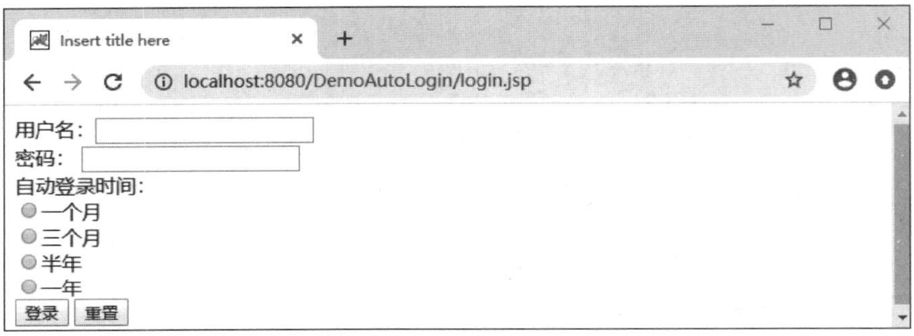

图 9-15　登录页面

在图9-15中输入正确的用户名和密码，并选择自动登录时间，单击"提交"按钮，登录成功，则进入index.jsp页面，否则返回登录页面。index.jsp页面运行效果如图9-16所示。

图 9-16　index.jsp页面运行效果

如果用户选择了自动登录时间，在指定的时间内只要用户没有主动退出，且没有更换浏览器，都能实现自动登录同一网站。

9.2　Listener

Listener（监听器）是一个专门用于对其他对象身上发生的事件或状态改变进行监听和相应处理的对象，当被监视的对象发生情况时，立即采取相应的行动。

9.2.1　Servlet 事件监听器概述

监听器的相关概念。

事件源：被监听的对象。如 3 个域对象 ServletContext、HttpSession 和 ServletRequest。

监听器：监听事件源对象。事件源对象的状态的变化都会触发监听器。

注册监听器：将监听器与事件源进行绑定。

响应行为：监听器监听到事件源的状态变化时，所涉及的功能代码，即程序员编写的代码。

Servlet 事件监听器是一个实现了特定接口的 Java 程序，这个程序专门用于监听 Web 应用中 ServletContext、HttpSession 和 ServletRequest 等域对象的创建和销毁过程、监听这些域对象属性的修改以及感知绑定到 HttpSession 域中的某个对象的状态。

根据监听事件的不同，可以将监听器分为如下 3 类。

（1）用于监听域对象创建和销毁的事件监听器（ServletContextListener 接口、HttpSessionListener 接口和 ServletRequestListener 接口）。

（2）用于监听域对象属性增加和删除的事件监听器（ServletContextAttributeListener 接口、HttpSessionAttributeListener 接口和 ServletRequestAttributeListener 接口）。

（3）用于监听绑定到 HttpSession 域中某个对象状态的事件监听器（HttpSessionBindingListener 接口和 HttpSessionActivationListener 接口）。

在 Servlet 规范中，这三类事件监听器都定义了相应的接口，在编写事件监听器程序时，只需实现对应的接口即可。在使用监听程序时，Web 服务器会根据监听器所实现的接口，把它注册到被监听的对象上，当触发了某个对象的监听事件时，Web 容器将会调用 Servlet 监听器与之相关的方法对事件进行处理。

9.2.2　监听域对象的生命周期

在 Web 应用程序的运行期间，会创建和销毁 3 个域对象 ServletContext、HttpSession 和 ServletRequest。Servlet API 中提供了以下 3 个接口用于监听这 3 个域对象的生命周期。

1. ServletContextListener 接口

ServletContextListener 接口能够监听 ServletContext 对象的生命周期，实际上就是监听 Web 应用的生命周期。

当 Servlet 容器启动或终止 Web 应用时，会触发 ServletContextEvent 事件，该事件由 ServletContextListener 来处理。在 ServletContextListener 接口中定义了处理 ServletContextEvent 事件的两个方法，如下所述。

（1）contextInitialized(ServletContextEvent sce)：当 Servlet 容器启动 Web 应用时，调用该方法。

（2）contextDestroyed(ServletContextEvent sce)：当 Servlet 容器终止 Web 应用时，调用该方法。在调用该方法之前，容器会先销毁所有的 Servlet 过滤器和 Filter 过滤器。

2. HttpSessionListener 接口

HttpSessionListener 用于监听用户 Session 的创建和销毁。当用户 Session 创建或销毁时，会触发 HttpSessionEvent 事件，该事件由 HttpSessionListener 来处理。在 HttpSessionListener 接口中定义了处理 HttpSessionEvent 事件的两个方法，如下所述。

（1）sessionCreated(HttpSessionEvent se)：用户与服务器的会话开始，创建时触发该方法。

（2）sessionDestroyed(HttpSessionEvent se)：用户与服务器的会话断开，销毁时触发该方法。

3. ServletRequestListener 接口

ServletRequestListener 监听的是 ServletRequest 域的创建与销毁。当用户 ServletRequest 域对象在创建或销毁时，会触发 ServletRequestEvent 事件，该事件由 ServletRequestListener 来处理。在 ServletRequestListener 接口中定义了处理 ServletRequestEvent 事件的两个方法，如下所述。

（1）requestInitialized(ServletRequestEvent sre)：当 ServletRequest 域对象创建时调用该方法。

（2）requestDestroyed(ServletRequestEvent sre)：当 ServletRequest 域对象销毁时调用该方法。

4. 监听器的编写步骤

（1）新建一个监听器类去实现监听器接口。
（2）重写监听器的方法。
（3）配置监听器——注册。

【例 9-7】 监听 ServletContext 域对象的生命周期。

监听 ServletContext 域对象的生命周期的具体操作步骤如下所述。

（1）新建一个监听器类去实现监听器接口。在项目 ch09_demo 中创建包 com.yzpc.listener，在包名上右击，在弹出的菜单中选择 Listener 选项，打开 Create Listener 的指定类文件对话框，在 Class name 文本框中输入 ServletContextLTest。Create Listener 对话框如图 9-17 所示。

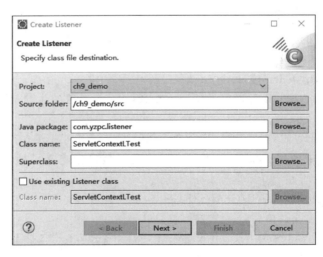

图 9-17 Create Listener 对话框

单击图 9-17 所示的 Next 按钮，打开 Create Listener 的选择监听事件对话框，在该对话框中按监听域对象的不同，将监听器分为 Servlet context events、HTTP session events 和 Servlet request events 三类，选中 Servlet context events 类的 Lifecycle 复选框，表示实现 ServletContextListener。选择监听事件对话框如图 9-18 所示。

单击 Finish 按钮，完成监听器的创建。

图 9-18 选择监听事件对话框

（2）重写监听器的方法。重写 contextInitialized( )方法和 contextDestroyed( )方法,其代码如下：

```
1   package com.yzpc.listener;
2   import javax.servlet.ServletContextEvent;
3   import javax.servlet.ServletContextListener;
4   import javax.servlet.annotation.WebListener;
5   public class ServletContextLTest implements ServletContextListener {
6       public ServletContextLTest() {
7       }
8       public void contextDestroyed(ServletContextEvent sce)  {
9           System.out.println("ServletContext 对象被销毁了");
10      }
11      public void contextInitialized(ServletContextEvent sce)   {
12          System.out.println("ServletContext 对象被创建了");
13      }
14  }
```

（3）对监听器进行配置——注册。

方法一,在 web.xml 中添加<listener>标签对 Listener 进行注册,该标签有一个子标签<listener-class>,用于指定监听器类文件,其代码如下：

```
1   <listener>
2       <listener-class>com.yzpc.listener.ServletContextLTest</listener-class>
3   </listener>
```

方法二,在监听器类文件中使用注解@WebListener 进行配置,该注解不需要参数。

（4）启动 Tomcat 服务器,查看 ServletContext 对象创建消息。启动 Tomcat 服务器,在控制台显示结果如图 9-19 所示。

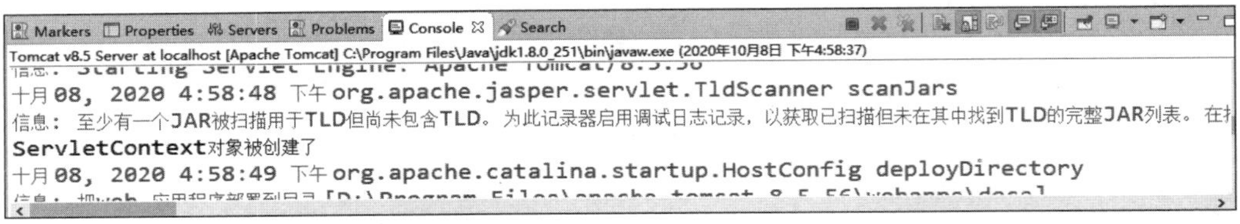

图 9-19　ServletContext 对象创建消息

从图 9-19 所示可以看出，ServletContext 对象被创建了，这是由于服务器在启动时会自动加载 ch9_demo 的 Web 应用，并创建其对应的 ServletContext 对象，而在项目的 web.xml 文件中配置了监听 ServletContext 创建和销毁事件的监听器 ServletContextLTest。因此，服务器创建 Web 应用后就会调用 ServletContextLTest 中的 contextInitialized()方法，从而在控制台输出"ServletContext 对象被创建了"的内容。

（5）重新加载项目，查看 ServletContext 对象的销毁消息。

当重新加载项目时，控制台信息如图 9-20 所示。

图 9-20　ServletContext 对象的销毁消息

当重新加载时，服务器首先销毁之前加载的项目 ch9_demo，并调用 ServletContextLTest 中的 contextDestroyed()方法，在控制台显示"ServletContext 对象被销毁了"的消息。接着，服务器会再次加载 Web 应用，因此在控制台会显示"ServletContext 对象被创建了"的消息。

9.2.3　监听域对象的属性变更

ServletContext、HttpSession 和 ServletRequest 3 个域对象都可以添加、更新和删除各自的域属性，为了监听这 3 个对象域属性的变更，Servlet API 提供了 3 个监听器 ServletContextAttributeListener、HttpSessionAttributeListener 和 ServletRequestAttributeListener，分别用于监听 ServletContext 对象中的属性变更、HttpSession 对象中的属性变更和 ServletRequest 对象中的属性变更。这 3 个接口都定义了相同名称的方法，分别用于处理被监听对象属性的增加、更新和删除，如表 9-2 所示。

表 9-2　监听域对象的属性变更的监听器的方法

监听器	函数名	函数功能
ServletContextAttributeListener	attributeAdded(ServletContextAttributeEvent scae)	属性的添加将调用此方法
	attributeRemoved(ServletContextAttributeEvent scae)	属性的删除将调用此方法
	attributeReplaced(ServletContextAttributeEvent scae)	属性的更新将调用此方法

续表

监听器	函数名	函数功能
HttpSessionAttributeListener	attributeAdded(HttpSessionBindingEvent se)	属性的添加将调用此方法
	attributeRemoved(HttpSessionBindingEvent se)	属性的删除将调用此方法
	attributeReplaced(HttpSessionBindingEvent se)	属性的更新将调用此方法
ServletRequestAttributeListener	attributeAdded(ServletRequestAttributeEvent srae)	属性的添加将调用此方法
	attributeRemoved(ServletRequestAttributeEvent srae)	属性的删除将调用此方法
	attributeReplaced(ServletRequestAttributeEvent srae)	属性的更新将调用此方法

当被监听的域对象在增加、删除、更新属性时,Web 容器就调用表 9-2 所示中对应事件监听器的方法进行响应,这些方法都会接收一个事件类型的参数,监听器可以通过这个参数来获取正在变更的域属性对象。

【例 9-8】 监听域对象的属性变更。

本例以 ServletRequestAttributeListener 为例验证 ServletRequest 域对象的属性变更。

(1) 在 com.yzpc.listener 包中创建 Listener 的类 TestAttributeListener.Java,实现 ServletRequestAttributeListener 3 个接口。重写 attributeAdded()方法、attributeRemoved()方法和 attributeReplaced()方法监听域属性的变更。其代码如下:

```
1   package com.yzpc.listener;
2   import javax.servlet.ServletRequestAttributeEvent;
3   import javax.servlet.ServletRequestAttributeListener;
4   import javax.servlet.annotation.WebListener;
5   @WebListener
6   public class TestAttributeListener implements  ServletRequestAttributeListener {
7       public TestAttributeListener() {}
8       public void attributeRemoved(ServletRequestAttributeEvent srae)  {
9           System.out.println("request 正在移除属性" + srae.getName());
10      }
11      public void attributeAdded(ServletRequestAttributeEvent srae)  {
12          String name = srae.getName();
13          System.out.println("request 正在添加属性" + name + " = " + srae.getServletRequest()
            .getAttribute(name));
14      }
15      public void attributeReplaced(ServletRequestAttributeEvent srae)  {
16          String name = srae.getName();
17          System.out.println("request 正在更新属性" + name +  " = " + srae.getServletRequest()
            .getAttribute(name));
18      }
19  }
```

在上述代码中的第 5 行,用注解@WebListener 配置监听器。

(2) 测试 Servlet。在 com.yzpc.servlet 包中新建 TestAttributeServlet.java 文件,在该文件中向 request 域对象中添加、更新和删除域属性。其主要代码如下:

```
1  protected void doGet(HttpServletRequest request, HttpServletResponse response) throws
   ServletException, IOException {
2      request.setAttribute("proposal", "主持公道");
3      request.setAttribute("proposal", "厉行法治");
4      request.removeAttribute("proposal");
5  }
```

(3) 运行结果。发布项目，启动服务器，在浏览器地址栏中输入 TestAttributeServlet 访问路径，控制台显示结果如图 9-21 所示。

图 9-21　TestAttributeServlet 的运行结果

从图 9-21 所示可以看出，在 ServlettRequest 域对象中添加了属性，proposal＝主持公道，接着修改属性 proposal＝厉行法治，最后删除属性 proposal。

9.2.4　感知被 HttpSession 绑定的事件监听器

1. HttpSessionBindingListener

HttpSessionBindingListener 接口是对 Session 绑定对象（setAttribute）过程的一种监听类型。它不需要配置 XML 文件，只是将实例化的 HttpSessionBindingListener 对象 setAttribute 到 Session 里面就可以对 HttpSessionBindingListener 对象进行监听了，其实也是对 HttpSessionBindingListener 对象所对应的 Session 进行监听，还可以记录该 Session 的具体信息，例如会员的登录信息。

HttpSessionBindingListener 接口提供了以下两个方法。

（1）valueBound() 绑定对象，将实现了 HttpSessionBindingListener 接口的类添加到 HttpSession 域对象中，即调用 setAttribute() 方法时触发。

（2）valueUnbound() 解除绑定，将实现了 HttpSessionBindingListener 接口的类从 HttpSession 域移除时调用。

2. HttpSessionActivationListener

实现此接口的类，可以感知自己被活化（从硬盘到内存）和钝化（从内存到硬盘）的过程，即在用户访问的时候，如果服务器突然关闭了，那么用户的 Session 就不存在了，假如是购物网站，相当于，用户好不容易选好的物品，刚刚添加到购物车，结果，因为服务器的突然关闭，什么都没了，因此就需要实现会话的持久化。

可以在重新启动服务器之后让用户的 Session 还在服务器中存在，即用户 Session 的东西还全部在。因为服务器在关闭的时候把用户的 Session 存储到硬盘了（钝化），在重新启动服务器之后，又从硬盘中恢复到内存中（注意，只要用户还没关闭浏览器，Session 会一直存在用户的客户端）。

HttpSessionActivationListener 接口提供了以下两个方法。

（1）public void sessionWillPassivate(HttpSessionEvent se);。它是用于通知正在收听的对象，它的 session 已经变为无效状态，即钝化。

(2) public void sessionDidActivate(HttpSessionEvent se);。它是用于通知正在收听的对象,它的 Session 已经变为有效状态,即活化。

9.3 本 章 小 结

本章介绍了 Servlet 规范中的两个高级特性过滤器(Filter)和监听器(Listener)。9.1 小节介绍了 Filter 的过滤原理及其主要接口的概念和作用,详细介绍了 Filter 在中文编码和用户登录方面的使用。9.2 小节介绍了监听器的原理及 Servlet 规范中的 8 个监听器,着重介绍了监听域对象生命周期和监听域对象的属性变更的监听器的使用。

第三部分
Java Web提高篇

第 10 章 JDBC

数据库应用在日常生活和工作中可以说无处不在,无论是一个门店的销售管理,还是机场、车站的售票管理系统都离不开数据库。无论是桌面应用程序,还是 Web 应用程序,均包括计算机端和移动端,存储和检索数据都是其核心功能,所以针对数据库的开发已经成为软件开发的一种必备技能。为了在 Java 语言中提供对数据库访问的支持,SUN 公司于 1996 年提供了一套访问数据库的标准——Java 类库,即 JDBC。

通过本章的学习,您可以:
(1) 了解 JDBC 的体系结构;
(2) 掌握 JDBC 常用的 API;
(3) 掌握在 Java Web 应用中 JDBC 操作数据库的方法。

10.1 JDBC 概述

10.1.1 什么是 JDBC

Java 数据库连接(Java Database Connectivity,JDBC)是 Java 访问数据库的标准规范,真正怎么操作数据库还需要具体的实现类,也就是数据库驱动。数据库驱动由数据库厂商提供,每个数据库厂商根据自家数据库的通信格式编写好自己数据库的驱动。应用程序使用 JDBC 访问数据库的方式如图 10-1 所示。

从图 10-1 所示可以看出,JDBC 在应用程序和数据库之间起到了一个桥梁作用,有了 JDBC 就可以方便地与各种数据库交互。当应用程序访问 MySQL 数据库时,JDBC 就与 MySQL 驱动联系,由 MySQL 驱动和 MySQL 数据库进行连接;同样,当应用程序访问 Orcale 数据库时,JDBC 就与 Orcale 驱动联系,由 Orcale 驱动和 Orcale 数据库进行连接。通过 JDBC 就解决了不同种类数据库(如 MySQL、Oracle 等)厂商提供的操作数据库的访问接口不统一的问题。

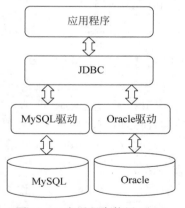

图 10-1 应用程序使用 JDBC 访问数据库的方式

10.1.2 MySQL 数据库环境搭建

1. MySQL 数据库下载

JDBC 由 java.sql 和 javax.sql 两个包组成。开发 JDBC 应用除了需要这两个包的支持外,还需要导入相应 JDBC 的数据库实现(即数据库驱动)。在本书的案例中使用 MySQL5.7.30,数据库驱动版本号为 5.1.46。

数据库及驱动包可以从 MySQL 官网下载。

2. MySQL 数据库安装

找到下载的 MySQL 安装文件,双击,根据系统提示完成安装。设置账号 root 的密码为"123456"。

将下载的 MySQL 数据库驱动包解压后,将 mysql-connector-java-5.1.46.jar 文件添加到项目中。

3. MySQL 数据库管理工具

MySQL 由于其开源、体积小、速度快、成本低、安全性高而被广泛使用,但 MySQL 本身没有提供非常方便的图形管理工具,日常的开发和维护均在类似 DOS 窗口中进行,操作界面不够友好。很多公司提供了图形化管理界面,如 SQLyog、Navicat 和 WorkBench 等。

SQLyog 是由业界著名的 Webyog 公司出品的易于使用的、快速而简洁的图形化管理 MySQL 数据库的工具。这里使用 SQLyog 10.2 图形化管理工具操作 MySQL 数据库。

10.2 JDBC 常用的 API

JDBC 是一种用于执行 SQL 语句的 Java API,位于 java.sql 包中,可以为多种关系型数据库提供统一访问,它由一组用 Java 语言编写的类和接口组成。JDBC 常用接口和类及其作用如表 10-1 所示。

表 10-1 JDBC 常用接口和类及其作用

接口	作用
Driver	数据库驱动,由各个数据库厂商实现
DriverManager	用于管理 JDBC 驱动的服务类
Connection	代表数据库连接对象,每个 Connection 代表一个物理连接会话
Statement	语句接口,用来静态操作 SQL 语句
ResultSet	结果集,保存数据记录的结果集合
PreparedStatement	预编译的 Statement 对象,用来动态操作 SQL 语句

10.2.1 Driver 接口

Java.sql.Driver 接口是所有 JDBC 驱动程序需要实现的接口。其是提供给数据库厂商使用的接口,不同数据库厂商提供不同的实现。在程序中不需要直接去访问实现了 Driver 接口的类,而是由驱动程序管理器类(java.sql.DriverManager)去调用 Driver 来实现。

com.mysql.jdbc.Driver 就是 java.sql.Driver 接口的实现类,com.mysql.jdbc.Driver 类源代码如文件 10-1 所示。

文件 10-1 com.mysql.jdbc.Driver 类源代码

```
1   package com.mysql.jdbc;
2   import java.sql.SQLException;
3   public class Driver extends NonRegisteringDriver implements java.sql.Driver {
4       //Register ourselves with the DriverManager
5       static {
6       try {
7           java.sql.DriverManager.registerDriver(new Driver());
8       } catch (SQLException E) {
9           throw new RuntimeException("Can't register driver!");
10      }
```

```
11      }
12      public Driver() throws SQLException {
13          //Required for Class.forName().newInstance()
14      }
15  }
```

在上述代码中，由于第 5～11 行是通过静态代码块调用 DriverManager 的静态 registerDriver()方法加载数据库驱动，所以在 Class.forName()的时候就调用了 registerDriver()方法。

10.2.2 DriverManager 类

JDBC API 中的 DriverManager 类用于加载驱动，并创建与数据库的连接，这个 API 的常用方法有以下两个。

(1) DriverManager.registerDriver(new Driver())方法。该方法用于加载数据库驱动。

注意：在实际开发中并不推荐采用 registerDriver()方法注册驱动。原因如下：

① 通过文件 10-1 中 com.mysql.jdbc.Driver 的源代码可以看到，如果采用此种方式，会导致驱动程序注册两次，也就是在内存中会有两个 Driver 对象。

② 程序依赖 MySQL 的 API，脱离 MySQL 的 Jar 包，因此程序将无法编译，对以后程序切换底层数据库会非常麻烦。

推荐使用 Class.forName("com.mysql.jdbc.Driver")。采用此种方式不会导致驱动对象在内存中重复出现，并且采用此种方式，程序只需要一个字符串参数，而不需要依赖具体的驱动，使程序的灵活性更高。

(2) DriverManager.getConnection(url, user, password)方法。该方法根据指定数据库连接 URL，创建数据库的连接对象 Connection。

① 字符串参数 url，定义了连接数据库时的协议、子协议和数据源标识。

协议在 JDBC 中总是以 jdbc 开始；子协议是桥连接的驱动程序或是数据库管理系统名称；数据源标识是标记找到数据库来源的地址与连接端口。MySQL 数据库连接端口默认为 3306。如 MySQL 数据源的连接 URL，"jdbc:mysql://localhost:3306/test;"其中 test 为数据库名称；SqlServer 的连接 URL，"jdbc:microsoft:sqlserver://localhost:1433;DatabaseName=dbname"。

② 参数 user 为连接数据库管理系统的用户名，在默认情况下，MySQL 数据库的用户名为 root。

③ 参数 password 为连接数据库管理系统的密码，在默认情况下，安装 MySQL 数据库时设置密码为 123456。

【例 10-1】 创建 MySQL 数据库连接。

(1) 新建一个 Java 工程并导入数据驱动。新建工程 ch10_demo，将 MySQL 数据库驱动包文件 mysql-connector-java-5.1.46-bin.jar 复制到 WebContent/WEB-INF/lib 文件夹中。右击文件名，在弹出的菜单中选择 Build Path→Add to Build Path，以完成 MySQL 数据库驱动包的导入，如图 10-2 所示。

打开项目的属性窗口，选择 Java Build Path，在 Java Build Path 对话框的 Libraries 选项卡中可以看到，对应数据库连接的 Jar 包文件已经在列表中，表示添加成功。Java Build Path 对话框如图 10-3 所示。

(2) 使用 MySQL 创建数据库，命名为 test。

(3) 新建 Servlet 类 ConServlet.java。其主要代码如下：

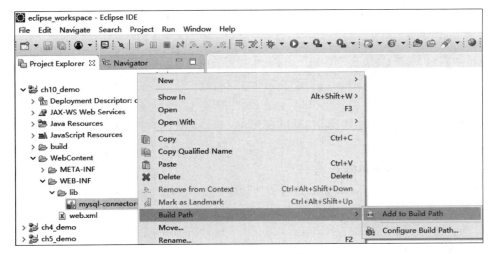

图 10-2 导入 MySQL 数据库驱动包

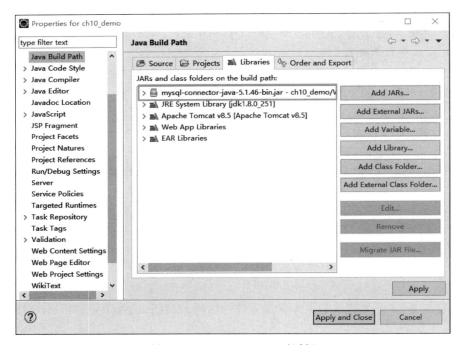

图 10-3 Java Build Path 对话框

```
1    protected void doGet(HttpServletRequest request, HttpServletResponse response) throws
     ServletException, IOException {
2        response.setContentType("text/html;charset=GB18030");
3        PrintWriter out = response.getWriter();
4        //1.加载驱动
5        try {
6            Class.forName("com.mysql.jdbc.Driver");
7        } catch (ClassNotFoundException e) {
8            e.printStackTrace();
```

```
9       }
10      //2.建立数据库连接
11      String url = "jdbc:mysql://localhost:3306/test";
12      String username = "root";
13      String password = "123456";
14      try{
15          Connection con = DriverManager.getConnection(url, username, password);
16          out.println("数据库连接成功!");
17      }catch(SQLException se){
18          out.println("数据库连接失败!");
19          se.printStackTrace();
20      }
21  }
```

启动服务器,在地址栏中输入访问 ConServlet 的 URL,连接数据库运行结果如图 10-4 所示。

图 10-4　连接数据库运行结果

如果数据库连接不成功,请确认数据库驱动包是否加载到项目中。

Class 的 ForName()方法的作用是将指定字符串名的类加载到 JVM 中,例 10-1 中就调用了该方法用于加载数据库驱动,在加载后,数据库驱动程序将会把驱动类自动注册到驱动管理器中。

DriverManager 接口可以同时管理多个驱动程序,若注册了多个数据库驱动,在调用 getConnection()方法时传入的参数不同,则返回不同的数据库连接。

10.2.3　Connection 接口

JDBC API 中的 Connection 接口用于代表与特定数据库的连接会话。Connection 对象是数据库编程中最重要的一个对象,只有获得特定数据库的连接对象,才能访问数据库,以及操作数据库中的数据表、视图和存储过程。客户端与数据库所有交互都是通过 Connection 对象完成的。Connection 接口的常用方法及功能如表 10-2 所示。

表 10-2　Connection 接口的常用方法及功能

常用方法	功　　能
createStatement()	创建向数据库发送 SQL 语句的 statement 对象
prepareStatement(sql)	创建向数据库发送预编译 SQL 语句的 PrepareSatement 对象
prepareCall(sql)	创建执行存储过程的 callableStatement 对象
setAutoCommit(boolean autoCommit)	设置事务是否自动提交
commit()	在此连接上提交事务
rollback()	在此连接上回滚事务
close()	立即释放 Connection 对象的数据库连接占用的 JDBC 资源,在操作数据库后,应立即调用此方法

10.2.4 Statement 接口

JDBC API 中的 Statement 接口用于向数据库发送 SQL 语句，完成对数据库的增加、删除、修改和查询操作。Statement 接口常用方法及功能如表 10-3 所示。

表 10-3 Statement 接口常用方法及功能

常用方法	功　能
executeQuery(String sql)	用于向数据库发送查询语句，返回代表查询结果的 ResultSet 对象
executeUpdate(String sql)	用于向数据库发送 INSERT、UPDATE 或 DELETE 语句，返回一个整数（即增、删、改语句导致了数据库中的几行数据发生了变化）
execute(String sql)	用于向数据库发送任意 SQL 语句；用于执行返回多个结果集、多个更新计数或二者组合的语句

10.2.5 ResultSet 接口

JDBC API 中的 ResultSet 接口用于代表 SQL 语句的执行结果。ResultSet 对象封装在执行结果时，采用的是类似于表格的方式。ResultSet 对象维护了一个指向表格数据行的游标，初始的时候，游标在第一行之前，调用 next() 方法，可以使游标指向具体 ResultSet 对象的数据行，再调用 ResultSet 对象的方法获取该行的数据。

ResultSet 接口的常用方法有如下两类。

1. get() 方法

由于 ResultSet 接口是用于封装执行结果的，所以该接口提供了大量用于获取数据的 get() 方法。语法格式如下：

```
1    XXX getXXX(int columnIndex):按照列号获取当前记录某一列中的内容,该列号从 1 开始
2    XXX getXXX(String columnIndex):按照列名获取当前记录某一列中的内容
```

获取指定类型的数据的方法：若为获取 String 型的数据，则使用 getString() 方法；若为获取 int 型的数据，则使用 getInt() 方法；而若为获取任意类型的数据，则可以使用 getObject() 方法。

2. ResultSet 接口中对结果集进行滚动的方法

ResultSet 接口中对结果集进行滚动的方法及其功能如表 10-4 所示。

表 10-4 ResultSet 接口中对结果集进行滚动的方法及其功能

方　法	功　能
next()	将游标移动到下一行
previous()	将游标移动到前一行
absolute(int row)	将游标移动到指定行
beforeFirst()	将游标移动到 resultSet 的最前面，即第一行之前
afterLast()	将游标移动到 resultSet 的最后面

【例 10-2】 读取并输出 MySQL 数据库中的数据。

读取并输出 MySQL 数据库中的数据的具体操作步骤如下所述。

(1) 在数据库 test 中新建表 t_user，并添加两条记录。建立数据库的 SQL 语句如下：

```
1    create database test character set utf8 collate utf8_general_ci;
2    DROP TABLE IF EXISTS 't_user';
```

```
3   CREATE TABLE 't_user' (
4   'id' int(10) NOT NULL AUTO_INCREMENT,
5   'username' varchar(255) DEFAULT NULL,
6   'password' varchar(255) DEFAULT NULL,
7   PRIMARY KEY ('id')
8   ) ENGINE = InnoDB AUTO_INCREMENT = 3 DEFAULT CHARSET = UTF - 8;
9   /* Data for the table 't_user' */
10  insert into 't_user'('id','username','password') values (1,'admin','123456'),(2,'user','222222');
```

（2）新建 Servlet 的类 JDBCServlet，在 doGet( )方法中连接数据库，读取 user 表中的数据，并输出到控制台。JDBCServlet.java 代码如文件 10-2 所示。

文件 10-2　JDBCServlet.java 代码

```java
1   package com.yzpc;
2   import java.io.IOException;
3   import java.sql.*;
4   import javax.servlet.ServletException;
5   import javax.servlet.annotation.WebServlet;
6   import javax.servlet.http.*;
7   @WebServlet("/JDBCServlet")
8   public class JDBCServlet extends HttpServlet {
9       private static final long serialVersionUID = 1L;
10      protected void doGet(HttpServletRequest request, HttpServletResponse response) throws ServletException, IOException {
11          PrintWriter out = response.getWriter();
12          //要连接的数据库 URL
13          String url = "jdbc:mysql://localhost:3306/test";
14          //连接数据库时使用的用户名
15          String username = "root";
16          //连接数据库时使用的密码
17          String password = "123456";
18          //1.加载驱动
19          try {
20              Class.forName("com.mysql.jdbc.Driver");
21          } catch (ClassNotFoundException e) {
22              e.printStackTrace();
23          }
24          //2.获取与数据库的连接
25          Connection conn;
26          try {
27              conn = DriverManager.getConnection(url, username, password);
28              //3.获取用于向数据库发送 SQL 语句的 Statement
29              Statement st = conn.createStatement();
30              String sql = "select id,username,password from t_user";
31              //4.向数据库发 sql,并获取代表结果集的 ResultSet
32              ResultSet rs = st.executeQuery(sql);
33              //5.取出结果集的数据
34              while(rs.next()){
35                  out.println("id = " + rs.getInt("id") + "<br>");
36                  out.println("username = " + rs.getObject("username") + "<br>");
37                  out.println("password = " + rs.getObject("password") + "<br>");
38              }
39              //6.关闭连接,释放资源
```

```
40            rs.close();
41            st.close();
42            conn.close();
43        } catch (SQLException e) {
44            e.printStackTrace();
45        }
46    }
47    protected void doPost(HttpServletRequest request, HttpServletResponse response) throws ServletException, IOException {
48        doGet(request, response);
49    }
50 }
```

通过文件 10-2 的代码可以看出，使用 JDBC 操作数据库的开发流程的关键步骤如下所述。

① 加载数据库驱动。第 19～23 行调用 Class.forName() 方法加载数据库驱动，该方法执行时会抛出 ClassNotFoundException。

② 建立数据库连接。在加载驱动成功后，第 27 行使用 DriverManager 的 getConnection() 方法获取 Connection 对象，该方法的 3 个参数在第 13～17 行赋值。

③ 获取用于向数据库发送 SQL 语句的 Statement 对象。第 29 行使用 Connection 对象的 createStatement() 方法获取 Statement 对象，这是最基本的 Statement 对象，其只能发送静态 SQL 语句。

④ 使用 Statement 执行 SQL 语句，并获取代表结果集的 ResultSet 对象。

本例中要获取数据表中的所有记录，需要执行查询语句。第 30 行定义包含一条查询语句的字符串变量 sql，第 32 行调用 executeQuery(sql) 方法执行查询，将查询结果存储到 ResultSet 对象的 rs 中。

⑤ 操作 ResultSet 结果集对象。第 34～38 行输出查询结果的所有记录，通过 while 循环语句遍历 rs 的所有记录，rs.next() 方法作为循环控制条件。t_user 表中 id 是 int 类型，使用 getInt("id") 获取 id 字段值。在结果集 rs 中 id 是第一个字段，因此也可以使用 getInt(1) 方法获取 id 字段值。

注意：getXXX(int columnIndex) 方法的参数 columnIndex 是按照结果记录集中字段序号确定的，即第 30 行 select 语句中的字段顺序。建议在使用时，结果集中字段的顺序尽量与数据库表中字段顺序一致。

⑥ 关闭连接，释放资源。输出所有记录后，即完成了这次访问数据库的任务。最后调用 close() 方法关闭对象，释放资源。第 40～42 行按照对象创建的先后次序，逆序依次关闭。

（3）启动服务器，在浏览器的地址栏中输入 JDBCServlet 的访问路径。运行结果如图 10-5 所示。

在图 10-5 所示中，按程序要求输出表 t_user 中的所有记录，表明本案例运行成功。

JDBC 程序运行完后，切记要释放程序在运行过程中创建的与数据库进行交互的对象，这些对象通常是 ResultSet、Statement 和 Connection 对象，特别是 Connection 对象，它是稀有的资源，用完后必须马上释放，如果 Connection 对象不能及时、正确地关闭，极易导致系统宕机。Connection 对象的使用原则是"尽量晚创建，尽量早释放"。为确保资源释放代码能运行，资源释放代码尽量放在 finally 语句中。

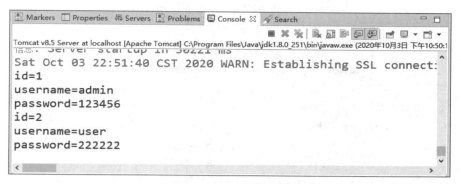

图 10-5 例 10-2 的运行结果

10.2.6 PreparedStatement 接口

PreparedStatement 接口继承自 Statement 接口,用于执行含有或不含有参数的预编译的 SQL 语句。相对于 Statement 接口用于执行静态 SQL 语句,PreparedStatement 接口中的 SQL 语句是预编译的。所谓预编译,就是指当相同的 SQL 语句再次执行时,数据库只需使用缓冲区中的数据,而不需要对 SQL 语句再次编译,从而有效提高数据的访问效率。

PreparedStatement 对象由 Connection 接口中的 prepareStatement()方法所创建,用"?"占位符代替参数,示例如下:

```
1   PreparedStatement pst1 = connection.prepareStatement("insert into t_user(id,username,password) values(?,?,?)");
2   PreparedStatement pst2 = connection.prepareStatement("select * from t_user where id = ?");
```

上述代码第 1 行为 SQL 的 insert 语句创建一个 PreparedStatement 对象。3 个问号用作参数的占位符,分别代表 t_user 表中某一条记录的 id、username 和 password 字段的值。

上述代码第 2 行为 SQL 的 select 语句创建一个 PreparedStatement 对象。这条语句中的问号则代表 t_user 表中的 id 字段的值。

作为 Statement 接口的子接口,PreparedStatement 接口继承了 Statement 接口中定义的所有方法;同时还提供了在 PreparedStatement 对象中设置参数的方法,这些方法用来在执行语句或过程之前设置参数的值。语法格式如下:

```
setXXX(int parameterIndex, XXX value);
```

XXX 是参数类型,parameterIndex 为语句中的占位符的序号(序号从 1 开始)。比如将数值 1 传递给 pst2 中的第一个参数,占位符的序号为 1。代码如下:

```
pst2.setInt(1,1);
```

在设置完参数后就可以调用 executeQuery()或者 executeUpdate()方法执行预备好的语句,使用哪个方法取决于 PreparedStatement 对象的功能是查询还是更新。注意:这两个方法不需要参数,因为在创建 PreparedStatement 对象的时候就已经指定了 SQL 语句。这与 Statement 接口中的同名方法不同。

【例 10-3】 利用 PreparedStatement 对象实现表中记录的增加和删除。

数据的增、删、改操作同样要进行数据库连接。文件 10-2 中的第 12~27 行的代码实现了数据库连接；第 28～38 行代码实现输出所有记录功能。在 27 行和 28 行之间添加如下代码段，验证增加和删除操作。

（1）向表 t_user 中添加一条记录"guest,123456"，其代码如下：

```
1    //插入记录
2    String sqlAdd = "insert into t_user(username,password)values(?,?)";
3    //获取 PreparedStatement 对象
4    PreparedStatement pst = conn.prepareStatement(sqlAdd);
5    //设置参数值
6    pst.setString(1, "guest");
7    pst.setString(2, "123456");
8    //执行更新语句,插入记录,将影响记录的条数返回给变量 n,如果 n>0 添加成功,否则失败
9    int n = pst.executeUpdate();
10   if(n > 0) { System.out.println("添加成功"); } else {System.out.println("添加失败");}
11   pst.close();
```

由于 t_user 表中 id 字段是自动编号的，这里不需要给它设置值。增加记录的运行结果如图 10-6 所示。刷新一次就会增加一次，可以看到有多个用户名为 guest。

图 10-6　增加记录的运行结果

（2）删除表中 id=5 的记录，其代码如下：

```
1    //删除指定 id 的记录
2    String sqlDel = "delete from t_user where id = ?";
3    //获取 PreparedStatement 对象
4    PreparedStatement pst = conn.prepareStatement(sqlDel);
5    //设置参数值
6    pst.setInt(1,5);
7    //执行更新语句,删除记录,将影响记录的条数返回给变量 n,如果 n>0 添加成功,否则失败
8    int nd = pst.executeUpdate();
9    if(nd > 0)out.println("delete success");
10   else out.println("delete failure");
11   pst.close();
```

删除记录的运行结果如图 10-7 所示。

图 10-7(a)中显示 delete success，表示删除成功，可以看到 id=5 的记录已经不存在了。再次刷新当前页面，页面显示 delete failure，因为表中没有对应的记录，删除不成功，如图 10-7(b) 所示。

(a)　　　　　　　　　　　　　(b)

图 10-7　删除表中 id=5 的记录的运行结果

数据库连接是 JDBC 操作数据库必须执行的操作,而数据的增加、修改、删除和查询操作也是常见的数据编辑功能。在实际应用中会将上述功能单独建立一个工具类,在类中用不同的方法实现各个功能,这样就避免了在开发中重复书写大量代码。

10.3　使用 JDBC 完成学生信息的增加、删除、修改和查询操作

利用 JDBC 技术实现学生管理系统中学生信息的增加、删除、修改和查询功能。具体实现步骤如下所述。

1. 搭建数据库环境

建立数据库 studentDB,创建学生表 t_student,存放学生个人基本信息。学生表结构如表 10-5 所示。

表 10-5　学生表结构

字 段 名	类 型	长 度	备 注
id	int	10	序号,自动编号
name	varchar	255	姓名
username	varchar	255	用户名(学号)
password	varchar	255	密码
sex	int	2	性别
age	int	2	年龄

2. 创建项目环境

在项目 ch10_demo 中导入 MySQL 数据库驱动包。

3. 创建 JavaBean

在项目 ch10_demo 中创建包 com.yzpc.entity,在包中新建类 Student.java,该类用于封装学生信息。Student.java 文件的代码如文件 10-3 所示。

文件 10-3　Student.java 文件的代码

```
1  package com.yzpc.entity;
2  public class Student {
3      private Integer id;
4      private String name;
5      private String username;
```

```
6       private String password;
7       private int sex;
8       private int age;
9       public Student() {super();}
10      public Integer getId() {return id;}
11      public void setId(Integer id) {this.id = id;}
12      public String getName() {return name;}
13      public void setName(String name) {this.name = name;}
14      public String getUsername() {return username;}
15      public void setUsername(String username) {this.username = username;}
16      public String getPassword() {return password;}
17      public void setPassword(String password) {this.password = password;}
18      public int getSex() {return sex;}
19      public void setSex(int sex) {this.sex = sex;}
20      public int getAge() {return age;}
21      public void setAge(int age) {this.age = age;}
22  }
```

4. 创建 JDBC 工具类

（1）在项目 ch10_demo 中创建包 com.yzpc.utils，在包中新建工具类 JDBCUtils.java，该类用于封装加载数据库驱动、建立数据库连接及关闭数据库连接的代码。JDBCUtils.java 文件代码如文件 10-4 所示。

文件 10-4　JDBCUtils.java 文件代码

```
1   package com.yzpc.utils;
2   import java.sql.Connection;
3   import java.sql.DriverManager;
4   import java.sql.PreparedStatement;
5   import java.sql.ResultSet;
6   import java.sql.SQLException;
7   public class JDBCUtils {
8       //定义数据库连接参数 URL、用户名和密码
9       private static final String URL = "jdbc:mysql://localhost:3306/studentDB?" + "useUnicode=true&characterEncoding=UTF8";
10      private static final String USER_NAME = "root";
11      private static final String PASSWORD = "123456";
12      //定义驱动器名称
13      private static final String DRIVER_NAME = "com.mysql.jdbc.Driver";
14      //获取数据库连接
15      public static Connection getConnection(){
16      Connection con = null;
17      try {
18          Class.forName(DRIVER_NAME); //注册驱动
19          con = DriverManager.getConnection(URL, USER_NAME, PASSWORD); //连接数据库
20      } catch (Exception e) {e.printStackTrace();}
21          return con;
22      }
23      //关闭数据库连接
24      public static void close(Connection con,PreparedStatement pst,ResultSet rs){
25          try {
26              if(rs != null){rs.close();}
27              if(pst!= null)pst.close();
28              if(con!= null) con.close();
```

```
29          } catch (SQLException e) {e.printStackTrace();}
30      }
31      public static void close(Connection con,PreparedStatement pst){
32          try {
33              if(pst!=null)pst.close();
34              if(con!=null)con.close();
35          } catch (SQLException e) {   e.printStackTrace();   }
36      }
37  }
```

(2) 在包 com.yzpc.utils 中创建 StudentDao.java 类，该类中实现对学生信息的增加、删除、修改和查询操作。

```
1   package com.yzpc.utils;
2   import java.sql.*;
3   import java.util.ArrayList;
4   import java.util.List;
5   import com.yzpc.entity.Student;
6   public class StudentDao {
7       //查找 t_student 表中的所有记录,存储到 List 集合中,返回 List 集合
8       public List<Student> findAll(){
9           String sql = "select * from t_student ";
10          List<Student> list = new ArrayList<Student>();
11          Connection con = JDBCUtils.getConnection();
12          ResultSet rs = null;
13          PreparedStatement pst = null;
14          try {
15              pst = con.prepareStatement(sql);
16              rs = pst.executeQuery();
17              while(rs.next()) {
18                  Student s = new Student();
19                  //取当前记录的字段值对对象 s 的属性赋值
20                  s.setId(rs.getInt(1));
21                  s.setName(rs.getString("name"));
22                  s.setUsername(rs.getString("username"));
23                  s.setPassword(rs.getString("password"));
24                  s.setSex(rs.getInt("sex"));
25                  s.setAge(rs.getInt("age"));
26                  list.add(s);                    //将对象 s 添加到集合中
27              }
28          } catch (SQLException e) {e.printStackTrace();}
29          finally {JDBCUtils.close(con, pst, rs);   }
30          return list.size()>0?list:null;
31      }
32      //根据序号查找学生信息,返回 Student 对象
33      public Student findById(Integer id){
34          String sql = "select * from t_student where id= ?";
35          Connection con = JDBCUtils.getConnection();
36          ResultSet rs = null;
37          Student s = null;
38          PreparedStatement pst = null;
39          try {
40              pst = con.prepareStatement(sql);
41              pst.setInt(1, id);
```

```java
42          rs = pst.executeQuery();
43          if(rs.next()) {
44              s = new Student();
45              //用rs的字段值实例化Student对象s
46              s.setId(rs.getInt(1));
47              s.setName(rs.getString("name"));
48              s.setUsername(rs.getString("username"));
49              s.setPassword(rs.getString("password"));
50              s.setSex(rs.getInt("sex"));
51              s.setAge(rs.getInt("age"));
52          }
53      } catch (SQLException e) {e.printStackTrace();  }
54      finally {JDBCUtils.close(con, pst, rs);   }
55      return s;
56  }
57  //根据用户名查找学生信息,返回一个list集合
58  public List<Student> findByusername(String username){
59      String sql = "select * from t_student where username = ?";
60      List<Student> list = new ArrayList<Student>();
61      Connection con = JDBCUtils.getConnection();
62      ResultSet rs = null;
63      Student s = null;
64      PreparedStatement pst = null;
65      try {
66          pst = con.prepareStatement(sql);
67          pst.setString(1, username);
68          rs = pst.executeQuery();
69          while(rs.next()) {
70              s = new Student();
71              //取当前记录的字段值对对象s的属性赋值
72              s.setId(rs.getInt(1));
73              s.setName(rs.getString("name"));
74              s.setUsername(rs.getString("username"));
75              s.setPassword(rs.getString("password"));
76              s.setSex(rs.getInt("sex"));
77              s.setAge(rs.getInt("age"));
78              list.add(s);          //将对象s添加到集合中
79          }
80      } catch (SQLException e) {e.printStackTrace();}
81      finally {JDBCUtils.close(con, pst, rs);}
82      return list.size()>0?list:null;
83  }
84  //插入学生信息,参数为Student对象,插入成功返回true,否则返回false
85  public boolean insertStudent(Student s){
86      String sql = "insert into t_student(name,username,password,age,sex)" + "values(?,?,?,?,?)";
87      Connection con = JDBCUtils.getConnection();
88      PreparedStatement pst = null;
89      int n = 0;
90      try {
91          //创建PreparedStatement对象
92          pst = con.prepareStatement(sql);
93          //设置参数值
94          pst.setString(1, s.getName());
95          pst.setString(2, s.getUsername());
```

```java
96          pst.setString(3, s.getPassword());
97          pst.setInt(4, s.getAge());
98          pst.setInt(5, s.getSex());
99          //执行插入操作,返回插入记录数量
100         n = pst.executeUpdate();
101     } catch (SQLException e) {e.printStackTrace();}
102     finally {JDBCUtils.close(con, pst);}
103     return n > 0;
104 }
105 //修改学生信息,参数为 Student 对象,修改成功返回 true,否则返回 false
106 public boolean updateStudent(Student s){
107     String sql = "update t_student set name = ?,username = ?,age = ?,sex = ?" + " where id = ?";
108     Connection con = JDBCUtils.getConnection();
109     PreparedStatement pst = null;
110     int n = 0;
111     try {
112         pst = con.prepareStatement(sql);
113         pst.setString(1, s.getName());
114         pst.setString(2, s.getUsername());
115         pst.setInt(3, s.getAge());
116         pst.setInt(4, s.getSex());
117         pst.setInt(5, s.getId());
118         n = pst.executeUpdate();
119     } catch (SQLException e) {e.printStackTrace();}
120     finally {JDBCUtils.close(con, pst);}
121     return n > 0;
122 }
123     //根据序号 id 删除学生信息,删除成功返回 true,否则返回 false
124 public boolean delete(Integer id){
125     String sql = "delete from t_student where id = ?";
126     Connection con = JDBCUtils.getConnection();
127     PreparedStatement pst = null;
128     int n = 0;
129     try {
130         pst = con.prepareStatement(sql);
131         pst.setInt(1, id);
132         n = pst.executeUpdate();
133     } catch (SQLException e) {e.printStackTrace();}
134     finally {JDBCUtils.close(con, pst);}
135     return n > 0;
136 }
137 }
```

5. 创建过滤器

为解决中文乱码问题,创建包 com.yzpc.filter,在包中创建过滤器 CharacterFilter。指定中文编码使用 GB18030 字符集。使用注解@WebFilter("/*")指定过滤路径。其代码如下:

```java
1 public void doFilter(ServletRequest request, ServletResponse response, FilterChain chain)
    throws IOException, ServletException {
2   request.setCharacterEncoding("GB18030");
3   response.setCharacterEncoding("GB18030");
4   chain.doFilter(request, response);
5 }
```

6. 创建 Servlet

（1）创建包 com.yzpc.servlet，在包中创建 Servlet 的类 AllStudent.java，在该类中检索表中的所有记录，并转发到 student.jsp 页面。使用注解 @WebServlet("/AllStudent") 指定虚拟路径。其代码如下：

```
1  protected void doGet(HttpServletRequest request, HttpServletResponse response) throws
   ServletException, IOException {
2     StudentDao studentDao = new StudentDao();
3     //获取表中所有记录,存储到 List 集合中
4     List<Student> list1 = studentDao.findAll();
5     request.setAttribute("list1", list1);
6     request.getRequestDispatcher("student.jsp").forward(request, response);
7  }
```

（2）在包 com.yzpc.servlet 中创建 Servlet 的类 ModifyStudent.java，在该类中读取请求参数 id 的值，如果 id 不为空，就根据 id 查找 t_student 表中对应的学生信息，并转发到 addStudent.jsp 页面显示。@WebServlet("/modifyStu") 指定虚拟路径。其代码如下：

```
1  protected void doGet(HttpServletRequest request, HttpServletResponse response) throws
   ServletException, IOException {
2     String id = request.getParameter("id");
3     Student s = null;
4     if(id != null && !id.isEmpty()){
5        s = new StudentDao().findById(Integer.parseInt(id));
6        request.setAttribute("s", s);
7        request.getRequestDispatcher("addStudent.jsp").forward(request, response);
8     }
9  }
```

（3）在包 com.yzpc.servlet 中创建 Servlet 的类 DeleteStudent.java。在该类中读取请求参数 id 的值，如果 id 不为空，就根据 id 删除 t_student 表中对应的学生信息，重定向到 AllStudent.java。@WebServlet("/delStu") 指定虚拟路径。其代码如下：

```
1  protected void doGet(HttpServletRequest request, HttpServletResponse response) throws
   ServletException, IOException {
2     //TODO Auto-generated method stub
3     String id = request.getParameter("id");
4     Student s = null;
5     if(id != null && !id.isEmpty()){
6        StudentDao studentDao = new StudentDao();
7        studentDao.delete(Integer.parseInt(id));
8        response.sendRedirect("AllStudent");
9     }
10 }
```

（4）在包 com.yzpc.servlet 中创建 Servlet 的类 AddStudent.java，在该类中读取请求表单数据，并将数据存储在 Student 对象中，再根据所读取的参数 id 判断是向 t_student 表中插入数据还是修改数据。@WebServlet("/addStudent") 指定虚拟路径。其代码如下：

```
1  protected void doGet(HttpServletRequest request, HttpServletResponse response) throws
   ServletException, IOException {
2     Student s = new Student();
```

```
3      //读取表单数据
4      String id = request.getParameter("id");
5      String name = request.getParameter("name");
6      String username = request.getParameter("username");
7      Integer age = Integer.parseInt(request.getParameter("age"));
8      Integer sex = Integer.parseInt(request.getParameter("sex"));
9      //对对象s的其他字段赋值
10     s.setName(name);
11     s.setUsername(username);
12     s.setAge(age);
13     s.setSex(sex);
14     s.setPassword("123456");
15     //调用studentDao的插入或者修改方法
16     StudentDao studentDao = new StudentDao();
17     //若变量id已存在,则修改表信息,设置对象s的id属性;否则插入新数据
18     if(id != null && !id.isEmpty()){
19        s.setId(Integer.parseInt(id));
20        studentDao.updateStudent(s);
21     }   else{
22        studentDao.insertStudent(s);
23     }
24     response.sendRedirect("AllStudent");
25  }
```

7. 创建 JSP 页面

(1) 在 WebContent 文件夹中创建 index.jsp,跳转到 AllStudent。其代码如下:

```
1   <script type="text/javascript">
2   window.location.href = "${pageContext.request.contextPath}/AllStudent";
3   </script>
```

(2) 在 WebContent 文件夹中创建 student.jsp,显示所有学生信息,并提供添加、修改和删除学生信息的链接。

单击"添加"按钮,调用 addStudent.jsp 处理;单击"修改"按钮,调用 ModifyStudent.java 处理;单击"删除"按钮,调用 deletStudent.java 处理;单击"修改"和"删除"按钮时同时传递当前选中记录的 id 值作为请求参数。student.jsp 文件的主要代码如文件 10-5 所示。

文件 10-5 student.jsp 文件的主要代码

```
1   <body>
2       <a  href="addStudent.jsp">添加</a>
3       <table class="table table-hover table-striped table-bordered">
4           <thead>
5               <tr>
6                   <th>编号</th><th>用户名</th><th>姓名</th><th>学号</th>
7                   <th>性别</th><th>年龄</th><th>操作</th>
8               </tr>
9           </thead>
10          <tbody>
11              <c:forEach var="s" items="${list1}">
12                  <tr>
13                      <td>${s.id}</td><td>${s.username}</td><td>${s.name}</td>
14                      <td>${s.username}</td>
```

```
15                <td><c:if test="${s.sex == 1 }">男</c:if><c:if test="${s.sex == 0
                  }">女</c:if></td>
16                <td>${s.age }</td>
17                <td>
18                   <a href="modifyStu?id=${s.id}">修改</a>
19                   <a href="#" onclick="delStu(${s.id})">删除</a>
20                </td>
21             </tr>
22          </c:forEach>
23       </tbody>
24    </table>
25 </body>
26 <script>
27    function delStu(id){
28       if(confirm("是否确认删除?")){
29          location.href = "delStu?id=" + id;
30       }
31    }
32 </script>
```

（3）在 WebContent 文件夹中创建 addStudent.jsp 页面，若是添加数据，则显示空表单；若是修改数据，则显示当前记录数据。用户提交成功后，发送给 AddStudent.java 处理。addStudent.jsp 文件的主要代码如文件 10-6 所示。

文件 10-6　addStudent.jsp 文件的主要代码

```
1  <h3>添加学生信息</h3>
2  <form action="addStudent" id="stufrm"  method="POST">
3     <input type="hidden" id="id" name="id" value="${s.id }"/>
4     <div>
5        <label>学       号:</label>
6        <input  type="text" id="code" name="username" value="${s.username }">
7     </div>
8     <div>
9        <label>学生姓名:</label>
10       <input type="text" id="name" name="name" value="${s.name }">
11    </div>
12    <div>
13       <label>年       龄:</label>
14       <input type="text" id="age" name="age" value="${s.age }">
15    </div>
16    <div>
17       <label>性      别:</label>
18       <label>
19          <input type="radio" value="1" name="sex"
20          <c:if test="${s.sex == 1 || empty s }"> checked="checked"</c:if>> 男
21       </label>   
22       <label>
23          <input type="radio" value="0" name="sex"
24          <c:if test="${s.sex == 0 }"> checked="checked"</c:if>> 女
25       </label>
26    </div>
27    <div>
28       <button type="reset">重  置</button>
```

```
29        < button type = "submit" >添   加</button >
30      </div >
31 </form >
```

8. 运行结果

启动服务器,在浏览器地址栏中输入 http://localhost:8080/ch10_demo/后回车,即可显示学生信息浏览页面,如图 10-8 所示。

单击图 10-8 中的"添加"链接,显示添加学生信息页面,添加数据成功后返回到学生信息浏览页面。添加学生信息页面如图 10-9 所示。

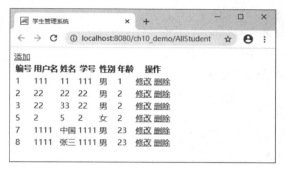

图 10-8 学生信息浏览页面

图 10-9 添加学生信息页面

单击图 10-8 中的"修改"链接,打开修改学生信息页面,与添加页面类似,修改完成后,返回到学生信息浏览页面。

单击图 10-8 中的"删除"链接,系统会提醒是否删除的确认信息,确认删除后,会删除指定记录,然后返回到学生信息浏览页面。在学生信息浏览页面可以比较添加、修改和删除操作前后的学生信息的变化。

本案例中,为突出 JDBC 操作数据库的过程和简化程序代码,关于页面显示效果和数据有效性验证的代码可以参考完整项目 stuManager。

10.4 本章小结

本章主要介绍了 JDBC 规范的概念,Java Web 应用开发中数据库操作的步骤及 JDBC 的常用接口,尤其是 Statement 接口与 PreparedStatement 接口的区别和应用,ResultSet 接口的常用方法及使用;并通过一个案例详细介绍 JDBC 操作数据库的思路与步骤。

第 11 章 Ajax 技 术

视频讲解

Ajax 的全称为 Asynchronous JavaScript and XML（异步 JavaScript 和 XML），是指一种创建交互式网页应用的网页开发技术。Ajax 的核心是 JavaScript 的 XMLHttpRequest 对象，该对象在 IE5 中首次引入，它是一种支持异步请求的技术。简而言之，XMLHttpRequest 可以使用 JavaScript 向服务器提出请求并处理响应，而不阻塞用户。

通过本章的学习，您可以：

（1）了解 Ajax 的基本概念；

（2）掌握 Ajax 的编程步骤；

（3）掌握 Ajax 的应用。

11.1 Ajax 概 述

1. 什么是 Ajax

Ajax(Asynchronous JavaScript and XML，异步 JavaScript 和 XML)是指一种创建交互式网页应用的网页开发技术。Ajax 不是一种新的编程语言，而是使用现有标准的新方法。Ajax 可以在不重新加载整个页面的情况下，与服务器交换数据。这种异步交互的方式，使用户单击后，不必刷新页面也能获取新数据。使用 Ajax 技术，用户可以创建接近本地桌面应用的直接、高可用、更丰富、更动态的 Web 用户界面。Ajax 的核心技术如下：

（1）使用 CSS 和 XHTML 来表示。

（2）使用文档对象模型(Document Object Model)作动态显示和交互。

（3）使用 JavaScript 来绑定和调用。

（4）使用 XMLHttpRequest 与服务器进行异步数据通信。

2. Ajax 的工作原理

Ajax 的工作原理相当于在用户和服务器之间加了一个中间层（Ajax 引擎），使用户操作与服务器响应异步化。并不是所有的用户请求都提交给服务器，如一些数据验证和数据处理等由 Ajax 引擎处理，只有确定需要从服务器读取新数据时再由 Ajax 引擎代为向服务器提交请求。

3. 普通交互与 Ajax 交互的区别

浏览器的普通交互方式如图 11-1 所示。

浏览器的 Ajax 交互方式如图 11-2 所示。

在创建 Web 站点时，在客户端执行屏幕更新为用户提供了很大的灵活性。使用 Ajax 可以完成如下功能。

动态更新购物车的物品总数，无须用户单击 Update 并等待服务器重新发送整个页面。

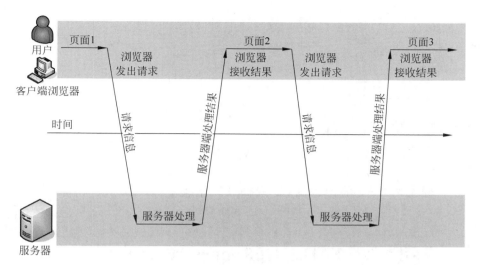

图 11-1　普通交互方式

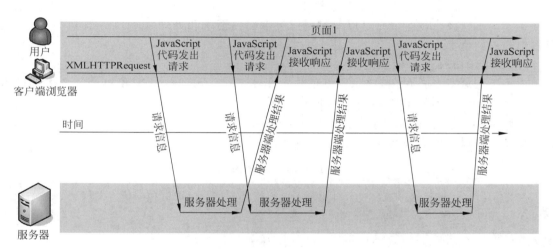

图 11-2　Ajax 交互方式

提升站点的性能,这是通过减少从服务器下载的数据量而实现的。例如,在 Amazon 的购物车页面,当更新篮子中的一项物品的数量时,会重新载入整个页面,这必须下载 32KB 的数据。如果使用 Ajax 计算新的总量,服务器只会返回新的总量值,因此所需的带宽仅为原来的 1%。消除了每次用户输入时的页面刷新。

在 Ajax 中,如果用户在分页列表上单击 Next 按钮,那么服务器数据只刷新列表而不是整个页面,直接编辑表格数据,而不是要求用户导航到新的页面来编辑数据。对于 Ajax,当用户选择 Edit 选项时,可以将静态表格刷新为内容可编辑的表格。用户单击 Done 之后,就可以发出一个 Ajax 请求来更新服务器,并刷新表格,使其包含静态、只读的数据。

Ajax 案例如图 11-3 所示。

简单来说,Ajax 的原理是通过 XMLHttpRequest 对象向服务器发送异步请求,从服务器获得数据,然后用 JavaScript 来操作 DOM 而更新页面。其中最关键的一步就是从服务器获得请求数据,由 XMLHttpRequest 对象实现。

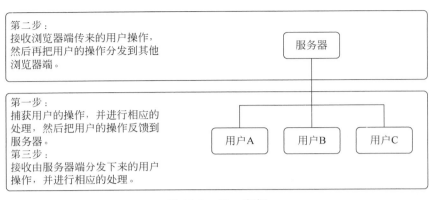

图 11-3　Ajax 案例

11.2　XMLHttpRequest 对象的应用

XMLHttpRequest 是 Ajax 的核心机制,它是在 IE5 中首先引入的,是一种支持异步请求的技术。简单地说,JavaScript 可以及时向服务器提出请求和处理响应,而不阻塞用户,达到无刷新效果的技术。

1. XMLHttpRequest 对象的创建

由于各浏览器之间存在差异,所以创建一个 XMLHttpRequest 对象可能需要不同的方法。这个差异主要体现在 IE 浏览器和非 IE 浏览器之间。

【例 11-1】　创建 XMLHttpRequest 对象的方法。

创建 XMLHttpRequest 对象的方法如文件 11-1 所示。

文件 11-1　创建 XMLHttpRequest 对象

```
1   function CreateXmlHttp() {
2     //非 IE 浏览器创建 XMLHttpRequest 对象
3     var xmlhttp;
4     if (window.XMLHttpRequest) {
5        xmlhttp = new XMLHttpRequest();
6     }
7     //IE 浏览器创建 XMLHttpRequest 对象
8     if (window.ActiveXObject) {
9        try {
10           xmlhttp = new ActiveXObject("Microsoft.XMLHTTP");
11       }
12       catch (e) {
13          try {
14             xmlhttp = new ActiveXObject("msxml2.XMLHTTP");
15          }
16          catch (ex) { }
17       }
18    }
19    return xmlhttp;
20  }
```

2. XMLHttpRequest 对象的常用属性

XMLHttpRequest 对象的常用属性及其含义如表 11-1 所示。

表 11-1   XMLHttpRequest 对象的常用属性及其含义

属性名称	含义
onreadystatechange	每次状态改变所触发事件的事件处理程序
readyState	对象状态值,状态值有 0~4 共 5 个取值
responseText	从服务器进程返回数据的字符串形式
responseXML	从服务器进程返回的 DOM 兼容的文档数据对象
status	从服务器返回的数字代码,比如常见的 404(未找到)和 200(已就绪)
statusText	伴随状态码的字符串信息

部分属性说明如下所述。

(1) onreadystatechange 属性。onreadystatechange 属性用于指定状态变化时所触发的事件处理器。在 Ajax 中,每个状态改变都会触发一个事件处理器,通常会调用一个 JavaScript 函数。示例如下:

```
xmlHttp.onreadystatechange = function(){}
```

(2) readyState 属性。readyState 属性存储服务器响应的状态信息。每当 readyState 改变时,onreadystatechange() 函数就会被执行。readyState 的状态值及其含义如表 11-2 所示。

表 11-2   readyState 的状态值及其含义

状态值	含义
0(未初始化)	表示对象已建立,但是尚未初始化(尚未调用 open()方法)
1(初始化)	对象已建立,尚未调用 send()方法
2(发送数据)	send()方法已调用,但是当前的状态及 http 头未知
3(数据传送中)	已接收部分数据,因为响应及 http 头不全,这时通过 responseBody 和 responseText 获取部分数据会出现错误
4(完成)	数据接收完毕,此时可以通过 responseXml 和 responseText 获取完整的回应数据

(3) responseText 属性。通过 responseText 属性可以取回由服务器返回的字符数据。

【例 11-2】   指定状态改变时,取回响应数据。

注册回调函数代码如下:

```
1    xmlHttp.onreadystatechange = function() {
2        if (xmlHttp.readyState == 4) {
3            document.myForm.time.value = xmlHttp.responseText;
4        }
5    }
```

在上述代码中,第 1 行,xmlHttp.onreadystatechange 属性指定为调用一个匿名函数;第 2 行,判断 xmlHttp.readyState 属性的值是否为 4,如果成立,那么数据接收完毕,可以接收服务器返回的值;第 3 行,通过 xmlHttp.responseText 属性得到返回值,并放入页面元素 time 中。

3. XMLHttpRequest 对象的常用方法

XMLHttpRequest 对象的常用方法及其功能如表 11-3 所示。

表 11-3　XMLHttpRequest 对象的常用方法及其功能

方　　法	功　　能
abort()	停止当前请求
getAllResponseHeaders()	将 Http 请求的所有响应首部作为键值对返回
open(method,url,asyncFlag)	asyncFlag＝是否非同步标记
send(content)	向服务器发送请求
setRequestHeader(header,value)	把指定首部设置为所提供的值，在调用该方法之前必须先调用 open()方法
getResponseHeader(header)	返回指定首部的字符串值

XMLHttpRequest 对象中最常用的方法为 open()方法和 send()方法。下面分别说明。

（1）open()方法的语法格式如下：

```
open(method,url,asyncFlag)
```

该方法用于与服务器建立连接。其有三个主要参数：第一个参数 method，字符串类型，定义发送请求所使用的方法，常见的请求方式为 Get 和 Post；第二个参数 url，字符串类型，表示当前请求的服务器端地址链接；第三个参数 asyncFlag，布尔型，表示是否非异步，当为 true 时，规定应当对请求进行异步处理，默认为 true。示例代码如下：

```
xmlHttp.open("GET","test.jsp",true);
```

（2）send()方法的语法格式如下：

```
send(content)
```

该方法是将客户端满页面的数据发送给服务器端，参数 content 表示要向服务器端发送的请求数据。

如果当前的请求方式为 GET，send()方法中只能传递 null 值，请求数据直接在 url 后面进行拼接。示例代码如下：

```
1    xmlhttp.open("get","http://www.baidu.com?name = xiaoxiao");
2    xmlhttp.send(null);
```

如果是 POST 请求，则要调用 setRequestHeader()方法进行多项设置操作，然后调用 send()方法。示例代码如下：

```
1    xmlhttp.open("POST","http://www.baidu.com");
2    xmlhttp.setRequestHeader("content - type","application/x - www - form - urlencoded");
3    xmlhttp.send("name = xiaoxiao");
```

setRequestHeader()方法的作用是向被发送的 http 报头中为指定头字段设置值。

注意：不发送数据时，send()方法的参数值必须为 null 值，而不能为空。

11.3　Ajax 编程步骤

Ajax 编程的步骤如下：

（1）获取 XMLHttpRequest 对象。参考文件 11-1。

(2) 注册回调函数。
(3) 设置请求方式。
(4) 调用 send()方法发送请求。
(5) 在回调函数中进行具体的数据操作。

下面通过一个案例介绍 Ajax 具体编程的步骤。

【例 11-3】 Ajax 编程的步骤。

(1) 在 Eclipse 中创建动态的 Web 工程 ch11_demo,在 src 目录下创建 com→yzpc 目录,在 WebContent 目录下创建 index.jsp 文件,如图 11-4 所示。

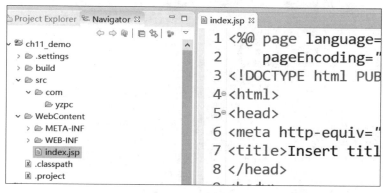

图 11-4 项目结构

(2) 编写接收 Ajax 发送的请求 Java 的类 MyServlet,如文件 11-2 所示。

文件 11-2　MyServlet.java 的代码

```
1   package com.yzpc;
2   import java.io.IOException;
3   import javax.servlet.ServletException;
4   import javax.servlet.annotation.WebServlet;
5   import javax.servlet.http.HttpServlet;
6   import javax.servlet.http.HttpServletRequest;
7   import javax.servlet.http.HttpServletResponse;
8   public class MyServlet extends HttpServlet {
9     private static final long serialVersionUID = 1L;
10        protected void doGet(HttpServletRequest request, HttpServletResponse response) throws ServletException, IOException{
11        String name = request.getParameter("name");
12        response.getWriter().append("sendMessage success,name = " + name);
13    }
14  }
```

上述代码中,第 11 行,读取请求参数 name 的值;第 12 行,发送响应消息体。

(3) 在 index.jsp 文件<body>标签内添加一个按钮用于单击发送请求,调用 sendRequest()方法。其代码如下:

```
< button onclick = "sendRequest()">发送请求</button>
```

(4) 在 index.jsp 文件里添加<javascript>标签,编写 Ajax 代码。index.jsp 文件中的 Ajax 内容如文件 11-3 所示。

文件 11-3　index.jsp 文件中的 Ajax 代码

```
1   function sendRequest(){
2       var url = "http://localhost:8080/ch11_demo/myServlet?name = zhangsan";
3       var request = CreateXmlHttp();
4       request.onreadystatechange = function(){
5           if(request.status == 200){
6               alert(request.responseText);
7           }
8       };
9       request.open("GET", url);
10      request.send(null);
11  }
12  function CreateXmlHttp(){
13      //非 IE 浏览器创建 XMLHttpRequest 对象
14      var xmlhttp;
15      if (window.XMLHttpRequest){
16              xmlhttp = new XMLHttpRequest();
17          }
18          //IE 浏览器创建 XMLHttpRequest 对象
19      if (window.ActiveXObject){
20      try{
21              xmlhttp = new ActiveXObject("Microsoft.XMLHTTP");
22          }
23      catch (e){
24      try{
25              xmlhttp = new ActiveXObject("msxml2.XMLHTTP");
26          }
27          catch (ex) { }
28      }
29      }
30      return xmlhttp;
31  }
```

（5）通过 Tomcat 运行项目，访问主页可以看到"发送请求"按钮，单击"发送请求"按钮，弹出的对话框，如图 11-5 所示。

图 11-5　单击"发送请求"按钮弹出的对话框

11.4　jQuery Ajax 方法

Ajax 在 Java Web 项目中有着广泛的应用，同时作为原生 JavaScript 代码，又有很多重复代码，因此出现了 JavaScript 框架 jQuery，里面有了对 Ajax 的封装，能够让 Web 开发更加方便、快捷。

通过 jQuery Ajax 方法，用户能够使用 HTTP GET 和 HTTP POST 从远程服务器上请求文本、HTML、XML 或 JSON 数据，同时能够把这些外部数据直接载入网页的指定元素中。

jQuery Ajax 本质上是 XMLHttpRequest 或 ActiveXObject。下面简单介绍 jQuery 中的 Ajax 方法的使用。

1. $.ajax()方法

$.ajax()方法是一个功能十分强悍的底层方法。基于该方法实现的$.get()和$.post()都是常用的向服务器请求数据的方法。$.ajax()调用的语法格式如下：

```
$.ajax([options])
```

其中，可选参数 options 作为 setRequestHeader()方法中的请求设置，其格式为 key/value，既包含发送请求的参数，也含有服务器响应回调的数据，常用的参数具体格式如表 11-4 所示。

表 11-4 Ajax 的常用参数

参数名	类型	描述
type	String	请求方式 Post 或 Get，默认为 GET
url	String	发送请求的地址，默认当前页地址
async	Boolean	请求方式，默认 true。在默认设置下，所有请求均为异步请求。如果需要发送同步请求，请将此选项设置为 false
contentType	String	发送信息至服务器时的内容编码类型（如 application/json），（默认："application/x-www-form-urlencoded"，默认值适合大多数应用场合）
data	String/Object	发送到服务器的参数
dataType	String	预期服务器返回的数据类型。如果不指定，jQuery 将自动根据 HTTP 包 MIME 信息返回 responseXML 或 responseText，并作为回调函数参数传递，可用值： "xml"：返回 XML 文档，可用 jQuery 处理。 "html"：返回纯文本 HTML 信息；包含 script 元素。 "script"：返回纯文本 JavaScript 代码。不会自动缓存结果。 "json"：返回 JSON 数据。 "jsonp"：JSONP 格式。使用 JSONP 格式调用函数时，如 "myurl?callback=?" jQuery 将自动替换 ? 为正确的函数名，以执行回调函数
success	Function	请求成功后的回调函数

2. jQuery Ajax 的应用

【例 11-4】 修改例 11-3 将原生 Ajax 代码替换为 jQuery 的 Ajax 代码。

（1）添加 jQuery 支持到项目中。在 WebContent 目录下添加 jquery-3.3.1.min.js 文件。
（2）在 index.jsp 文件中注释掉原生 Ajax 代码，添加 jQuery 的 Ajax 代码。其代码如下：

```
1   <script type="text/javascript" src="${pageContext.request.contextPath}/jquery-3.3.1.min.js"></script>
2   <script type="text/javascript">
3   function sendRequest(){
4       var url = "${pageContext.request.contextPath}/myServlet?name=zhangsan";
5       $.ajax({
6           type : "get",
7           dataType : "text",
8           url : url,
9           async : false,
10          success : function(data){
11              alert(data);
```

```
12            },
13       error : function(){
14            alert("服务器发生故障,请尝试重新登录!");
15        }
16    });
17 }
```

(3) 运行项目,可以看到和例 11-3 同样的运行结果。

11.5 Ajax 的优缺点

1. Ajax 的优点

(1) 页面无刷新,在页面内与服务器通信,给用户的体验非常好。

(2) 使用异步方式与服务器通信,不需要打断用户的操作,具有更加迅速的响应能力。

(3) 可以把以前一些服务器负担的工作转嫁到客户端,利用客户端闲置的能力来处理,以减轻服务器和带宽的负担,以及节约空间和宽带租用成本。Ajax 的原则是"按需取数据",可以最大限度地减少冗余请求和响应对服务器造成的负担。

(4) 基于标准化的并被广泛支持的技术,不需要下载插件或者小程序。

2. Ajax 的缺点

(1) Ajax 的使用,使得页面后退按钮失效,即对浏览器后退机制造成了破坏。这是 Ajax 所带来的一个比较严重的问题,因为用户往往是希望能够通过后退来取消前一次的操作。对于这个问题有没有办法能够解决呢? 答案是肯定的。用过 Gmail 的人都知道,Gmail 采用的 Ajax 技术解决了这个问题,在 Gmail 下面是可以后退的,但是,这也并不能改变 Ajax 的机制,它只是采用了一个比较笨但有效的办法,即在用户单击后退按钮访问历史记录时,可通过创建或使用一个隐藏的 IFRAME 来重现页面上的变更(例如,当用户在 Google Maps 中单击后退时,它在一个隐藏的 IFRAME 中进行搜索,然后将搜索结果反映到 Ajax 元素上,以便将应用程序状态恢复到当时的状态。)

但是,虽然说这个问题是可以解决的,但是它所带来的开发成本是非常高的,和 Ajax 框架所要求的快速开发是相背离的。这是 Ajax 所带来的一个非常严重的问题。

(2) 安全问题。Ajax 技术同时也对 IT 企业带来了新的安全威胁。Ajax 技术就如同对企业数据建立了一个直接通道,这使得开发者在不经意间会暴露比以前更多的数据和服务器逻辑。Ajax 的逻辑可以将客户端的安全扫描技术隐藏起来,允许黑客从远端服务器上建立新的攻击。还有,Ajax 也难以避免一些已知的安全弱点,诸如跨站点脚本攻击、SQL 注入攻击和基于 credentials 的安全漏洞等。

(3) 对搜索引擎的支持比较弱。

(4) 另外,像其他方面的一些问题,比如说违背了 URL 和资源定位的初衷。例如,给定一个 URL,如果采用了 Ajax 技术,也许不同用户在该 URL 下面看到的内容是不同的。这个和资源定位的初衷是相背离的。

11.6 本章小结

本章主要介绍了 Ajax 的概念。首先介绍原生 Ajax 的基本概念,包括 Ajax 对象的创建、方法的使用;然后详细介绍了 Ajax 的编程步骤,使用 Ajax 实现异步编程;最后介绍 jQuery 中 Ajax 方法的基本知识和使用方法。

第 12 章　　Spring 框 架

在 J2EE 开发平台中,Spring 是一种优秀的轻量级企业应用解决方案。Spring 倡导一切从实际出发,它的核心技术就是 IoC(控制反转)和 AOP(面向切面编程)技术。本章将介绍 Spring 框架的基础知识。

通过本章的学习,您可以:
(1) 了解控制反转的基本概念;
(2) 掌握依赖注入的两种方式;
(3) 掌握 Spring 中 Bean 的配置;
(4) 了解 AOP 概念;
(5) 了解 AOP 中的切入点;
(6) 掌握 AOP 在 Spring 中的使用方法;
(7) 了解 Spring MVC 开发模式。

12.1　Spring 框架概述

Spring 框架是为解决企业应用软件开发的复杂性而创建的。其使用的是基本的 JavaBean 来完成以前只可能由 EJB 完成的事情并提供更多的企业应用功能。从简单性、可测试性和松耦合性角度而言,绝大部分 Java 应用都可以从 Spring 中受益。

Spring 是一个轻量级控制反转(Inverse of Controller,IoC)和面向切面(Aspect Oriented Programming,AOP)的容器框架。用户可以使用它来建立自己的应用程序。

12.1.1　Spring 框架简介

1. 什么是 Spring

Spring 是分层的 Java SE/EE 应用 full-stack 轻量级开源框架,以 IoC 和 AOP 为内核,提供了展现层 Spring MVC 和持久层 Spring JDBC 以及业务层事务管理等众多的企业级应用技术,还能整合开源世界众多著名的第三方框架和类库。因此,Spring 逐渐成为使用最多的 Java EE 企业应用开源框架。

2. Spring 的优势

(1) 方便解耦,简化开发。通过 Spring 提供的 IoC 容器,可以将对象间的依赖关系交由 Spring 进行控制,避免硬编码所造成的过度程序耦合。用户也不必再为单列模式类、属性文件解析等底层的需求编写代码,可以更专注于上层的应用。

(2) AOP 编程的支持。通过 Spring 的 AOP 功能,方便进行面向切面的编程,许多不容易用 OOP 实现的功能可以通过 AOP 轻松应付。

(3) 声明式事务的支持。可以从单调烦闷的事务管理代码中解脱出来,通过声明方式灵活地进行事务的管理,提高开发效率和质量。

(4) 方便程序的测试。可以用非容器依赖的编程方式进行几乎所有的测试工作,测试不再是昂贵的操作,而是随手可做的事情。

(5) 方便集成各种优秀框架。Spring 可以降低各种框架的使用难度,提供对各种优秀框架(Struts、Hibernate、Hessian、Quart 等)的直接支持。

(6) 降低 JavaEE API 的使用难度。Spring 对 JavaEE API(如 JDBC、JavaMail、远程调用等)进行了薄薄的封转层,使这些 API 的使用难度大为降低。

(7) Java 源码是经典学习范例。Spring 的源代码设计精妙,结构清晰,匠心独运,处处体现着大师对 Java 设计模式灵活运用以及对 Java 技术的高深造诣。它的源代码是 Java 技术的最佳实践的范例。

12.1.2 Spring 的体系架构

Spring 框架采用分层架构,在官方文档中发布的 Spring 框架体系结构,大约有 20 个模块组成,分为下面几组,Data Access/Integration、Web、AOP、Aspects、Instrumentation、Messaging、Core Container 和 Test。Spring 框架体系结构的官方模型,如图 12-1 所示。

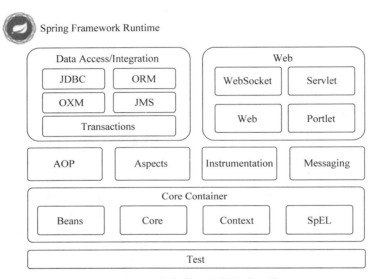

图 12-1 Spring 框架体系结构的官方模型

从图 12-1 中可以看到,所有的 Spring 模块都是在核心容器之上构建的。容器定义了 Bean 如何创建、配置和管理更多的 Spring 细节。当用户在配置自己的应用时,就会潜在地使用这些类。但是作为一名开发者,最可能对影响容器所提供的服务的其他模块感兴趣。这些模块将会为开发者提供用于构建应用服务的框架。例如,AOP 和持久性。然而在实际项目应用中,为了方便,开发者使用的是由 7 个模块组成 Spring 体系结构。Spring 体系结构的应用模型,如图 12-2 所示。

下面对 Spring 体系结构的应用模型中的 7 个模块分别进行介绍。

1. Spring Core

Spring Core(核心容器模块)是 Spring 框架最基础的部分,它提供了依赖注入(DependencyInjection)特征来实现容器对 Bean 的管理。这里基本的概念是 BeanFactory,它是任何 Spring 应用的核心。BeanFactory 是工厂模式的一个实现,它使用 IoC 将应用配置和依赖说明从实际的应用代码中分离出来。

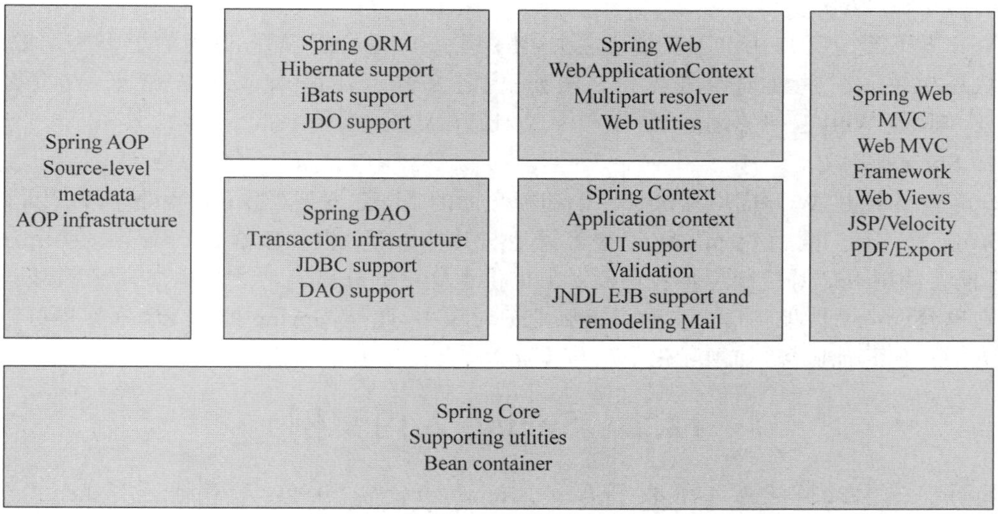

```
┌─────────────────┐ ┌─────────────────┐ ┌─────────────────┐ ┌─────────────────┐
│                 │ │  Spring ORM     │ │  Spring Web     │ │                 │
│                 │ │  Hibernate      │ │  WebApplication │ │  Spring Web     │
│                 │ │   support       │ │   Context       │ │   MVC           │
│  Spring AOP     │ │  iBats support  │ │  Multipart      │ │  Web MVC        │
│  Source-level   │ │  JDO support    │ │   resolver      │ │   Framework     │
│   metadata      │ └─────────────────┘ │  Web utilties   │ │  Web Views      │
│  AOP            │ ┌─────────────────┐ └─────────────────┘ │  JSP/Velocity   │
│   infrastructure│ │  Spring DAO     │ ┌─────────────────┐ │  PDF/Export     │
│                 │ │  Transaction    │ │  Spring Context │ │                 │
│                 │ │   infrastructure│ │  Application    │ │                 │
│                 │ │  JDBC support   │ │   context       │ │                 │
│                 │ │  DAO support    │ │  UI support     │ │                 │
│                 │ │                 │ │  Validation     │ │                 │
│                 │ │                 │ │  JNDL EJB       │ │                 │
│                 │ │                 │ │   support and   │ │                 │
│                 │ │                 │ │   remodeling    │ │                 │
│                 │ │                 │ │   Mail          │ │                 │
└─────────────────┘ └─────────────────┘ └─────────────────┘ └─────────────────┘
┌─────────────────────────────────────────────────────────────────────────────┐
│                              Spring Core                                     │
│                           Supporting utlities                                │
│                             Bean container                                   │
└─────────────────────────────────────────────────────────────────────────────┘
```

图 12-2　Spring 体系结构的应用模型

2. Spring Context

Spring Context(应用上下文模块)使 Spring 成为一个框架。这个模块扩展了 BeanFactory 的概念，增加了对国际化(I18N)消息、事件传播以及验证的支持。

另外，这个模块提供了许多企业服务，例如电子邮件、JNDI 访问、EJB 集成、远程以及时序调度(Scheduling)服务，也包括了对模板框架如 Velocity 和 FreeMarker 集成的支持。

3. Spring AOP

Spring 在它的 AOP 模块中提供了对面向切面编程的丰富支持。这个模块是在 Spring 应用中实现切面编程的基础。为了确保 Spring 与其他 AOP 框架的互用性，Spring 的 AOP 支持基于 AOP 联盟定义的 API。AOP 联盟是一个开源项目，它的目标是通过定义一组共同的接口和组件来促进 AOP 的使用以及不同的 AOP 实现之间的互用性。通过访问它们的站点，可以找到关于 AOP 联盟的更多内容。

Spring 的 AOP 模块也将元数据编程引入了 Spring。使用 Spring 的元数据支持，可以为源代码增加注释，指示 Spring 在何处以及如何应用切面函数。

4. Spring DAO

使用 JDBC 会导致大量的重复代码，取得连接、创建语句、处理结果集，然后关闭连接。Spring 的 JDBC 抽象和 DAO 模块抽取了这些重复代码，保证数据库访问代码的干净、简洁，并且可以防止因关闭数据库资源失败而引起的问题。

这个模块还在几种数据库服务器给出的错误消息之上建立了一个有意义的异常层，可不用再试图破译神秘的、私有的 SQL 错误消息！

另外，这个模块还使用了 Spring 的 AOP 模块为 Spring 应用中的对象提供事务管理服务。

5. Spring ORM

对那些更喜欢使用 Spring ORM(对象/关系映射集成模块)的人，Spring 并不试图实现它的 ORM 解决方案，而是为几种流行的 ORM 框架提供集成方案，包括 Hibernate、JDO 和 iBatis SQL 映射。Spring 的事务管理支持这些 ORM 框架中的每一个，也包括 JDBC。

6. Spring Web

Web 模块建立于应用上下文模块之上,提供了一个适合于 Web 应用的上下文。另外,这个模块还提供了一些面向服务支持。例如,实现文件上传的 Multipart 请求,它也提供了 Spring 和其他 Web 框架的集成,如 Struts、WebWork。

7. Spring MVC

Spring 为构建 Web 应用提供了一个功能全面的 MVC 框架(Spring Web MVC 以下简称为 Spring MVC)。虽然 Spring 可以很容易地与其他 MVC 框架集成,如 Struts,但 Spring 的 MVC 框架使用 IoC 对控制逻辑和业务对象提供了完全的分离。

它也允许声明性地将请求参数绑定到业务对象中,此外,Spring 的 MVC 框架还可以利用 Spring 的任何其他服务,如国际化信息与验证。

12.2 Spring 入门案例

Spring 框架的搭建需要下载 Spring Framework 的 Jar 包,下载地址为 https://repo.spring.io/libs-release-local/org/springframework/spring/,进入后选择下载版本,然后进入目录结构。其中 dist 是最终发布版本,包含开发所需的 lib 和源码。docs 是开发文档。schema 是约束文件。本书使用 Spring 4.0 版本,下载并解压后可以看到如图 12-3 所示结构图,其中,存入 libs 中的就是开发所需要的 Jar 包。

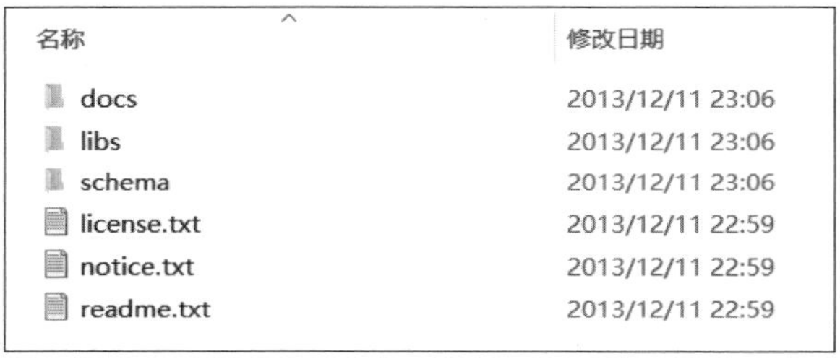

图 12-3 Spring 解压文件结构

12.2.1 搭建入门案例

【例 12-1】 Spring 入门案例。

操作步骤如下:

(1) 在 Eclipse 中创建动态的 Web 工程 ch12_demo,在 src 目录下创建 com.yzpc 目录。

(2) 在 Web 项目中导入所需要的 Spring 包,如图 12-4 所示。

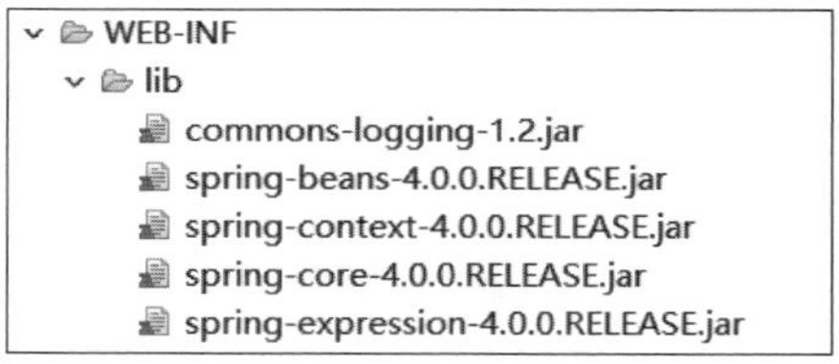

(3) 在 com.yzpc 目录下编写一个实体类 User,如文件 12-1 所示。

图 12-4 Spring 包

文件 12-1 User.java

```
1    package com.yzpc;
2    public class User {
3        private String name;
4        private String age;
5        public String getName() {return name;}
```

```
6    public void setName(String name){this.name = name;}
7    public String getAge(){return age;}
8    public void setAge(String age){this.age = age;}
9  }
```

（4）在 src 目录下创建 applicationContext.xml 文件，同时写入约束。applicationContext.xml 文件代码 1 如文件 12-2 所示。

文件 12-2　applicationContext.xml 文件代码 1

```
<?xml version = "1.0" encoding = "UTF - 8"?>
< beans xmlns = "http://www.springframework.org/schema/beans"
    xmlns:xsi = "http://www.w3.org/2001/XMLSchema - instance"
    xsi:schemaLocation = "http://www.springframework.org/schema/beans
        http://www.springframework.org/schema/beans/spring - beans - 4.0.xsd">
</beans >
```

（5）在 applicationContext.xml 文件的 <beans> 元素中添加子元素 <bean>，写入 User 对象。applicationContext.xml 文件代码 2 如文件 12-3 所示。

文件 12-3　applicationContext.xml 文件代码 2

```
1  <?xml version = "1.0" encoding = "UTF - 8"?>
2  < beans xmlns = "http://www.springframework.org/schema/beans"
3    xmlns:xsi = "http://www.w3.org/2001/XMLSchema - instance"
4    xsi:schemaLocation = "http://www.springframework.org/schema/beans
5    http://www.springframework.org/schema/beans/spring - beans - 4.0.xsd
6    ">
7    < bean name = "user" class = "com.yzpc.User"></bean>
8  </beans >
```

（6）编写测试代码，创建 Test.java 文件，编写 test()。测试代码如文件 12-4 所示。

文件 12-4　测试代码

```
1   package com.yzpc;
2   import org.springframework.context.ApplicationContext;
3   import org.springframework.context.support.ClassPathXmlApplicationContext;
4   import com.yzpc.User;
5   public class Test {
6     @org.junit.Test
7     public void test(){
8     ApplicationContext a = new ClassPathXmlApplicationContext("applicationContext.xml");
9       User user = (User) a.getBean("user");
10      System.out.println(user);
11    }
12  }
```

这里需要引入 Junit 包，可以直接在 Eclipse 中导入，选中项目，右击，在弹出的菜单项中选择 properties→Java Build Path，在弹出的 Java Build Path 对话框中选择 Libraries 菜单，单击右侧的 Add Library，选择 JUnit，即可添加到项目中。添加 JUnit 如图 12-5 所示。

（7）最后运行结果如图 12-6 所示。

图 12-6 的结果表明，将 User 对象交给 Spring 容器管理成功。

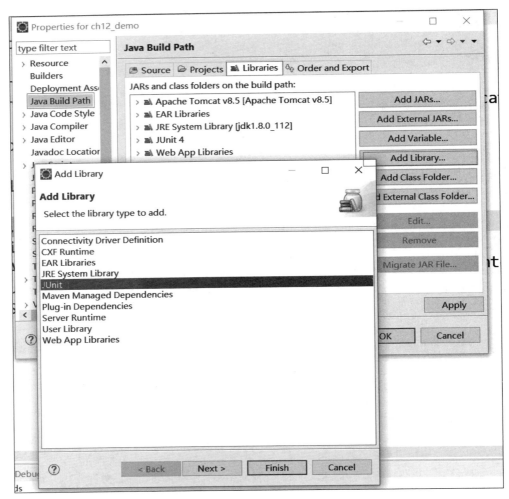

图 12-5 添加 JUnit

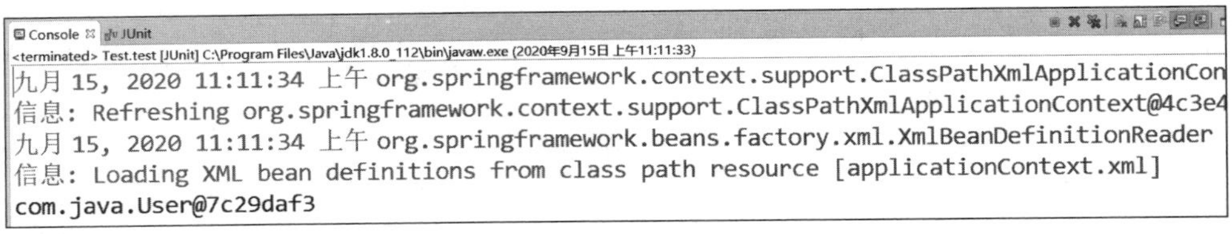

图 12-6 例 12-1 的运行结果

12.2.2 入门案例详解

在例 12-1 中,文件 12-2 所示的 applicationContext.xml 文件是一个标准的 Spring 配置文件。文件说明如下所述。

(1) xmlns:xsi="http://www.w3.org/2001/XMLSchema-instance"声明 XML Schema 实例,声明后就可以使用 schemaLocation 属性。

(2) xmlns="http://www.springframework.org/schema/beans"声明 XML 文件默认的命名空间,表示未使用其他命名空间时,所有元素的默认命名空间。

（3）xsi:schemaLocation="http://www.springframework.org/schema/beans
http://www.springframework.org/schema/beans/spring-beans-4.0.xsd"指定 Schema 的位置属性必须结合命名空间使用。这个属性有两个值：第一个值表示需要使用的命名空间；第二个值表示供命名空间使用的 XML schema 的位置。

在配置命名空间时，指定 xsd 规范文件，后面在进行具体配置的时候就会根据这些 xsd 规范文件给出相应的提示，比如每个标签是怎么写的，都有些什么属性是可以智能提示的，在启动服务的时候也会根据 xsd 规范对配置进行校验。

在文件 12-4 的测试代码中，通过 ClassPathXmlApplicationContext 加载 Spring 配置文件，初始化 Spring 容器，然后通过容器获取配置的 User 对象，就可输出对象的编码。

12.3 IoC/DI

12.3.1 什么是 IoC

IoC(Inversion of Control，控制反转)不是什么技术，而是一种设计思想。在 Java 开发中，IoC 意味着将用户设计好的对象交给容器控制，而不是传统的在对象内部直接控制。理解 IoC 的关键是要明确"谁控制谁，控制什么，为何是反转(有反转就应该有正转了)，哪些方面反转了"。下面详细分析该问题。

谁控制谁，控制什么？传统的 Java SE 程序设计直接在对象内部通过 new 创建对象，是程序主动去创建依赖对象；而 IoC 有一个专门的容器来创建这些对象，即由 IoC 容器来控制对象的创建。谁控制谁？当然是 IoC 容器控制了对象；控制什么？主要控制外部资源的获取(不只是对象，还有文件等)。

为何是反转，哪些方面反转了？有反转就有正转，传统应用程序是由用户在对象中主动控制去直接获取依赖对象，也就是正转；而反转则是由容器来帮忙创建及注入依赖对象。为何是反转？因为由容器帮助用户查找及注入依赖对象，对象只是被动地接收依赖对象，所以是反转；哪些方面反转了？依赖对象的获取被反转了。

控制反转显然是一个抽象的概念，下面举一个生活中的例子来说明。

在现实生活中，人们要用到一样东西的时候，第一反应就是去找到这件东西，比如想喝新鲜橙汁，当没有饮品店时，最直观的做法就是：买榨汁机，买橙子，然后准备水。这些都是你自己"主动"创造的过程，也就是说，一杯橙汁需要你自己创造。控制正转示意如图 12-7 所示。

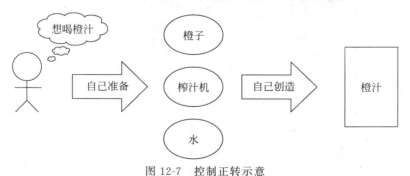

图 12-7 控制正转示意

然而由于饮品店的盛行，当人们想喝橙汁时，第一想法就转换成了找到饮品店的联系方式，通过给饮品店打电话等渠道描述你的需要并提供地址、联系方式等，然后下订单等待，过一会儿就有人送来橙汁了。控制反转示意如图 12-8 所示。

在这里，你并没有"主动"制作橙汁，而是由饮品店制作的，并且橙汁也完全达到了你的口

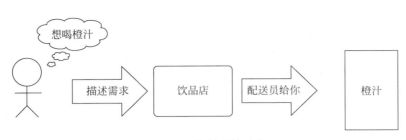

图 12-8　控制反转示意

味要求，甚至比你制作的还要好些。

12.3.2　IoC 能做什么

IoC 不是一种技术，而是一种思想，一个重要的面向对象编程的法则，它能指导程序员如何设计出松耦合、更优良的程序。传统应用程序都是由程序员在类内部主动创建依赖对象，从而导致类与类之间高耦合，难于测试；有了 IoC 容器后，把创建和查找依赖对象的控制权交给了容器，由容器进行注入组合对象，所以对象与对象之间是松散耦合，这样也方便测试，利于功能复用，更重要的是使得程序的整个体系结构变得非常灵活。

其实 IoC 对编程带来的最大改变不是从代码上，而是从思想上，发生了"主从换位"的变化。应用程序原本是老大，要获取什么资源都是主动出击，但是在 IoC/DI 思想中，应用程序就变成被动的了，即被动地等待 IoC 容器创建并注入它所需要的资源。

IoC 很好地体现了面向对象设计法则之一—— 好莱坞法则："别找我们，我们找你"，即由 IoC 容器帮助对象找相应的依赖对象并注入，而不是由对象主动去找。

12.3.3　Spring IoC 容器概述

Spring 的 IoC 容器在实现控制反转和依赖注入的过程中，可以划分为两个阶段：容器启动阶段和 Bean 实例化阶段。在这两个阶段中，IoC 容器分别做了以下事情，如图 12-9 所示。

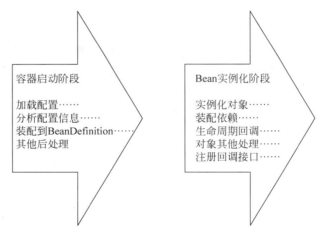

图 12-9　IoC/DI 的两个阶段

Spring 中提供了两种 IoC 容器：BeanFactory 和 ApplicationContext，这两个容器间的关系示意如图 12-10 所示。

从图 12-10 所示可以看到，ApplicationContext 是 BeanFactory 的子类，所以，ApplicationContext 可以看作更强大的 BeanFactory。两者的区别如下：

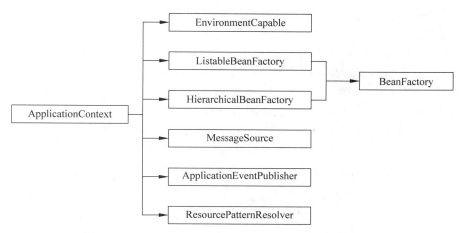

图 12-10 BeanFactory 和 ApplicationContext 的关系示意

（1）BeanFactory。基础类型 IoC 容器提供完整的 IoC 服务支持。如果没有特殊指定，默认采用延迟初始化策略(lazy-load)。只有当客户端对象需要访问容器中的某个受管对象的时候，才对该受管对象进行初始化以及依赖注入操作。所以，相对来说，容器启动初期速度较快，所需要的资源有限。对于资源有限，并且功能要求不是很严格的场景，BeanFactory 是比较合适的 IoC 容器选择。

（2）ApplicationContext。ApplicationContext 是在 BeanFactory 的基础上构建的，是相对比较高级的容器实现。除了拥有 BeanFactory 的所有支持外，ApplicationContext 还提供了其他高级特性，比如事件发布、国际化信息支持等，ApplicationContext 所管理的对象，在该类型容器启动之后，默认全部初始化并绑定完成。所以，相对于 BeanFactory 来说，ApplicationContext 要求更多的系统资源，同时，因为在启动时就要完成所有的初始化，所以容器启动时间较之 BeanFactory 会长一些。在那些系统资源充足，并且要求更多功能的场景中，ApplicationContext 类型的容器是比较合适的选择。

但是无论使用哪个容器，都需要通过某种方法告诉容器关于对象依赖的信息，只有这样，容器才能合理地创造出对象；否则，容器自己也不知道哪个对象依赖哪个对象。在理论上，可以通过任何方式来告诉容器对象依赖的信息，比如语音等，由于技术原因，目前还不能实现。现阶段 Spring 提供如下 4 种方式。

① 通过最基本的文本文件来记录被注入对象与其依赖对象之间的对应关系。
② 通过描述性较强的 XML 文件格式来记录对应信息。
③ 通过编写代码的方式来注册这些对应信息。
④ 通过注解方式来注册这些对应信息。

在上述这 4 种方式中，常用的是②和④，即 XML 文件方式和注解方式。本章重点介绍这两种方式。

12.3.4 DI

组件之间的依赖关系由容器在运行期决定，形象地说，即由容器动态地将某个依赖关系注入到组件之中。DI(Dependency Injection，依赖注入)的目的并非为软件系统带来更多功能，而是为了提升组件重用的频率，并为系统搭建一个灵活、可扩展的平台。通过 DI 机制，程序员只需要通过简单的配置，而无须任何代码就可指定目标需要的资源，完成自身的业务逻辑，而不需要关心具体的资源来自何处，由谁实现。

理解 DI 的关键:"谁依赖谁,为什么需要依赖;谁注入谁,注入了什么"。下面具体分析。
(1) 谁依赖于谁:应用程序依赖于 IoC 容器。
(2) 为什么需要依赖:应用程序需要 IoC 容器来提供对象需要的外部资源。
(3) 谁注入谁:IoC 容器注入应用程序的某个对象,应用程序依赖的对象。
(4) 注入了什么:注入某个对象所需要的外部资源(包括对象、资源、常量数据)。

IoC 和 DI 是什么关系呢? 其实它们是同一个概念的不同角度描述,由于控制反转概念比较含糊(可能只是理解为容器控制对象这一个层面,很难让人想到谁来维护对象关系),所以,于 2004 年 Martin Fowler 又给出了一个新的名字:"依赖注入",相对 IoC 而言,"依赖注入"明确描述了"被注入对象依赖 IoC 容器配置依赖对象"。

12.3.5 依赖注入的方式

对于 Spring 配置一个 JavaBean 时,如果需要给该 JavaBean 对象提供一些初始化参数,就需要通过依赖注入方式。所谓的依赖注入,就是通过 Spring 将 JavaBean 所需要的一些参数传递到 JavaBean 实例对象的过程。Spring 的依赖注入常用的有以下 3 种方式。

1. 属性注入方式

属性注入即通过 setter 方法注入 JavaBean 的属性值或依赖对象,由于属性注入方式具有可选择性和灵活性高的优点,因此属性注入是实际应用中最常采用的注入方式。属性注入方式配置代码如下:

```
1    <bean id = "……" class = "……">
2        <property name = "属性1" value = "……"/>
3        <property name = "属性2" value = "……"/>
4        …
5    </bean>
```

在 Spring 的配置文件中,使用<bean>元素注册一个 JavaBean 对象。属性注入要求 JavaBean 提供一个默认的构造方法,并为需要注入的属性提供对应的 setter 方法。Spring 先调用 JavaBean 的默认构造方法实例化 JavaBean,然后通过映射的方式调用 setter 方法注入属性值。

【例 12-2】 通过依赖注入实例化 Car 对象。
(1) 先写一个实体类 Car 代码,如文件 12-5 所示。

文件 12-5   实体类 Car 代码

```
1    public class Car {
2        private int maxSpeed;
3        private String brand;
4        private double price;
5        public int getMaxSpeed() {
6            return maxSpeed;
7        }
8        //一定要写被注入对象的 setter 方法
9        public void setMaxSpeed(int maxSpeed) {
10           this.maxSpeed = maxSpeed;
11       }
12       public String getBrand() {
13           return brand;
14       }
```

```
15      public void setBrand(String brand) {
16          this.brand = brand;
17      }
18      public double getPrice() {
19          return price;
20      }
21      public void setPrice(double price) {
22          this.price = price;
23      }
24      public void run(){
25          System.out.println("brand:" + brand + ",maxSpeed:" + maxSpeed + ",price:" + price);
26      }
27  }
```

Car 类中定义了 3 个属性,并分别提供了对应的 setter 方法。

（2）在 Spring 配置文件 applicationContext.xml 中对 Car 进行属性注入。配置代码如文件 12-6 所示。

文件 12-6　为 Car 属性注入代码

```
1  < bean id = "car" class = "com.yzpc.Car">
2      < property name = "maxSpeed" value = "200"></property>
3      < property name = "brand" value = "红旗 CA72"></property>
4      < property name = "price" value = "200000.00"></property>
5  </bean>
```

在上述代码中,通过< bean >元素配置了一个 Car 实例,并为该实例的 3 个属性分别提供了属性值。具体来说,JavaBean 实例的每一个属性都对应一个< property >元素,< property >元素的 name 属性指定 JavaBean 实例的属性名称,通过 value 属性为 JavaBean 实例指定属性值。在 JavaBean 中每个属性都拥有对应的 setter 方法,例如,在 Car 类中,maxSpeed 对应 setMaxSpeed()方法,brand 对应 setBrand()方法等。

注意：Spring 只会检查 JavaBean 中是否有对应的 setter 方法,至于 JavaBean 中是否有对应的属性变量,则不做要求。例如,配置文件中< property name＝"brand"/>的属性配置项仅要求 Car 类中拥有 setBrand()方法,但 Car 类不一定要拥有 brand 成员变量。

（3）在 Test.java 文件里编写测试代码 test1(),其代码如下：

```
1  @org.junit.Test
2  public void test1(){
3      //读取配置文件
4      ApplicationContext a = new ClassPathXmlApplicationContext("applicationContext.xml");
5      //获取 bean 的实例
6      Car car = (Car) a.getBean("car");
7      car.run();
8  }
```

最终在控制台上可以看到输出如图 12-11 所示内容。

2. 构造器注入方式

构造器注入是除属性注入之外的另一种常用的注入方式,它保证一些必要的属性在 JavaBean 实例化时就得到设置,并且确保了 JavaBean 在实例化后就可以使用。

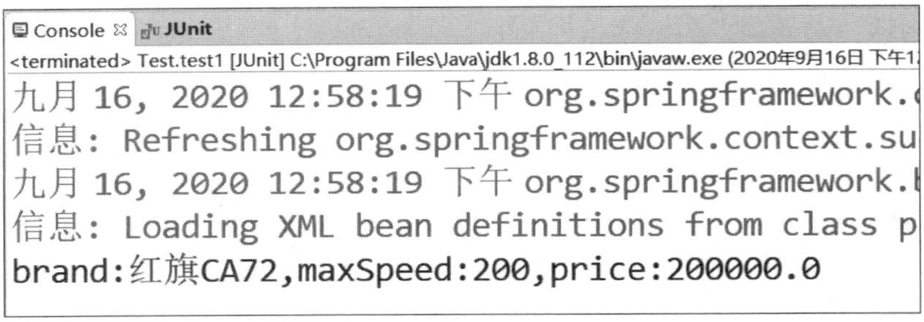

```
Console  JUnit
<terminated> Test.test1 [JUnit] C:\Program Files\Java\jdk1.8.0_112\bin\javaw.exe (2020年9月16日 下午1:
九月 16, 2020 12:58:19 下午 org.springframework.c
信息: Refreshing org.springframework.context.su
九月 16, 2020 12:58:19 下午 org.springframework.b
信息: Loading XML bean definitions from class p
brand:红旗CA72,maxSpeed:200,price:200000.0
```

图 12-11　例 12-2 的运行结果

(1) 构造器注入与属性注入方式比较有以下几点区别。

① 在类中，不需要为属性设置 setter 方法，但是需要生成该类带参的构造方法。

② 在配置文件中配置该类的 JavaBean，并配置构造器，在配置构造器中用到了 <constructor-arg>元素，该元素有 4 个属性。分别说明如下：

　a. index 是索引，指定注入的属性，从 0 开始；

　b. type 是指该属性所对应的类型；

　c. ref 是指引用的依赖对象；

　d. value 当注入的不是依赖对象，而是基本数据类型时，就用 value。

(2) 构造器注入入参方式有多种，下面分别说明。

① 按类型匹配入参。如果任何可用的 Car 对象都必须提供 maxSpeed、brand 和 price 的值，使用属性注入方式只能人为在配置时提供保证，而无法在语法级提供保证，这时通过构造器注入就可以很好地满足这一要求。使用构造器注入的前提是 JavaBean 必须提供带参的构造方法。

【例 12-3】　按类型匹配入参装配 Car 的 bean。

为 Car 类提供一个可设置 maxSpeed、brand 和 price 属性的构造方法。其代码如下：

```
1    public Car(int maxSpeed, String brand, double price) {
2        super();
3        this.maxSpeed = maxSpeed;
4        this.brand = brand;
5        this.price = price;
6    }
```

构造器注入的配置方式和属性注入方式的配置有所不同，在 Spring 配置文件中使用构造器注入装配 Car bean。Car 的注入代码如下：

```
1    <!-- 构造器注入(按类型匹配) -->
2    <bean id = "car1" class = "com.yzpc.Car">
3        <constructor-arg type = "int" value = "300"></constructor-arg>
4        <constructor-arg type = "java.lang.String" value = "宝马"></constructor-arg>
5        <constructor-arg type = "double" value = "300000.00"></constructor-arg>
6    </bean>
```

在<constructor-arg>的元素中有一个 type 属性，它表示构造方法中参数的类型，为 Spring 提供了判断配置项和构造器入参对应关系的"信息"。

编写测试代码如下：

```
1   @org.junit.Test
2   public void test2(){
3       //读取配置文件
4       ApplicationContext a = new ClassPathXmlApplicationContext("applicationContext.xml");
5       //获取 bean 的实例
6       Car car = (Car) a.getBean("car1");
7       car.run();
8   }
```

例 12-3 的运行结果如图 12-12 所示。

```
Console   JUnit
<terminated> Test.test1 [JUnit] C:\Program Files\Java\jdk1.8.0_112\bin\javaw.exe (2020年9
九月 16, 2020 1:35:09 下午 org.springframew
信息: Refreshing org.springframework.cont
九月 16, 2020 1:35:09 下午 org.springframew
信息: Loading XML bean definitions from c
brand:宝马,maxSpeed:300,price:300000.0
```

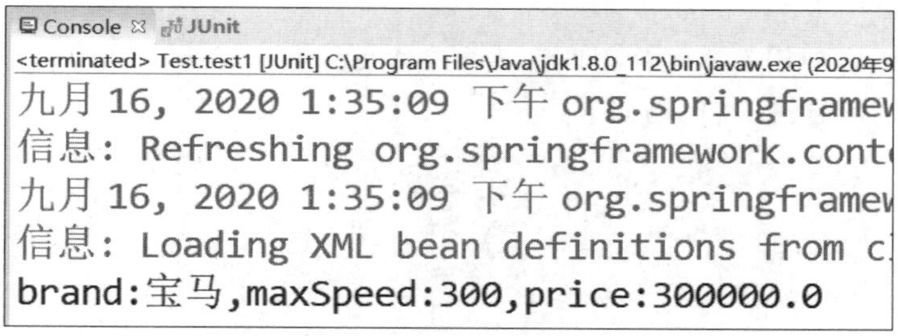

图 12-12　例 12-3 的运行结果

② 按索引匹配入参。在 Java 语言中,可通过入参的类型及顺序来区分不同的重载方法。对于例 12-3 中的 Car 类,Spring 仅通过 type 属性指定的参数类型就可以知道"宝马"对应 String 类型的 brand 入参,而"300000.00"对应 double 类型的 price 入参。但是,如果 Car 构造方法的 3 种入参的类型相同,仅通过 type 就无法确定对应关系了,这时需要通过入参索引的方式进行确定。

【例 12-4】　通过索引入参装配 Car bean。

修改 Car.java 类,其代码如下:

```
1   public class Car {
2       private int maxSpeed;
3       private String brand;
4       private double price;
5       private String corp;
6       public Car(String brand, double price, String corp) {
7           super();
8           this.brand = brand;
9           this.price = price;
10          this.corp = corp;
11      }
12  }
```

brand 和 corp 的入参类型都是 String,将无法确定 type 为 String 的< constructor-arg >元素到底对应的是 brand 还是 corp。但是,通过< constructor-arg >元素的子元素< index >显式指定参数的索引就能够消除这种不确定性。

修改 Car 的注入代码如下:

```
1   <!-- 构造器注入(按索引匹配) -->
2   < bean id = "car2" class = "com.yzpc.Car">
3       <!-- 注意索引从 0 开始 -->
```

```
4      <constructor-arg index="0" value="宝马"></constructor-arg>
5      <constructor-arg index="1" value="300000.00"></constructor-arg>
6      <constructor-arg index="2" value="中国一汽"></constructor-arg>
7  </bean>
```

在上述代码中，构造方法第一个参数索引为 0，第二个为 1，以此类推，因此很容易知道"宝马"对应 brand 入参，而"中国一汽"对应 corp 入参。

重复例 12-3 的操作编写测试代码运行。

③ 联合使用类型和索引匹配入参。有时需要联合使用 type 和 index 才能确定匹配项和构造器入参的对应关系。

【例 12-5】 联合使用类型和索引匹配入参装配 Car bean。

修改 Car 的构造方法，其代码如下：

```
1   public Car(String brand, double price, String corp) {
2       super();
3       this.brand = brand;
4       this.price = price;
5       this.corp = corp;
6   }
7   public Car(int maxSpeed, String brand, double price) {
8       super();
9       this.maxSpeed = maxSpeed;
10      this.brand = brand;
11      this.price = price;
12  }
```

这里，Car 拥有两种重载的构造方法，它们都有 3 个形参。针对这种情况，按照入参索引的配置方式又难以满足要求，这时需要联合使用<constructor-arg>的 type 和 index 才能解决问题。

修改 Car 的注入代码如下：

```
1   <!-- 构造器注入(通过入参类型和位置索引确定对应关系)
2       对应 public Car(String brand, double price, String corp) 构造方法 -->
3   <bean id="car3" class="com.yzpc.Car">
4       <constructor-arg index="0" type="java.lang.String" value="奔驰"></constructor-arg>
5       <constructor-arg index="1" type="double" value="中国一汽"></constructor-arg>
6       <constructor-arg index="2" type="java.lang.String" value="2000000.0">
    </constructor-arg>
7   </bean>
```

重复例 12-3 的操作编写测试代码运行。对于上面的两种构造方法，如果仅通过 index 进行配置，Spring 将无法确定 3 个入参配置项究竟对应的是什么类型的属性。

注意：对于由于参数数目相同而类型不同所引起的潜在配置歧义问题，Spring 容器可以正确启动且不会给出报错信息，它将随机采用一个匹配的构造方法实例化 Bean，而被选择的构造方法可能并不是用户所希望的。因此，必须特别谨慎，以避免潜在的错误。

3. 使用字段(Filed)注入(如注解方式)。

除了上面讲到的使用属性的 setter 方法或使用构造方法来注入依赖对象外，还有一种注入依赖对象的方法，就是使用注解。下面通过例子来比较属性注入与注解注入的区别。

【例 12-6】 使用属性注入方式创建 JavaBean 对象。

（1）新建一个 Java 类 CommonDao。其代码如下：

```
1  package com.yzpc;
2  public class CommonDao {
3    public void add(){
4      System.out.println("添加数据");
5    }
6  }
```

（2）新建一个 CommonService 类。其代码如下：

```
1   package com.yzpc;
2   public class CommonService {
3     private CommonDao commonDao;
4     public CommonDao getCommonDao() {
5       return commonDao;
6     }
7     public void setCommonDao(CommonDao commonDao) {
8       this.commonDao = commonDao;
9     }
10    public void add(){
11      commonDao.add();
12    }
13  }
```

（3）在配置文件 applicationContext.xml 中添加如下注入代码：

```
1  < bean id = "commonDao" class = "com.yzpc.CommonDao"></bean >
2  < bean id = "commonService" class = "com.yzpc.CommonService">
3      <!-- 注入持久化访问所需的 DAO 组件 -->
4      < property name = "commonDao" ref = "commonDao"/>
5  </bean >
```

（4）编写测试代码如下：

```
1  @org.junit.Test
2  public void test3(){
3    //读取配置文件
4    ApplicationContext a = new ClassPathXmlApplicationContext("applicationContext.xml");
5    //获取 bean 的实例
6    CommonService cs = (CommonService) a.getBean("commonService");
7    cs.add();
8  }
```

（5）启动服务器运行。运行结果如图 12-13 所示。

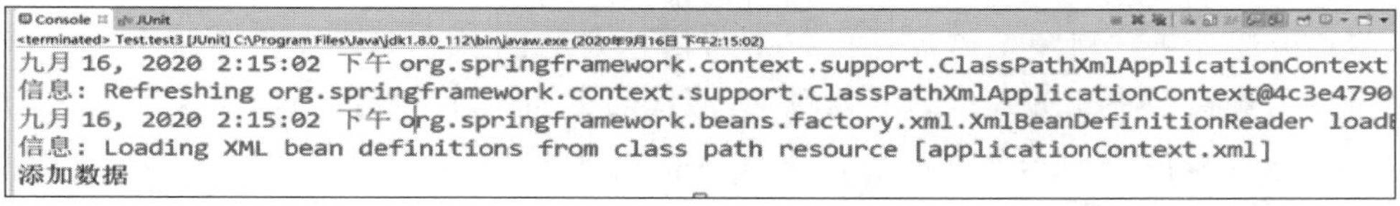

图 12-13　例 12-6 的运行结果

【例 12-7】 修改例 12-6,使用注解方式为 JavaBean 注入依赖对象。

(1) 首先在 Spring 容器的配置文件 applicationContext.Xml 中配置以下信息,代码如下:

```xml
<?xml version="1.0" encoding="UTF-8"?>
<beans xmlns="http://www.springframework.org/schema/beans"
    xmlns:xsi="http://www.w3.org/2001/XMLSchema-instance"
    xmlns:context="http://www.springframework.org/schema/context"
    xsi:schemaLocation="http://www.springframework.org/schema/beans
            http://www.springframework.org/schema/beans/spring-beans-4.0.xsd
            http://www.springframework.org/schema/context
            http://www.springframework.org/schema/context/spring-context-4.0.xsd">
</beans>
```

(2) 在配置文件中打开<context:annotation-config>节点,告诉 Spring 容器可以用注解的方式注入依赖对象,其在配置文件中的代码如下:

```xml
<context:annotation-config></context:annotation-config>
```

(3) 在配置文件中配置 JavaBean 对象,其代码如下:

```xml
<bean id="commonDao" class="com.yzpc.CommonDao"></bean>
<bean id="commonService" class="com.yzpc.CommonService"></bean>
```

(4) 在需要依赖注入的类中(本例中是 CommonService)声明一个依赖对象,不用生成该依赖对象的 setter 方法,就为该对象添加注解。CommonService.java 添加注解的代码如文件 12-7 所示。

文件 12-7 CommonService.java 添加注解的代码

```java
public class CommonService {
    @Resource(name="commonDao")
    private CommonDao commonDao;
    public void add(){
        commonDao.add();
    }
}
```

(5) 运行例 12-6 的测试代码可以看到运行成功。在 Java 代码中可以使用@Autowired 或 @Resource 注解方式进行 Spring 的依赖注入。两者的区别是:@Autowired 默认按类型装配,@Resource 默认按名称装配,当找不到与名称匹配的 Bean 时,才会按类型装配。

如在文件 12-7 中,用@Autowired 为 CommonDao 的实例对象进行注解,它会到 Spring 容器中去寻找与 CommonDao 对象相匹配的类型,如果找到该类型,就将该类型注入 commonDao 字段中;如果用@Resource 进行依赖注入,它就会根据指定的 name 属性去 Spring 容器中寻找与该名称匹配的类型。例如:@Resource(name="commonDao"),如果没有找到该名称,就会按照类型去寻找,在找到之后,会对字段 commonDao 进行注入。

使用注解注入依赖对象不用再在代码中写依赖对象的 setter 方法或者该类的构造方法,并且不用在配置文件中配置大量的依赖对象,使代码更加简洁、清晰,并易于维护。

在 Spring IoC 编程的实际开发中推荐使用注解的方式进行依赖注入。

12.3.6 特殊注解组件

在例 12-7 中使用的依赖注入的方式需要在配置文件中将 Bean 注入容器中,Spring 有以下 4 个特殊注解组件可以标记 Java 类生成 Bean。

(1) @Component：基本注解（把普通 Bean 实例化到 Spring 容器中，相当于配置文件中的< bean id="class="/>)。

(2) @Controller：标识控制层组件。

(3) @Service：标识服务层（业务层）组件。

(4) @Respository：标识持久层组件。

通过在类上使用@Component、@Constroller、@Service 和@Repository 注解，Spring 会自动创建相应的 BeanDefinition 对象，并注册到 ApplicationContext 中。这些类就成了 Spring 受管组件。这几个注解不仅作用于不同软件层次的类，而且其使用方式是完全相同的。

当在组件类上使用了特定的注解之后，还需要在 Spring 的配置文件中作如下声明。

```
< context:component - scan base - package = ""></context:component - scan >
```

其中，base-package 属性指定一个需要扫描的基类包。Spring 容器将会扫描这个基类包及其子包中的所有类，当需要扫描多个包时，可以使用逗号分隔。

【例 12-8】 修改例 12-6，使用特殊注解组件实例化 JavaBean 对象。

修改 ApplicationContext.xml 配置文件。其代码如下：

```
1  <?xml version = "1.0" encoding = "UTF - 8"?>
2  < beans xmlns = "http://www.springframework.org/schema/beans"
3  xmlns:xsi = "http://www.w3.org/2001/XMLSchema - instance"
4  xmlns:context = "http://www.springframework.org/schema/context"
5  xsi:schemaLocation = "http://www.springframework.org/schema/beans
6  http://www.springframework.org/schema/beans/spring - beans - 4.0.xsd
7  http://www.springframework.org/schema/context
8  http://www.springframework.org/schema/context/spring - context - 4.0.xsd ">
9      < context:component - scan base - package = "com.yzpc"></context:component - scan >
10 </beans >
```

在增加了< context：component-scan >配置后，表示默认开启注解扫描，就可以删除之前开启的注解节点，同时也不需要在配置文件中注入 JavaBean，只需要在 JavaBean 上添加注解即可。

创建带注解的 JavaBean。修改 CommonService 类和 CommonDao 类。其代码如下：

```
1  @Service
2  public class CommonService {
3      @Resource(name = "commonDao")
4      private CommonDao commonDao;
5      public void add(){
6          commonDao.add();
7      }
8  }
9  @Repository
10 public class CommonDao {
11     public void add(){
12         System.out.println("添加数据");
13     }
14 }
```

运行例12-6测试代码，可以看到运行成功。

12.4 面向切面编程

12.4.1 什么是AOP

AOP(Aspect Oriented Programming,面向切面编程)是面向对象编程(Object Oriented Programming,OOP)的补充和完善。OOP引入封装、继承、多态等概念来建立一种对象层次结构,用于模拟公共行为的一个集合。不过OOP允许开发者定义纵向的关系,但并不适合定义横向的关系,例如日志功能。日志代码往往横向地散布在所有对象层次中,而与它对应的对象的核心功能毫无关系。对于其他类型的代码,如安全性、异常处理和透明的持续性也都是如此,这种散布在各处的无关的代码被称为横切(cross cutting)。在OOP设计中,它导致了大量代码的重复,因此不利于各个模块的重用。

AOP技术恰恰相反,它利用一种被称为"横切"的技术,剖解开封装的对象内部,并将那些影响了多个类的公共行为封装到一个可重用模块,并将其命名为Aspect,即切面。所谓"切面",即那些与业务无关,却将业务模块所共同调用的逻辑或责任封装起来,便于减少系统的重复代码,降低模块之间的耦合度,并有利于未来的可操作性和可维护性。

使用"横切"技术,AOP把软件系统分为两个部分:核心关注点和横切关注点。业务处理的主要流程是核心关注点,与之关系不大的部分是横切关注点。横切关注点的一个特点是,经常发生在核心关注点的多处,而各处基本相似,比如权限认证、日志、事物。AOP的作用在于分离系统中的各种关注点,将核心关注点和横切关注点分离开来。

12.4.2 AOP核心概念

接下来讲解AOP中的相关概念,了解了AOP中的概念,才能真正地掌握AOP的精髓。

(1) 切面(Aspect):一个关注点的模块化,这个关注点可能会横切多个对象。事务管理是Java应用程序中一个关于横切关注点的很好的例子。在Spring AOP中,切面可以通过类[基于模式(XML)的风格]或者在普通类中以@Aspect注解(AspectJ风格)来实现。

(2) 连接点(Join Point):程序执行过程中某个特定的点,比如某方法在被调用的时候或者处理异常的时候。在Spring AOP中一个连接点总是代表一个方法的执行。简单说,就是AOP拦截到的方法就是一个连接点。通过声明一个org.aspectj.lang.JoinPoint类型参数,我们可以在通知(Advice)中获得连接点的信息。

(3) 通知(Advice):在切面的某个特定连接点上执行的动作。通知的类型包括around、before和after等。通知的类型将在后面进行讨论。许多AOP框架,包括Spring都是以拦截器作为通知的模型,并维护一个以连接点为中心的拦截器链。总之就是AOP对连接点的处理通过通知来执行。简单地讲,Advice是指当一个方法被AOP拦截到的时候要执行的代码。

(4) 切入点(Pointcut):匹配连接点的断言。通知(Advice)跟切入点表达式关联,并在与切入点匹配的任何连接点上面运行。切入点表达式如何跟连接点匹配是AOP的核心,Spring默认使用AspectJ作为切入点语法。简单地讲,通过切入点的表达式来确定哪些方法要被AOP拦截,之后这些被拦截的方法会执行相对应的Advice代码。

(5) 引入(Introduction):声明额外的方法或字段。Spring AOP允许向任何被通知(Advice)对象引入一个新的接口(及其实现类)。简单地讲,AOP允许在运行时动态地向代理对象实现新的接口来完成一些额外的功能,并且不影响现有对象的功能。

（6）目标对象（Target Object）：被一个或多个切面（Aspect）所通知（Advice）的对象，也称作被通知对象。由于 Spring AOP 是通过运行时代理实现的，所以这个对象永远是被代理对象。简单地讲，所有的对象在 AOP 中都会生成一个代理类，AOP 整个过程都是针对代理类在进行处理。

（7）AOP 代理（AOP Proxy）：AOP 框架创建的对象。用来实现切面契约（Aspect Contract）（包括通知方法执行等功能）。在 Spring 中 AOP 可以是 JDK 动态代理或者是 CGLIB 代理。

（8）织入（Weaving）：把切面（Aspect）连接到其他的应用程序类型或者对象上，并创建一个被通知对象。这些可以在编译时（如使用 AspectJ 编译器）、类加载时和运行时完成。Spring 和其他纯 AOP 框架一样，在运行时完成织入。简单地讲，AOP 代理就是把切面跟对象关联并创建该对象的代理对象的过程。

12.4.3 Spring 对 AOP 的支持

1. AOP 代理

Spring 中的 AOP 代理由 Spring 的 IoC 容器负责生成、管理，其依赖关系也由 IoC 容器负责管理。因此，AOP 代理可以直接使用容器中的其他 Bean 实例作为目标，这种关系可由 IoC 容器的依赖注入提供。Spring 创建代理的规则如下所述。

（1）默认使用 Java 动态代理来创建 AOP 代理，这样就可以为任何接口实例创建代理了。

（2）当需要代理的类不是代理接口的时候，Spring 会切换为使用 CGLIB 代理，也可强制使用 CGLIB。

2. AOP 编程

AOP 编程主要有以下 3 部分。

（1）定义普通业务组件。

（2）定义切入点。一个切入点可能横切多个业务组件。

（3）定义通知。通知就是在 AOP 框架为普通业务组件织入的处理动作。

所以进行 AOP 编程的关键就是定义切入点和定义通知，一旦定义了合适的切入点和通知，AOP 框架将自动生成 AOP 代理，即代理对象的方法=增强处理+被代理对象的方法。

3. AOP 通知

AOP 通知一般包含以下 5 种类型。

（1）前置通知（Before Advice）：在某个连接点（Join Point）之前执行的通知，但这个通知不能阻止连接点的执行（除非它抛出一个异常）。

（2）返回后通知（After Returning Advice）：在某个连接点（Join Point）正常完成后执行的通知。例如，一个方法没有抛出任何异常就正常返回。

（3）抛出异常后通知（After Throwing Advice）：在方法抛出异常后执行的通知。

（4）后置通知[After(Finally)Advice]：当某个连接点（Join Point）退出的时候执行的通知（无论是正常返回还是发生异常退出）。

（5）环绕通知（Around Advice）：包围一个连接点（Join Point）的通知，如方法调用。这是最强大的一种通知类型。环绕通知可以在方法前后完成自定义的行为。它也会选择是否继续执行连接点或直接返回它们自己的返回值或抛出异常来结束执行。

4. 切入点的定义

定义切入点一般使用 execution 表达式，表达式语法如下：

execution(<修饰符模式>?<返回类型模式><方法名模式>(<参数模式>)<异常模式>?)

除了返回类型模式、方法名模式和参数模式外，其他项都是可选的。例如：

`execution(*com.sample.service.impl..*.*(..))`

上述代码解释如表12-1所示。

表12-1　execution中的参数解释

符 号	含 义
execution()	表达式的主体
第一个"*"符号	表示返回值可以是任意类型
com.sample.service.impl	AOP所切的服务的包名，即用户的业务部分
包名后面的两个点".."	表示当前包及子包
第二个"*"符号	表示类名，*表示所有类
.*(..)	表示任何方法名，括号表示参数，两个点表示参数可以是任何类型

要在Spring中使用AOP，必须要在配置文件中添加AOP约束，如图12-14所示。

图12-14　配置文件中的AOP约束

注意：使用Spring AOP，要成功运行代码，只用Spring提供给开发者的Jar包是不够的，还需要额外下载两个Jar包：aopalliance.jar、aspectjweaver.jar。

12.4.4　AOP案例

同依赖注入一样，AOP在Spring中有两种配置方式：XML配置方式和自动注解方式。

1. XML配置方式

在XML中，需要使用AOP配置元素声明切面，首先要了解配置元素，如图12-15所示。

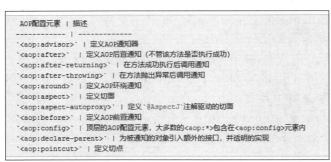

图12-15　AOP配置元素

【例12-9】 使用XML配置方式配置AOP代理。

创建Java的类AOP.java，定义切面执行的代码。AOP.java代码如文件12-8所示。

文件 12-8　AOPjava 代码

```
1   package com.yzpc;
2   import org.aspectj.lang.ProceedingJoinPoint;
3   public class XmlAopDemoUserLog {
4   //方法执行前通知
5   public void beforeLog(){
6       System.out.println("开始执行前置通知......");
7   }
8   //方法执行后通知
9   public void afterLog(){
10      System.out.println("开始执行后置通知......");
11  }
12  //执行成功后通知
13  public void afterReturningLog(){
14      System.out.println("方法执行成功后通知......");
15  }
16  //抛出异常后通知
17  public void afterThrowingLog(){
18      System.out.println("抛出异常后通知......");
19  }
20  //环绕通知
21  public Object aroundLog(ProceedingJoinPoint jp){
22      Object result = null;
23      try{
24          System.out.println("环绕通知开始......");
25          result = jp.proceed();
26          System.out.println("环绕通知结束......");
27      } catch (Throwable e) {
28          System.out.println("环绕通知出现错误......");
29      }
30      return result;
31  }
32  }
```

然后在配置文件中配置 AOP。AOP 配置代码如文件 12-9 所示。

文件 12-9　AOP 配置代码

```
1   <bean id="xmlAopDemoUserLog" class="com.yzpc.XmlAopDemoUserLog"></bean>
2   <aop:config>
3       <!-- 指定切面 -->
4       <aop:aspect ref="xmlAopDemoUserLog">
5           <!-- 定义切点 -->
6           <aop:pointcut expression="execution(* com.yzpc.CommonService.add(..))" id="logpoint"/>
7           <aop:before method="beforeLog" pointcut-ref="logpoint"/>
8           <aop:after method="afterLog" pointcut-ref="logpoint"/>
9           <aop:after-returning method="afterReturningLog" pointcut-ref="logpoint"/>
10          <aop:after-throwing method="afterThrowingLog" pointcut-ref="logpoint"/>
11          <aop:around method="aroundLog" pointcut-ref="logpoint"/>
12      </aop:aspect>
13  </aop:config>
```

运行例 12-6 的测试代码可以看到如图 12-16 所示，表示添加切面成功。

```
信息: Refreshing org.springframework.contex
九月 17, 2020 11:00:06 上午 org.springframew
信息: Loading XML bean definitions from cla
开始执行前置通知……
环绕通知开始……
添加数据
环绕通知结束……
方法执行成功后通知……
开始执行后置通知……
```

图 12-16　例 12-9 的运行结果

2. 注解配置方式

使用注解配置，首先要将切面在 Spring 上下文中声明成自动代理 Bean，在 Spring 配置文件中添加如下代码即可。

```
< aop:aspectj - autoproxy />
```

然后在类名上添加@Aspect 属性，具体的连接点，可以用@Pointcut 和@Before、@After 等标注。

【例 12-10】　使用注解配置方式配置 AOP 代理。注解 AOP 代码如文件 12-10 所示。

文件 12-10　注解 AOP 代码

```
1   package com.yzpc;
2   import org.aspectj.lang.ProceedingJoinPoint;
3   import org.aspectj.lang.annotation.After;
4   import org.aspectj.lang.annotation.AfterReturning;
5   import org.aspectj.lang.annotation.AfterThrowing;
6   import org.aspectj.lang.annotation.Around;
7   import org.aspectj.lang.annotation.Aspect;
8   import org.aspectj.lang.annotation.Before;
9   import org.aspectj.lang.annotation.Pointcut;
10  import org.springframework.stereotype.Service;
11  @Aspect
12  @Service
13  public class XmlAopDemoUserLog {
14  @Pointcut("execution( * com.yzpc.CommonService.add(..))")
15  public void poincut(){}
16  //方法执行前通知
17  @Before("poincut()")
18  public void beforeLog(){
19      System.out.println("开始执行前置通知……");
20  }
21  //方法执行后通知
22  @After("poincut()")
23  public void afterLog(){
24      System.out.println("开始执行后置通知……");
25  }
26  //执行成功后通知
27  @AfterReturning("poincut()")
28  public void afterReturningLog(){
29      System.out.println("方法执行成功后通知……");
30  }
31  //抛出异常后通知
32  @AfterThrowing("poincut()")
```

```
33    public void afterThrowingLog(){
34        System.out.println("抛出异常后通知……");
35    }
36    //环绕通知
37    @Around("poincut()")
38    public Object aroundLog(ProceedingJoinPoint jp){
39        Object result = null;
40        try{
41            System.out.println("环绕通知开始……");
42            result = jp.proceed();
43            System.out.println("环绕通知结束……");
44        } catch (Throwable e) {
45            System.out.println("环绕通知出现错误……");
46        }
47        return result;
48    }
49 }
```

运行例12-6的测试代码可以看到如图12-16所示的运行结果,表示添加切面成功。

12.5 Spring MVC 简介

视频讲解

很多应用程序的问题在于处理业务数据的对象和显示业务数据的视图之间存在紧密耦合,通常,更新业务对象的命令都是从视图本身发起的,使视图对任何业务对象更改都有高度敏感性。而且,当多个视图依赖于同一个业务对象时是没有灵活性的。Spring MVC 是一种基于 Java、实现了 Web MVC 设计模式、请求驱动类型的轻量级 Web 框架,即使用了 MVC 架构模式的思想,将 Web 层进行职责解耦。基于请求驱动指的就是使用请求-响应模型,框架的目的就是帮助程序员简化开发,Spring MVC 也是要简化日常 Web 开发。

12.5.1 MVC 设计模式

MVC 是一种著名的设计模式,特别是在 Web 应用程序领域。模式全都是关于将包含业务数据的模块与显示模块的视图解耦的。这是怎样发生的?视图(如 JSP 页面)怎样能够与其模型(如包含数据的 JavaBean)解耦?有一句格言——一个层次的重定向几乎可以解决计算机业中的所有问题。确实,在模型与视图之间引入重定向层可以解决问题。此重定向层是控制器。控制器将接收请求,执行更新模型的操作,然后通知视图关于模型更改的消息。依赖于模型的状态并且依赖于请求的控制器可以决定要显示哪个视图。

12.5.2 Spring MVC 的优势

(1) 清晰的角色划分:前端控制器(DispatcherServlet)、请求到处理器映射(HandlerMapping)、处理器适配器(HandlerAdapter)、视图解析器(ViewResolver)、处理器或页面控制器(Controller)、验证器(Validator)、命令对象(Command 请求参数绑定到的对象就叫命令对象)、表单对象(Form Object 提供给表单展示和提交到的对象就叫表单对象)。

(2) 分工明确,而且扩展点相当灵活,可以很容易扩展,虽然几乎不需要。

(3) 由于命令对象就是一个 POJO,无须继承框架特定的 API,可以使用命令对象直接作为业务对象。

(4) 与 Spring 其他框架无缝集成,是其他 Web 框架所不具备的。

(5) 可适配,通过 HandlerAdapter 可以支持任意的类作为处理器。

(6) 可定制性，HandlerMapping、ViewResolver 等能够非常简单地定制。
(7) 功能强大的数据验证、格式化和绑定机制。
(8) 利用 Spring 提供的 Mock 对象能够非常简单地进行 Web 层单元测试。
(9) 本地化、主题的解析的支持，更容易进行国际化和主题的切换。
(10) 强大的 JSP 标签库，使 JSP 编写更容易。

12.5.3 Spring MVC 的运行原理

1. MVC(Model-View-Controller)三元组的概念

(1) Model(模型)：数据模型，提供要展示的数据，因此包含数据和行为，可以认为是领域模型或 JavaBean 组件(包含数据和行为)，不过现在一般都分离开来：Value Object(数据)和服务层(行为)。也就是模型提供了模型数据查询和模型数据的状态更新等功能，包括数据和业务。

JavaBean 组件等价于域模型层＋业务逻辑层＋持久层。

(2) View(视图)：负责进行模型的展示，一般就是我们见到的用户界面，以及客户想看到的东西。

(3) Controller(控制器)：接收用户请求，委托给模型进行处理(状态改变)，处理完毕后把返回的模型数据返回给视图，由视图负责展示。也就是说，控制器做了调度员的工作。

2. Spring MVC 核心架构的请求处理流程

(1) 用户请求发送到 DispatcherServlet(前端控制器)。DispatcherServlet 收到请求后自己不进行处理，而是委托给其他的解析器进行处理，作为统一访问点，进行全局的流程控制。

(2) DispatcherServlet 将用户请求发送到 HandlerMapping(处理器映射器)。HandlerMapping 会把请求映射为 HandlerExecutionChain 对象［包含一个 Handler 处理器（页面控制器）、多个 HandlerInterceptor 拦截器］。通过这种策略模式，很容易添加新的映射策略。

(3) DispatcherServlet 请求 HandlerAdapter(处理适配器)去执行 Handler 处理器，这里的 Handler 处理器指的是程序中编写的 Controller 类，也被称为后端处理器。HandlerAdapter 会把处理器包装为适配器，从而支持多种类型的处理器，即适配器设计模式的应用，从而很容易支持很多类型的处理器。

(4) Controller 执行对应的业务功能。HandlerAdapter 将会根据适配的结果调用 Controller 的功能处理方法，完成功能处理。

(5) 返回 ModelAndView 对象给 DispatcherServlet。Controller 执行完毕后，会返回给 HandlerAdapter 一个 ModelAndView 对象，该对象包含 Mode 模型数据、View 视图信息。HandlerAdapter 接收到 ModelAndView 对象后，将它返回给 DispatcherServlet。

(6) DispatcherServlct 请求 ViewResolver(视图解析器)对视图进行解析。

(7) View 视图渲染。DispatcherServlet 将模型数据填充至 View 视图中，View 会根据传进来的 Model 模型数据进行渲染，此处的 Model 实际是一个 Map 数据结构，因此很容易支持其他视图技术。

(8) 返回控制权给 DispatcherServlet，由 DispatcherServlet 返回响应给用户。到此一个流程结束。

Spring MVC 核心架构示意如图 12-17 所示。

Spring MVC 的整个处理请求流程用到的组件有 DispatcherServlet(前端控制器)、

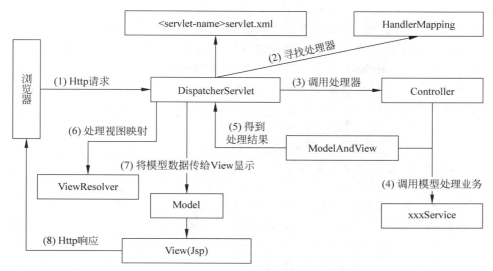

图 12-17　Spring MVC 核心架构示意

HandlerMapping（处理器映射器）、HandlerAdapter（处理器适配器）、Controller（Handler 处理器）、ViewResolver（视图解析器）、View（视图）。其中，DispatcherServlet、HandlerMapping、HandlerAdapter、ViewResolver 对象的工作是在框架内完成的，开发人员不需要关心这些对象内部的实现过程，只需要配置前端控制器、完成 Controller 中的业务逻辑，并在 View 中展示相应信息即可。

12.5.4　使用 Spring MVC

Spring MVC 的一些常用注解如下所述。

@Controller：在 Spring MVC 中，控制器（Controller）负责处理由 DispatcherServlet 分发的请求，它把用户请求的数据经过业务处理层处理之后封装成一个 Model，然后再把该 Model 返回给对应的 View 进行展示。在 Spring MVC 中提供了一个非常简便的定义 Controller 的方法，使用者无须继承特定的类或实现特定的接口，只需使用 @Controller 标记一个类是 Controller，然后使用 @RequestMapping 和 @RequestParam 等一些注解用以定义 URL 请求和 Controller 方法之间的映射，这样的 Controller 就能被外界访问到。此外，Controller 不会直接依赖 HttpServletRequest 和 HttpServletResponse 等 HttpServlet 对象，它们可以通过 Controller 的方法参数灵活地获取到。

@RequestMapping：RequestMapping 是用来处理请求地址映射的注解，可用于类或方法。若用于类上，则表示类中的所有响应请求的方法都是以该地址作为父路径。RequestMapping 注解有 6 个属性，下面把它们分成三类分别进行说明。

（1）value、method。

value：指定请求的实际地址，指定的地址可以是 URI Template 模式。

method：指定请求的 method 类型，如 GET、POST、PUT、DELETE 等。

（2）consumes、produces。

consumes：指定处理请求的提交内容类型（Content-Type），如 application/json，text/html。

produces：指定返回的内容类型，仅当 request 请求头中的（Accept）类型中包含该指定类型才返回。

（3）params、headers。

params：指定 request 中必须包含某些参数值时，才让该方法处理。

headers：指定 request 中必须包含某些指定的 header 值，才能让该方法处理请求。

@ResponseBody：其作用是，该注解用于将 Controller 的方法返回的对象，通过适当的 HttpMessageConverter 转换为指定格式后，写入 Response 对象的 body 数据区。

使用时机：返回的数据不是 HTML 标签的页面，而是其他某种格式的数据时（如 JSON、XML 等）使用。

@requestParam：其主要用于在 Spring MVC 后台控制层获取参数，类似 request.getParameter("name")。它有 3 个常用参数：defaultValue = "0"，required = false，value = "isApp"。其中，defaultValue 表示设置默认值；required 通过 boolean 设置是否为必须要传入的参数；value 值表示接收的传入的参数类型。

下面用一个案例来讲解如何使用这些注解。

【例 12-11】 Spring MVC 注解的使用。

在项目中添加 Spring MVC 模块的 Jar 包，如图 12-18 所示。

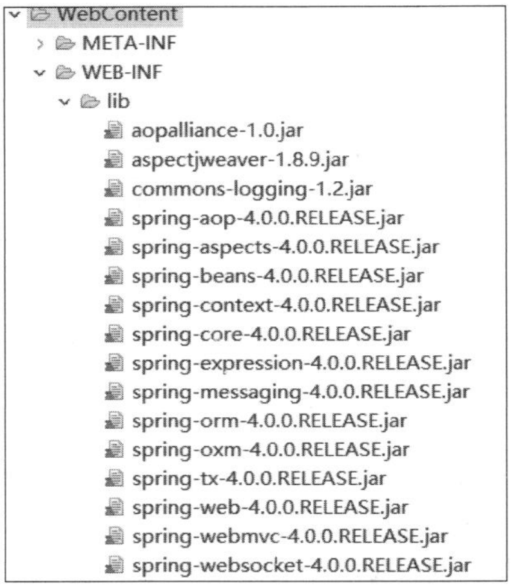

图 12-18 SpringMVC 模块的 Jar 包

在 web.xml 中配置了 DispatchcerServlet，DispatchcerServlet 加载时需要一个 Spring MVC 的配置文件，其代码如下：

```xml
<?xml version="1.0" encoding="UTF-8"?>
<web-app xmlns:xsi="http://www.w3.org/2001/XMLSchema-instance" xmlns="http://xmlns.jcp.org/xml/ns/javaee" xsi:schemaLocation="http://xmlns.jcp.org/xml/ns/javaee http://xmlns.jcp.org/xml/ns/javaee/web-app_3_1.xsd" id="WebApp_ID" version="3.1">
    <display-name>ch12_demo</display-name>
    <!-- 配置 Spring MVC DispatchcerServlet 前端控制器 -->
    <servlet>
        <servlet-name>springmvc</servlet-name>
        <servlet-class>org.springframework.web.servlet.DispatcherServlet</servlet-class>
        <init-param>
            <!-- contextConfigLocation 是参数名称，该参数的值包含 Spring MVC 的配置文件路径 -->
            <param-name>contextConfigLocation</param-name>
            <param-value>classpath:springmvc.xml</param-value>
        </init-param>
        <!-- 在 Web 应用启动时立即加载 Servlet -->
        <load-on-startup>1</load-on-startup>
    </servlet>
    <!-- Servlet 映射声明 -->
    <servlet-mapping>
        <servlet-name>springmvc</servlet-name>
        <!-- 监听当前域的所有请求 -->
        <url-pattern>/</url-pattern>
    </servlet-mapping>
    <welcome-file-list>
        <welcome-file>index.jsp</welcome-file>
    </welcome-file-list>
</web-app>
```

在 src 目录下创建 springmvc.xml 文件，Spring 使用了扫描机制查找应用程序所有基于注解的控制器类。在本例中，扫描的是 com.java 包及其子包下的所有 Java 文件。

同时配置了 annotation 类型的处理器映射器 DefaultAnnotationHandlerMapping 和处理器适配器 AnnotationMethodHandlerAdapter。DefaultAnnotationHandlerMapping 根据请求查找映射；AnnotationMethodHandlerAdapter 完成对控制器类的 @RequestMapping 标注方法的调用。

最后配置的视图解析器 InternalResourceViewResolver 用来解析视图，并将 View 呈现给用户。视图解析器中配置的 prefix 表示视图的前缀，suffix 表示视图的后缀。springmvc.xml 文件如文件 12-11 所示。

文件 12-11　springmvc.xml 文件

```xml
1  <?xml version = "1.0" encoding = "UTF-8"?>
2  <beans xmlns = "http://www.springframework.org/schema/beans"
3    xmlns:xsi = "http://www.w3.org/2001/XMLSchema-instance" xmlns:context = "http://www.springframework.org/schema/context"
4    xmlns:mvc = "http://www.springframework.org/schema/mvc"
5    xsi:schemaLocation = "http://www.springframework.org/schema/beans
6       http://www.springframework.org/schema/beans/spring-beans-4.0.xsd
7       http://www.springframework.org/schema/context
8       http://www.springframework.org/schema/context/spring-context-4.0.xsd
9       http://www.springframework.org/schema/mvc
10      http://www.springframework.org/schema/mvc/spring-mvc-4.0.xsd">
11  <!-- 配置自动扫描的包 -->
12  <context:component-scan base-package = "com.yzpc"></context:component-scan>
13  <!-- 配置视图解析器 如何把handler方法返回值解析为实际的物理视图 -->
14  <bean
15      class = "org.springframework.web.servlet.view.InternalResourceViewResolver">
16      <property name = "prefix" value = "/WEB-INF/"></property>
17      <property name = "suffix" value = ".jsp"></property>
18  </bean>
19  <!-- 释放静态资源 -->
20  <mvc:annotation-driven></mvc:annotation-driven>
21  <mvc:default-servlet-handler />
22  </beans>
```

新建 Java 文件 CommonController，编写代码。CommonController.java 文件如文件 12-12 所示。

文件 12-12　CommonController.java 文件

```java
1  package com.yzpc;
2  import org.springframework.stereotype.Controller;
3  import org.springframework.web.bind.annotation.RequestMapping;
4  import org.springframework.web.bind.annotation.RequestMethod;
5  @Controller
6  @RequestMapping("/common")
7  public class CommonController {
8      @RequestMapping(value = "/login", method = RequestMethod.GET)
9      public String toLogin(){
10         return "login";
11     }
12 }
```

在 WEB-INF 下新建 JSP 文件 login.jsp。login.jsp 文件代码如文件 12-13 所示。

文件 12-13　login.jsp 文件代码

```
1   <%@ page language="java" contentType="text/html; charset=UTF-8"
2       pageEncoding="UTF-8"%>
3   <!DOCTYPE html PUBLIC "-//W3C//DTD HTML 4.01 Transitional//EN" "http://www.w3.org/TR/html4/loose.dtd">
4   <html>
5       <head>
6       <meta http-equiv="Content-Type" content="text/html; charset=UTF-8">
7       <title>Insert title here</title>
8       </head>
9       <body>
10      登录页面
11      </body>
12  </html>
```

启动 Tomcat 服务器运行该项目,打开浏览器输入网址,访问 Controller,运行结果如图 12-19 所示,即可看到创建的 JSP 页面。

图 12-19　例 12-11 的运行结果

12.6　本章小结

本章主要介绍了 Spring 框架相关的概念。首先介绍 Spring IoC 的概念,包括依赖注入的几种方式;然后详细介绍了 AOP 切面编程的概念,使用 Spring 实现切面编程的两种方式;最后介绍 Spring MVC 基本概念和使用。

第四部分
实 训 篇

第 13 章　Java Web 实训

视频讲解

本章综合运用前面所学知识完成基于 MVC 模式和基于 Spring MVC 模式的学生管理系统网站的设计。

通过本章的学习,您可以:

(1) 了解项目的设计;

(2) 了解项目数据库设计;

(3) 掌握基于 MVC 模式的网站设计;

(4) 了解基于 Spring MVC 模式的网站设计。

13.1　项目设计

13.1.1　项目概述

学生管理系统有管理员和学生两类用户。只有用户登录成功后才能进入系统。所有人员只有注册成功后才能成为合法用户。

1. 管理员

管理员端有通知管理、学生管理、班级管理、学习日志管理和学习园地管理等模块。各模块实现的功能如下所述。

(1) 通知管理可以实现新增、删除和查询功能;

(2) 班级管理可以实现新增、修改、删除和查询功能;

(3) 学习日志管理可以实现删除和查询功能;

(4) 学习园地管理可以实现新增、修改、删除和查询功能;

(5) 管理员还可以修改自己的密码和退出系统。

2. 学生

学生端有通知、查看通知详情、添加学习心得,并查看自己的学习日志,还可以看到管理员添加的学习园地以及修改自己账号的密码等模块。

管理员和学生的系统模块结构示意如图 13-1 所示。

13.1.2　数据库设计

根据系统需求,创建 MySQL 数据库 studentdb,在数据库中创建 6 张数据表,如表 13-1~ 表 13-6 所示。

(1) 管理员信息表 t_user:用于存储管理员的账号与密码信息。管理员信息表 t_user 的字段名、类型、长度和注释如表 13-1 所示。

(2) 学生信息表 t_student:用于存储学生的个人基本信息和参加活动情况信息。学生信息表 t_student 的字段名、类型、长度和注释如表 13-2 所示。

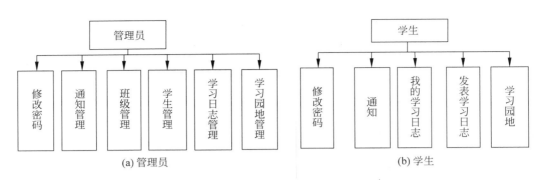

图 13-1 系统模块结构示意

表 13-1 管理员信息表 t_user

字 段 名	类 型	长 度	注 释
id	int	10	唯一标识
username	varchar	255	账号
Password	varchar	255	密码

表 13-2 学生信息表 t_student

字 段 名	类 型	长 度	注 释
id	int	10	唯一标识
Name	varchar	255	学生姓名
username	varchar	255	账号
Password	varchar	255	密码
Code	varchar	255	学号
Sex	int	2	性别
Age	int	2	年龄
gid	int	10	班级 ID
Jineng	varchar	4000	技能大赛
zhiyuan	varchar	4000	志愿活动
chuqing	varchar	4000	出勤率
Score	varchar	4000	文化课成绩

（3）通知信息表 t_note：用于存储老师发布的通知信息。通知信息表 t_note 的字段名、类型、长度和注释如表 13-3 所示。

表 13-3 通知信息表 t_note

字 段 名	类 型	长 度	注 释
id	int	10	唯一标识
Title	varchar	255	通知标题
Content	varchar	4000	通知内容
Createdate	datetime	0	创建日期

（4）学习日志表 t_blog：用于存储学生发表学习日志的情况。学习日志表 t_blog 的字段名、类型、长度和注释如表 13-4 所示。

表 13-4　学习日志表 t_blog

字　段　名	类　　型	长　　度	注　　释
id	int	10	唯一标识
Title	varchar	255	日志标题
Content	Text	0	日志内容
Createdate	datetime	0	创建事件
sid	int	10	学生 ID

(5) 班级信息表 t_grade：用于存储班级信息。班级信息表 t_grade 的字段名、类型、长度和注释如表 13-5 所示。

表 13-5　班级信息表 t_grade

字　段　名	类　　型	长　　度	注　　释
id	int	10	唯一标识
Name	varchar	255	班级名称
Code	varchar	255	班级编码
Remark	varchar	40000	班级详情

(6) 学习园地表 t_link：用于存储相关学习资源的链接。学习园地表 t_link 的字段名、类型、长度和注释如表 13-6 所示。

表 13-6　学习园地表 t_link

字　段　名	类　　型	长　　度	注　　释
id	int	10	唯一标识
Name	varchar	255	学习园地名称
Link	varchar	255	学习园地链接

13.2　基于 MVC 的系统设计

13.2.1　项目环境搭建

本项目的软件环境为 JDK1.8、Tomcat8.5 和 MySQL5.7，开发工具为 eclipse-jee-photon。开发环境的配置参考本书第 3 章。系统目录结构如图 13-2 所示。

图 13-2 所示中，com.entity 包存放实体类；com.dao 包存放 JDBC 操作数据库方面的功能类和 JDBC 工具类；com.filter 包存放过滤器；com.action.login 包存放实现用户登录和注册功能的 Servlet 类；com.action.admin 包存放管理员端功能模块控制的 Servlet 类；com.action.student 包存放学生端功能模块控制的 Servlet 类。

页面文件放在项目的 WebContent 目录下，在该目录下创建 view 文件夹，在 view 文件夹内创建 adminpage 和 studentpage 文件夹。登录注册页面放在 view 文件夹根目录下，管理员端页面放在 adminpage 文件夹下，学生端页面放在 studentpage 文件夹下。

下面分别介绍各部分功能的实现。

13.2.2　系统页面设计

学生管理系统的功能主要分为登录注册模块、管理员模块和学生端模块三部分。

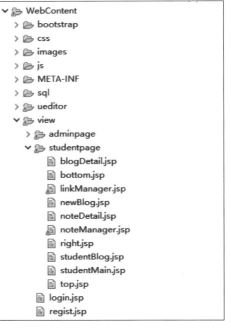

图 13-2　基于 MVC 的系统目录结构

1. 登录注册模块

该模块中包含用户注册和用户登录两个页面。

（1）创建登录页面 login.jsp，提供学生和管理员登录界面，如图 13-3 所示。

图 13-3　登录界面

通过对身份的选择,可以实现管理员或学生的登录。该页面的主要代码如文件13-1所示。

文件13-1　login.jsp 文件主要代码

```
1   <div class="container div-signin">
2       <div class="panel panel-primary div-shadow">
3           <!-- h3标签加载自定义样式,完成文字居中和上下间距调整 -->
4           <div class="panel-heading">
5               <h3>学生管理系统</h3>
6           </div>
7           <div class="panel-body">
8               <!-- login form start -->
9               <form id="frmLogin" data-toggle="tooltip" action="${pageContext.request.contextPath}/back/doLogin" class="form-horizontal" method="POST">
10                  <div class="form-group">
11                      <label class="col-sm-3 control-label">用户名:</label>
12                      <div class="col-sm-9">
13                          <input class="form-control" data-toggle="tooltip" name="username" id="username" type="text" placeholder="请输入用户名">
14                      </div>
15                  </div>
16                  <div class="form-group">
17                      <label class="col-sm-3 control-label">密    码:</label>
18                      <div class="col-sm-9">
19                          <input class="form-control" data-toggle="tooltip" name="password" id="password" type="password" placeholder="请输入密码">
20                      </div>
21                  </div>
22                  <div class="form-group">
23                      <label class="col-sm-3 control-label">身    份:</label>
24                      <div class="col-sm-9">
25                          <select class="form-control" data-toggle="tooltip" name="state" id="state">
26                              <option value="">--请选择身份--</option>
27                              <option value="student">学生</option>
28                              <option value="sysUser">管理员</option>
29                          </select>
30                      </div>
31                  </div>
32                  <!-- 验证码模块 start -->
33                  <div class="form-group">
34                      <label class="col-sm-3 control-label">验证码:</label>
35                      <div class="col-sm-4">
36                          <input class="form-control" type="text" data-toggle="tooltip" placeholder="请输入验证码" id="code" name="code">
37                      </div>
38                      <div class="col-sm-2">
39                          <!-- 验证码图片加载(需引入验证码文件)图像高度经过测试,建议不要修改 -->
40                          <img class="img-rounded" id="pic" src="${pageContext.request.contextPath}/back/createCode" onclick="changeCode()" alt="验证码" style="height:32px;width:70px;cursor:pointer;"/>
41                      </div>
42                      <div class="col-sm-2">
43                          <button type="button" class="btn btn-link" onclick="changeCode();" style="outline-style:none">看不清</button>
```

```
44              </div>
45            </div>
46            <!-- 验证码模块 end -->
47            <!-- 错误提示消息 -->
48            <c:if test = "${errorLoginMsg!= ''}">
49              <div class = "form-group text-center">
50                <span class = "col-sm-12" style = "color: red" id = "error">
    ${errorLoginMsg}</span>
51              </div>
52            </c:if>
53            <div class = "form-group">
54              <div class = "col-sm-9 col-sm-offset-3 padding-left-0">
55                <div class = "col-sm-4">
56                  <button type = "reset" id = "regist" class = "btn btn-primary btn-block">
    注  册</button>
57                </div>
58                <div class = "col-sm-4">
59                  <button type = "reset" class = "btn btn-primary btn-block">重  
    置</button>
60                </div>
61                <div class = "col-sm-4">
62                  <button type = "submit" class = "btn btn-primary btn-block">登 
     录</button>
63                </div>
64              </div>
65            </div>
66          </form>
67          <!-- login form end -->
68        </div>
69      </div>
70    </div>
```

（2）创建注册页面 register.jsp，通过单击图 13-3 所示中的"注册"按钮，进入注册页面，在该页面中可以实现管理员或学生信息的注册。注册界面如图 13-4 所示。

图 13-4 注册界面

register.jsp 文件的主要代码如文件 13-2 所示。

文件 13-2　register.jsp 文件主要代码

```
1    <div class="container div-signin">
2        <div class="panel panel-primary div-shadow">
3            <!-- h3 标签加载自定义样式,完成文字居中和上下间距调整 -->
4            <div class="panel-heading">
5                <h3>学生管理系统 3.0</h3>
6                <span>Student Management System</span>
7            </div>
8            <div class="panel-body">
9                <!-- login form start -->
10               <form action="${pageContext.request.contextPath}/back/register" id="myform" class="form-horizontal" method="POST">
11                   <div class="form-group">
12                       <label class="col-sm-3 control-label">身    份:</label>
13                       <div class="col-sm-9">
14                           <select class="form-control tip" name="role" id="role" data-toggle="tooltip">
15                               <option value="">-请选择身份-</option>
16                               <option value="student">学生</option>
17                               <option value="sysUser">管理员</option>
18                           </select>
19                       </div>
20                   </div>
21                   <div class="form-group">
22                       <label class="col-sm-3 control-label">用户名:</label>
23                       <div class="col-sm-9">
24                           <input class="form-control tip" type="text" data-toggle="tooltip" placeholder="请输入用户名" name="username" id="username">
25                       </div>
26                   </div>
27                   <div class="form-group">
28                       <label class="col-sm-3 control-label">密    码:</label>
29                       <div class="col-sm-9">
30                           <input class="form-control tip" data-toggle="tooltip" type="password" placeholder="请输入密码" name="password" id="password">
31                       </div>
32                   </div>
33                   <div class="form-group">
34                       <label class="col-sm-3 control-label">重复密码:</label>
35                       <div class="col-sm-9">
36                           <input class="form-control tip" type="password" data-toggle="tooltip" placeholder="请输入密码" id="repassword">
37                       </div>
38                   </div>
39                   <div class="form-group">
40                       <div class="col-sm-9 col-sm-offset-3 padding-left-0">
41                           <div class="col-sm-4">
42                               <button type="submit" class="btn btn-primary btn-block" style="margin-left:55px;">注  册</button>
43                           </div>
44                           <div class="col-sm-4">
45                               <button type="button" class="btn btn-primary btn-block" style="margin-left:55px;" onclick="login()">登  录</button>
```

```
46                </div>
47             </div>
48          </div>
49       </form>
50    </div>
51  </div>
52 </div>
53 </body>
54 </html>
```

2. 管理员模块

(1) 管理员模块主页。当以管理员身份进入系统后,可以看到管理员模块主界面,该界面被分为三部分:上部、右边部分和中间部分。其中,上部和右边部分为公用区域,如图13-5所示。

图 13-5 管理员模块主界面

在本系统中,当打开管理员主页时,显示管理员的第一个功能模块,即通知管理。其他功能模块可以通过单击导航菜单对应的按钮打开。

该页面上部的导航菜单栏上有"通知管理""班级管理""学生管理""学习日志管理"和"学习园地管理"这5个菜单项,对应管理员的5个功能。这部分页面对应的文件为top.jsp,其主要代码如文件13-3所示。

文件 13-3　top.jsp 主要代码

```
1  <div class="container nav-height">
2      <div class="col-sm-3">
3          <img alt="" src="${pageContext.request.contextPath}/images/logn.png">
4      </div>
5      <div class="col-md-3 col-md-offset-6 visible-md-block visible-lg-block">
6          <p class="p-css" id="nowtime">2020 年 4 月 16 日 23:22:00</p>
7      </div>
8  </div>
9  <div class="nav-style">
```

```
10.            <div class="container">
11.                <div class="col-sm-12">
12.                    <ul class="nav nav-pills">
13.                        <%-- <li><a href="${ctx}/admin/showAdminMain">首     页</a></li> --%>
14.                        <li><a href="${ctx}/admin/noteManager">通知管理</a></li>
15.                        <li><a href="${ctx}/admin/gradeManager">班级管理</a></li>
16.                        <li><a href="${ctx}/admin/studentManager">学生管理</a></li>
17.                        <li><a href="${ctx}/admin/studentBlog">学习日志管理</a></li>
18.                        <li><a href="${ctx}/admin/linkManager">学习园地管理</a></li>
19.                    </ul>
20.                </div>
21.            </div>
22.        </div>
```

管理员主页的右侧显示登录用户信息及其信息的维护。对应文件为 right.jsp，其主要代码如文件 13-4 所示。

文件 13-4　right.jsp 主要代码

```
1   <div class="col-sm-4">
2       <div class="panel panel-default">
3           <div class="panel-heading">
4               <img alt="" src="${pageContext.request.contextPath}/images/user.png">
5               <span class="font-style">欢迎您：${user.username}管理员!</span>
6           </div>
7           <div class="panel-body">
8               <div class="col-sm-12">
9                   <ul class="nav nav-pills nav-stacked">
10                      <li><a class="btn btn-link" data-toggle="modal" data-target="#modfiyPWD" style="text-align: left;">修改登录密码</a></li>
11                      <li><a href="${pageContext.request.contextPath}/back/logout">退出校园系统</a></li>
12                  </ul>
13              </div>
14          </div>
15      </div>
16      <div class="panel panel-default">
17          <div class="panel-heading">
18              <img alt="" src="${pageContext.request.contextPath}/images/message.png">
19              <span class="font-style"> 校训 </span>
20          </div>
21          <div class="panel-body">
22              <address class="padding-left-10 font-info">
23                  <strong>立德树人</strong>
24                  <strong>知行合一</strong>
25              </address>
26          </div>
27      </div>
28  </div>
```

单击"修改密码"按钮可以弹出修改密码窗口，通过弹出框插件实现弹出，文件 13-4 的第 10 行 <a> 标签的 data-toggle 属性指定以 modal 事件触发，data-target 属性指定事件目标的 id 标识为 "#modfiyPWD"，这里代表 id 为 modfiyPWD 的元素以 modal 形式显示。因为这是在当前页面弹出,所以修改密码 modal 窗口的代码直接写在 right.jsp 文件中,如文件 13-5 所示。

文件 13-5　修改密码 modal 窗口

```
1    <!-- 密码修改 model 窗口 -->
2        <div class="modal fade" id="modfiyPWD" tabindex="-1" role="dialog" aria-labelledby="myModalLabel">
3            <div class="modal-dialog" role="document">
4                <div class="modal-content">
5                    <div class="modal-header">
6                        <button type="button" class="close" data-dismiss="modal" aria-label="Close"><span aria-hidden="true">&times;</span></button>
7                        <h4 class="modal-title" id="myModalLabel">用户密码修改</h4>
8                    </div>
9                    <form action="" id="frmpwd" class="form-horizontal" method="POST">
10                       <div class="modal-body">
11                           <div class="form-group">
12                               <label class="col-sm-3 control-label">登录密码:</label>
13                               <div class="col-sm-6">
14                                   <input class="form-control" type="password" id="oldpassword" name="oldpassword">
15                               </div>
16                               <label class="col-sm-3 control-label error-info" style="text-align:left;">*不可为空</label>
17                           </div>
18                           <div class="form-group">
19                               <label class="col-sm-3 control-label">新的密码:</label>
20                               <div class="col-sm-6">
21                                   <input class="form-control" type="password" id="newpassword" name="newpassword">
22                               </div>
23                               <label class="col-sm-3 control-label error-info" style="text-align:left;">*不可为空</label>
24                           </div>
25                           <div class="form-group">
26                               <label class="col-sm-3 control-label">重复密码:</label>
27                               <div class="col-sm-6">
28                                   <input class="form-control" type="password" id="repassword" name="repassword">
29                               </div>
30                               <label class="col-sm-3 control-label error-info" style="text-align:left;">*不可为空</label>
31                           </div>
32                       </div>
33                       <div class="modal-footer">
34                           <button type="button" class="btn btn-default" data-dismiss="modal" aria-label="Close">关  闭</button>
35                           <button type="reset" class="btn btn-default">重  置</button>
36                           <button type="submit" class="btn btn-default" onclick="modifyPwd()">修  改</button>
37                       </div>
38                   </form>
```

```
39                </div>
40            </div>
41        </div>
42  <!-- MODEL 结束 -->
```

在文件 13-5 中第 2 行代码指定 div 的 id 值为 modfiyPWD。因此,单击"修改密码"按钮时,将会弹出文件 13-5 的代码所描述的对话框,如图 13-6 所示。

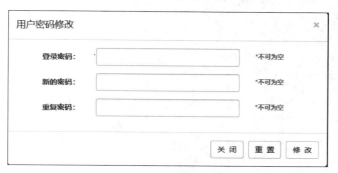

图 13-6 "用户密码修改"对话框

从文件 13-5 中第 36 行可以看出,当单击修改按钮时,将调用 modifyPwd() 函数修改密码,代码如下所示。在该函数中通过 jQuery 的 $.post() 方法发送请求实现密码修改。

```
1   function modifyPwd(){
2     $("#frmpwd").data("bootstrapValidator").validate();
3     var flag = $ ("#frmpwd").data("bootstrapValidator").isValid();
4     if(flag){
5     $.post('${pageContext.request.contextPath }/admin/modifyPwd',{
6     'id':'${sessionScope.user.id}',
7     'oldpassword':$("#oldpassword").val(),
8     'newpassword':$("#newpassword").val()
9     },function(data){
10    alert(data.message);
11    if(data.flag){
12    location.href = "${pageContext.request.contextPath }/back/showLogin";
13    }
14    },'json');
15    }
16    }
```

(2) 通知管理。单击管理员模块主页面的"通知管理"按钮,弹出通知管理界面,如图 13-5 所示。该页面中可以实现通知的查询、浏览、添加、修改及删除操作。

通知管理页面对应文件 noteManager.jsp。主要代码如文件 13-6 所示。

文件 13-6 noteManager.jsp 文件主要代码

```
1   <div class = "container margin-top-10">
2     <div class = "col-sm-8">
3       <div class = "panel panel-default">
4         <div class = "panel-body">
5           <form class = "form-inline" action = "${ctx }/admin/noteManager" id = "gform" method = "POST">
```

```jsp
6            <input type="hidden" name="pageno" id="pageno" value="1"/>
7            <div class="form-group">
8                <label>通知标题:</label>
9                <input type="text" name="title" class="form-control input-sm" placeholder="不填查询所有">
10           </div>
11           <button type="reset" class="btn btn-success btn-sm">重  置</button>
12           <button type="submit" class="btn btn-success btn-sm">查  询</button>
13       </form>
14       <hr/>
15       <div class="padding-bottom-3" style="text-align: right;">
16           <button type="button" class="btn btn-success btn-sm" data-toggle="modal" data-target="#modfiyGrade" onclick="showAddModel()">添加新通知</button>
17       </div>
18       <table class="table table-hover table-striped table-bordered">
19           <thead>
20               <tr>
21                   <th>编号</th>
22                   <th>通知标题</th>
23                   <th>创建时间</th>
24                   <th style="width: 20%;">操作</th>
25               </tr>
26           </thead>
27           <tbody>
28               <c:forEach var="note" items="${pageInfo.list}" varStatus="status">
29                   <tr>
30                       <td>${status.count + pageInfo.pageSize * pageInfo.prePage}</td>
31                       <td>${note.title}</td>
32                       <td><fmt:formatDate value="${note.createDate}" pattern="yyyy/MM/dd"/></td>
33                       <td>
34                           <button type="button" class="btn btn-info btn-xs" data-toggle="modal"
35                               data-target="#modfiyGrade" onclick="showModifyModel(${note.id})">修改</button>
36                           <button type="button" class="btn btn-danger btn-xs" onclick="delGrade(${note.id})">删除</button>
37                       </td>
38                   </tr>
39               </c:forEach>
40           </tbody>
41           <tfoot>
42
43           </tfoot>
44       </table>
45       </div>
46       </div>
47   </div>
48   <jsp:include page="right.jsp"/>
49   </div>
50   <jsp:include page="bottom.jsp"/>
51       <!--通知修改model窗口-->
52   <!-- 省略… -->
53   </body>
54
```

① 查询功能界面设计。文件 13-6 代码的第 5~13 行为查询表单，将根据通知标题进行查询，该表单将输入标题信息提交给"/admin/noteManager"对应的文件处理，该文件的说明见下一小节。

② 通知内容显示设计。文件 13-6 代码的第 18~44 行通过表格分页显示通知信息。第 19~26 行代码设置表格标题行，第 27~40 行代码通过循环分行输出通知内容。将后台放在请求当中的数据集合利用 el 表达式 ${pageInfo.list} 取出，使用 JSTL 的 <c:forEach var="note" items="${pageInfo.list}" varStatus="status"> 标签实现数据遍历，逐个获取集合元素 note，note 对象的每个属性的值放在同一行即 <tr> 标签的不同列即 <td> 标签当中。

③ 浏览图标的界面设计。通知页面中的数据采用分页查看，文件 13-6 代码的第 41~43 行的 <tfoot> 标签用于设置展示出页数和上下页单击效果的代码，如文件 13-7 所示。

文件 13-7　分页显示代码

```
1   <tr>
2           <td colspan="5" style="text-align: center;">
3               <ul class="pagination" style="margin: 0px;">
4                   <li>
5                       <a <c:if test="${pageInfo.isFirstPage}"> class="btn disabled"</c:if>
6                           onclick="querypage(${pageInfo.prePage})" aria-label="Previous">
7                           <span aria-hidden="true">&laquo;</span>
8                       </a>
9                   </li>
10                  <c:forEach begin="1" end="${pageInfo.pages}" var="i">
11                      <li <c:if test="${pageInfo.pageNum == i}">class="active"</c:if>>
12                          <a onclick="querypage(${i})">${i}</a></li>
13                  </c:forEach>
14                  <li>
15                      <a <c:if test="${pageInfo.isLastPage}"> class="btn disabled"</c:if>
16                          onclick="querypage(${pageInfo.lastPage})" aria-label="Next">
17                          <span aria-hidden="true">&raquo;</span>
18                      </a>
19                  </li>
20              </ul>
21          </td>
22  </tr>
```

当单击通知页面中的上一页图标 、下一页图标 和页号图标 时，触发对应的 onclick 事件，调用 querypage() 方法，实现页面跳转。querypage() 方法的代码如下：

```
1   function querypage(pageno){
2       $("#pageno").val(pageno);
3       $("#gform").submit();
4   }
```

由上述代码可以看出，当单击换页按钮时，利用前面的查询表单发送请求到后台，实现页面的数据刷新。

④ 添加、删除功能的实现。文件 13-6 的第 16 行为"添加新通知"按钮的设计；第 35 行为"修改"按钮的设计。它们都是利用弹出页面来实现的，其实现方法类似于密码修改弹出框的设计。

通知的新增和修改弹出窗口中,利用表单的 action 属性将数据提交给路径为"/admin/saveNote"的文件处理。form 属性设置代码如下:

```
1    < form action = " ${ctx}/admin/saveNote" class = "form - horizontal" method = "POST" id = "gradefrm">
```

单击图 13-5 所示的"添加通知"按钮,弹出"添加通知"对话框,可以实现通知的添加,如图 13-7 所示。单击"修改"按钮,弹出"修改通知"对话框。

图 13-7 "添加通知"对话框

⑤ 删除功能的实现。文件 13-6 中的第 36 行为删除按钮的设置,当单击"删除"按钮时,将调用 delGrade()函数,其代码如下:

```
1    function delGrade(id){
2    if(confirm("确定是否删除!")){
3    $.post('${ctx}/admin/delNote',{
4    'id':id
5    },function(data){
6    if(data.flag){
7    location.href = "${ctx}/admin/noteManager";
8    }
9    },'json');
10   }
11   }
```

(3) 班级管理。在管理员模块主界面选择"班级管理"菜单项,弹出"班级管理"界面。

班级管理界面的文件为 gradeManager.jsp,这个界面同样可以实现查询、浏览、添加、修改和删除功能,其实现方法类似通知管理界面,这里就不作详细介绍。

(4) 学生管理。在管理员模块主界面选择"学生管理"菜单项,弹出"学生管理"界面,如图 13-8 所示。

学生管理界面对应的文件为 studentManager.jsp,实现方法与"通知管理"界面类似。

单击"添加新学员"按钮,打开添加学生信息界面,单击"修改"按钮,打开修改学生信息对话框。添加修改学生信息如图 13-9 所示。

这里的新增修改是打开新对话框,规则与前面相同,只是界面是一个新的 JSP 界面 addStudent.jsp。

图 13-8 "学生管理"界面

图 13-9 添加修改学生信息

（5）学习日志管理。在管理员模块主界面单击"学习日志管理"，可以看到"学习日志管理"界面，如图 13-10 所示。

学习日志管理对应的文件为 blogDetail.jsp。该界面只能查看和删除学生的学习日志。

单击日志标题可以查看详细信息，如图 13-11 所示。

（6）学习园地管理。在管理员模块主界面上单击"学习园地管理"，可以看到"学习园地管理"界面。学习园地管理对应的文件为 linkManager.jsp，这个界面同样可以进行查询、浏览、添加、修改和删除功能，其功能实现同上述通知管理。

3．学生端模块

在登录页面上输入正确的学生用户信息号，单击"登录"按钮，进入学生模块主界面，如图 13-12 所示。学生在此界面可以查看通知、查看个人学习日志、发表个人学习日志以及浏览学习园地。

学生模块主页面和管理员模块主界面一样，也分为 3 部分：上部为 top.jsp；右侧为 rigth.jsp；中间为工作区，是实现各项管理功能的平台。代码大部分都是一样的，只有 top.jsp 里面的导航菜单换成了学生端的菜单，其他详细代码可以查看项目中的代码。

图 13-10 "学习日志管理"界面

图 13-11 "学习日志管理"界面

图 13-12 "学生模块"主界面

在学生模块主界面上选择"通知"菜单项,可以查看管理员发布的通知信息。

在学生模块主界面上选择"我的学习日志"菜单项,可以看到"我的学习日志"界面自己写的文章列表,如图 13-13 所示。

图 13-13 "我的学习日志"界面

在此菜单项中可以更新和删除学习心得,若单击更新,即进入修改界面,如图 13-14 所示。

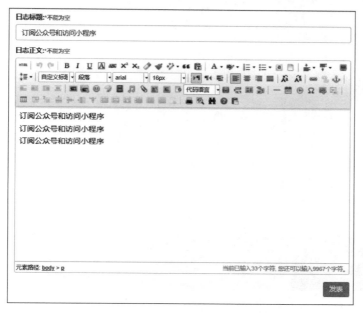

图 13-14 更新学习日志

另外,单击"发表学习日志"菜单项也会进入这个界面,只是没有数据。

"发表学习日志"界面主要代码如文件 13-8 所示。

文件 13-8 newBlog.jsp 文件主要代码

```
1    <div class="container margin-top-10">
2        <div class="col-sm-8">
```

```
3          <div class = "panel panel-default">
4              <div class = "panel-body">
5                  <form method = "POST">
6                      <input type = "hidden" id = "id" name = "id" value = "${blog.id}"/>
7                      <div class = "form-group">
8                          <label>日志标题:</label><label class = "control-label error-info" style = "text-align:left;">*不能为空</label>
9                          <input type = "text" class = "form-control" name = "title" id = "title" value = "${blog.title}">
10                     </div>
11                     <div class = "form-group">
12                         <label>日志正文:</label><label class = "control-label error-info" style = "text-align:left;">*不能为空</label>
13                         <script type = "text/plain" id = "editor" style = "height:400px;"></script>
14                     </div>
15                     <div style = "text-align: right;">
16                         <a   class = "btn btn-success" onclick = "saveBlog()">发表</a>
17                     </div>
18                 </form>
19             </div>
20         </div>
21     </div>
22     <jsp:include page = "right.jsp"/>
23 </div>
24 <jsp:include page = "bottom.jsp"/>
25 </body></html>
```

其中文章编写需要用到副文本插件,代码如下:

```
1  var ue = UE.getEditor("editor");
2    ue.ready(function(){
3        ue.setContent('${blog.content}',false);
4    });
```

选择"学习园地"菜单项,弹出管理员发布的学习资源信息,如图13-15所示。单击链接,可以进入相应的资源网站。

图 13-15 "学习园地"界面

13.2.3 系统模型设计

（1）在 src 目录下创建 com.entity 包，以存放数据库表对应的实体类。数据表与类的对应关系如表 13-7 所示。

表 13-7 数据表与类的对应关系

序 号	表 名	类 名
1	管理员信息表 t_user	User.java
2	学生信息表 t_student	Student.java
3	通知信息表 t_note	Note.java
4	学习日志表 t_blog	Blog.java
5	班级信息表 t_grade	Grade.java
6	学习园地表 t_link	Link.jsvs

User.java 文件代码如文件 13-9 所示。其他实体类文件代码类似，不再一一列举。

文件 13-9　User.java 文件代码

```
1   package com.entity;
2   public class User {
3     private Integer id;
4     private String username;
5     private String password;
6     public User() {
7       super();
8     }
9     public User(Integer id, String username, String password) {
10      super();
11      this.id = id;
12      this.username = username;
13      this.password = password;
14    }
15    public Integer getId() {      return id;           }
16    public void setId(Integer id) {    this.id = id;    }
17    public String getUsername() {    return username;    }
18    public void setUsername(String username) {
19       this.username = username;
20    }
21    public String getPassword() {    return password;    }
22    public void setPassword(String password) {
23       this.password = password;
24    }
```

（2）创建 com.dao 包，用于存放 JDBC 操作数据库方面的功能类和 JDBC 工具类。其中，JDBC 工具类 JdbcUtil.java 用于实现加载 MySQL 数据库、创建数据库连接对象和关闭数据连接对象。JdbcUtil.java 文件代码如文件 13-10 所示。

文件 13-10　JdbcUtil.java 文件代码

```
1   public class JdbcUtil {
2       private static final String URL = "jdbc:mysql://localhost:3306/studentdb?useUnicode=true&characterEncoding=UTF-8";
3       private static final String USER_NAME = "root";
```

```
4      private static final String PASSWORD = "";
5      private static final String DRIVER_NAME = "com.mysql.jdbc.Driver";
6      private static DataSource ds = new DataSource();
7      private static JdbcTemplate template = new JdbcTemplate();
8      //获取数据库连接
9      public static Connection getConnection(){
10      Connection con = null;
11      try{
12          //注册驱动
13          Class.forName(DRIVER_NAME);
14          //连接数据库
15          on = DriverManager.getConnection(URL, USER_NAME, PASSWORD);
16      } catch (ClassNotFoundException e) {
17          e.printStackTrace();
18      } catch (SQLException e) {
19          e.printStackTrace();
20      }finally{
21      return con;
22      }}
23      //关闭数据库连接
24      public static void close(Connection con,PreparedStatement pst,ResultSet rs){
25      try{
26          if(rs != null){rs.close();     }
27          if(pst!= null)pst.close();
28          if(con!= null)con.close();
29      } catch (SQLException e) {
30          e.printStackTrace();
31      }
32      }
33  }
```

JDBC 操作数据库方面的功能类，实现对数据表的增加、删除、修改、查询操作。对应不同数据表 JDBC 功能类如表 13-8 所示。

表 13-8 JDBC 功能类

序 号	表 名	类 名
1	管理员信息表 t_user	UserDAO.java
2	学生信息表 t_student	StudentDAO.java
3	通知信息表 t_note	NoteDAO.java
4	学习日志表 t_blog	BlogDAO.java
5	班级信息表 t_grade	GradeDAO.java
6	学习园地表 t_link	LinkDAO.jsvs

操作 student 表的 DAO 类，如文件 13-11 所示。其他表的操作大致相似，具体看项目中的代码。

文件 13-11 StudentDao.java 文件代码

```
1  public class StudentDao {
2      public PageInfo<Student> findByPage(int pageNo,int pageSize,QueryVo qv){
3          String sql = "select s.*,g.name gname from t_student s "
4                  + " left join t_grade g on g.id = s.gid "
5                  + " where 1 = 1 ";
```

```java
6       if(qv != null){
7           if(qv.getName() != null && !qv.getName().trim().isEmpty()){
8               sql += " and s.name like '%" + qv.getName() + "%'";
9           }
10          if(qv.getSex() != null){
11              sql += " and s.sex = " + qv.getSex();
12          }
13          if(qv.getGid() != null){
14              sql += " and s.gid = " + qv.getGid();
15          }
16      }
17      sql += " order by s.id desc";
18      PageInfo<Student> page = JdbcUtil.findPage(sql, pageNo, pageSize
19              , new BeanPropertyRowMapper<Student>(Student.class));
20      return page;
21  }
22  public Student findById(Integer id){
23      String sql = "select * from t_student where id = ?";
24      Student s = JdbcUtil.getJdbcTemplet().queryForObject(sql
25              , new Object[]{id}
26              , new BeanPropertyRowMapper<Student>(Student.class));
27      return s;
28  }
29  public List<Student> findByusername(String username){
30      String sql = "select * from t_student where username = ?";
31      List<Student> list = JdbcUtil.getJdbcTemplet().query(sql
32              , new Object[]{username}
33          , new BeanPropertyRowMapper<Student>(Student.class));
34      return list;
35  }
36  public void save(Student s){
37      String sql = "insert into t_student(name,username,password,age,code,sex,gid,jineng,zhiyuan,chuqing,score) values(?,?,?,?,?,?,?,?,?,?,?)";
38      JdbcUtil.getJdbcTemplet().update(sql
39              , new Object[]{s.getName(),s.getUsername(),s.getPassword()
40                  ,s.getAge(),s.getCode(),s.getSex(),s.getGid(),s.getJineng()
41                  ,s.getZhiyuan(),s.getChuqing(),s.getScore()});
42  }
43  public void update(Student s){
44      String sql = "update t_student set name = ?,username = ?,age = ?,code = ?"
45              + ",sex = ?,gid = ?,jineng = ?,zhiyuan = ?,chuqing = ?,score = ? where id = ?";
46      JdbcUtil.getJdbcTemplet().update(sql
47              , new Object[]{s.getName(),s.getUsername()
48                  ,s.getAge(),s.getCode(),s.getSex(),s.getGid(),s.getJineng()
49                  ,s.getZhiyuan(),s.getChuqing(),s.getScore(),s.getId()});
50  }
51  public void delete(Integer id){
52      String sql = "delete from t_student where id = ?";
53      JdbcUtil.getJdbcTemplet().update(sql,new Object[]{id});
54  }
55  public Student login(String username,String password) throws Exception{
56      String sql = "select * from t_student where username = ? and password = ?";
57      List<Student> list = JdbcUtil.getJdbcTemplet().query(sql
58              , new Object[]{username,password}
```

```java
59                     ,new BeanPropertyRowMapper<Student>(Student.class));
60          if(list.size() != 1){
61                  throw new Exception("用户名或密码错误");
62          }
63          return list.get(0);
64      }
65      public boolean isTruePassword(Integer id,String password){
66          String sql = "select * from t_student where id = ? and password = ?";
67          List<Student> list = JdbcUtil.getJdbcTemplet().query(sql
68                      , new Object[]{id,password}
69                      ,new BeanPropertyRowMapper<Student>(Student.class));
70          if(list.size() != 1){
71                  return false;
72          }
73          return true;
74      }
75      public void modifyPwd(Integer id,String newpassword){
76          String sql = "update t_student set password = ? where id = ?";
77          JdbcUtil.getJdbcTemplet().update(sql
78                      ,new Object[]{newpassword,id});
79      }
80  }
```

13.2.4 过滤器设计

创建com.filter包,用于存放过滤器文件。在该包中有用户登录过滤器和中文编码过滤器。

1. 用户登录过滤器

用户登录过滤器文件为LoginFilter.java,在该文件中判断请求资源路径是否有效,若有效,则放行,同时判断用户是否登录,若没有登录,则显示登录页面;否则允许访问请求的资源。LoginFilter.java文件代码如文件13-12所示。

文件13-12 LoginFilter.java文件代码

```java
1   public void doFilter(ServletRequest request, ServletResponse response, FilterChain chain)
        throws IOException, ServletException{
2       HttpServletRequest req = (HttpServletRequest) request;
3       HttpServletResponse resp = (HttpServletResponse) response;
4       //去除不需要过滤的链接
5       String url = req.getRequestURI();
6       if(url.contains("/back/")||url.contains("/images/")||url.contains("/bootstrap/")
7                   ||url.contains("/css/")    ||url.contains("/js/")){
8               chain.doFilter(request, response);
9               return;
10      }
11      //验证用户是否登录
12      if(req.getSession().getAttribute("user") == null){
13              resp.sendRedirect(req.getContextPath() + "/back/showLogin");
14      }else{
15              chain.doFilter(request, response);
16      }
17  }
```

2. 中文编码过滤器

中文编码过滤器文件为 EncoderFilter.java,设置 request 对象和 response 对象的编码字符集均为"UTF-8",保证编码一致,避免中文乱码问题发生。EncoderFilter.java 文件代码如文件 13-13 所示。

文件 13-13　EncoderFilter.java 文件代码

```
1   public void doFilter(ServletRequest request, ServletResponse response, FilterChain chain)
        throws IOException, ServletException {
2       request.setCharacterEncoding("UTF-8");
3       response.setCharacterEncoding("UTF-8");
4       chain.doFilter(request, response);
5   }
```

13.2.5　Servlet 控制器设计

1. 登录注册模块

创建 com.action.login 包,用于存放与登录注册相关的 Servlet 文件。

(1) 验证码的创建。在 com.action.login 包中创建 Servlet 类的 CreateCode.java 文件,用于生成验证码图片。CreateCode.java 文件代码如文件 13-14 所示。

文件 13-14　CreateCode.java 文件代码

```
1   package com.action.login;
2   import java.awt.*;
3   import java.awt.image.BufferedImage;
4   import java.io.*;
5   import java.util.*;
6   import javax.imageio.ImageIO;
7   import javax.servlet.*;
8   import javax.servlet.annotation.WebServlet;
9   import javax.servlet.http.*;
10  @WebServlet("/back/createCode")
11  public class CreateCode extends HttpServlet {
12  private static final long serialVersionUID = 1L;
13  protected void doGet(HttpServletRequest request, HttpServletResponse response)
14          throws ServletException, IOException {
15      int width = 120;                //验证码图片宽度
16      int height = 30;                //验证码图片高度
17      //创建内存图像并获得其图形上下文
18      BufferedImage image = new BufferedImage(width, height, BufferedImage.TYPE_INT_RGB);
19      Graphics g1 = image.getGraphics();
20      //以随机颜色填充矩形
21      g1.setColor(getRandColor(200, 250));
22      g1.fillRect(0, 0, width, height);
23      //绘制矩形边框
24      g1.setColor(Color.WHITE);
25      g1.drawRect(0, 0, width - 1, height - 1);
26      //类型转制
27      Graphics2D g2d = (Graphics2D) g1;
28      g2d.setFont(new Font("宋体", Font.BOLD, 18));
29      //获取验证码图片上显示的文本
30      List<String> words = getWords(request.getServletContext());
31      Random random = new Random();
```

```java
32    int index = random.nextInt(words.size());
33    String word = words.get(index);
34    //以不同的角度显示文本
35    int x = 10;
36    for(int i = 0;i < word.length();i++){
37        g2d.setColor(new Color(20 + random.nextInt(110),20 + random.nextInt(110),20 + random.nextInt(110)));
38        int jiaodu = random.nextInt(60) - 30;
39        double theta = jiaodu * Math.PI/180;
40        char c = word.charAt(i);
41        g2d.rotate(theta, x, 20);
42        g2d.drawString(String.valueOf(c), x,20);
43        g2d.rotate( - theta,x,20);
44        x += 30;
45    }
46    //在验证码背景图片上绘制随机线条作为干扰项
47    g1.setColor(getRandColor(160, 200));
48    int x1,int x2,int y1, y2;
49    for(int i = 0;i < 30;i++){
50        x1 = random.nextInt(width);
51        x2 = random.nextInt(12);
52        y1 = random.nextInt(height);
53        y2 = random.nextInt(12);
54        g1.drawLine(x1, y1, x1 + x2, x2 + y2);
55    }
56    //将验证码图片上的文本存入 Session 中
57    request.getSession().setAttribute("randomCode", word);
58    //关闭资源
59    g1.dispose();
60    //将图片发送到响应输出消息体中
61    ImageIO.write(image, "jpg", response.getOutputStream());
62    response.getOutputStream().flush();
63 }
64 //生成随机颜色
65 public Color getRandColor(int fc,int bc){
66    Random random = new Random();
67    if(fc > 255){
68        fc = 255;
69    }
70    if(bc > 255){
71        bc = 255;
72    }
73    int r = fc + random.nextInt(bc - fc);
74    int g = fc + random.nextInt(bc - fc);
75    int b = fc + random.nextInt(bc - fc);
76    return new Color(r,g,b);
77 }
78 //获取验证码字符
79 public List < String > getWords(ServletContext app){
80    List < String > words = new ArrayList < String >();
81    BufferedReader reader = null;
82    String path = app.getRealPath("/WEB - INF/new_words.txt");
83    //防止中文乱码
84    try {
```

```
85      InputStreamReader ist = new InputStreamReader(new FileInputStream(path),"UTF-8");
86      reader = new BufferedReader(ist);
87      String line;
88      while((line = reader.readLine()) != null){    words.add(line);   }
89      } catch (UnsupportedEncodingException e) {
90          e.printStackTrace();
91      } catch (FileNotFoundException e) {
92          e.printStackTrace();
93      } catch (IOException e) {
94          e.printStackTrace();
95      }finally{
96      try {    reader.close();
97      } catch (IOException e) {    e.printStackTrace();}
98      }
99      return words;
100     }
```

文件13-14中第10行通过注解设置虚拟路径为"/back/createCode"。第65～77行为getRandColor()方法的定义,用于生成随机颜色。第79～100行为getWords()方法的定义,将"/WEB-INF/new_words.txt"文件存储的字符转换为字符串集合。利用doGet()方法通过Java的图形对象绘制验证码图片。

在文件13-1中的login.jsp文件主要代码的第40行通过<img>标签的src属性访问createCode类,生成图形验证码。其代码如下:

```
<img class = "img-rounded" id = "pic" src = "${pageContext.request.contextPath }/back/
createCode" onclick = "changeCode()" alt = "验证码" style = "height:32px;width:70px;
cursor:pointer;"/>
```

(2)登录功能的实现。在com.action.login包中创建Servlet的类DoLogin.java,通过注解设置虚拟路径为"/back/doLogin"。DoLogin.java文件的主要代码如文件13-15所示。

文件13-15   DoLogin.java的主要代码

```
1    protected void doGet(HttpServletRequest request, HttpServletResponse response) throws
     ServletException, IOException {
2    String username = request.getParameter("username");
3    String password = request.getParameter("password");
4    String state = request.getParameter("state");
5    if(state.equals("sysUser")){
6    //验证管理员
7    try {
8    User user = new UserDao().login(username, password);
9    request.getSession().setAttribute("user", user);
10   response.sendRedirect(request.getContextPath() + "/admin/noteManager");
11   } catch (Exception e) {
12   e.printStackTrace();
13   request.setAttribute("errorLoginMsg", "用户名或密码错误");
14   request.getRequestDispatcher("/back/showLogin").forward(request, response);
15   }
16   }else if (state.equals("student")){
17   //验证学生
18   try {
```

```
19      Student s = new StudentDao().login(username, password);
20      request.getSession().setAttribute("user", s);
21      response.sendRedirect(request.getContextPath() + "/student/noteManager");
22    } catch (Exception e) {
23      e.printStackTrace();
24      request.setAttribute("errorLoginMsg","用户名或密码错误");
25      request.getRequestDispatcher("/back/showLogin").forward(request, response);
26    }
27   }
28 }
```

在文件 13-15 中,根据参数 state 的值即可判断是管理员用户还是学生用户。如果是管理员用户,就通过用户名和密码获取管理员的所有信息,并存储到 Session 域中,请求重定向到"/admin/noteManager";如果是学生用户,就通过用户名和密码获取学生的所有信息,并存储到 Session 域中,请求重定向到"/student/noteManager",否则提示用户名或密码错误,请求重定向到登录页面。

文件 13-1 login.jsp 文件主要代码的第 9 行如下:

```
<form id = "frmLogin" data - togggle = "tooltip" action = "${pageContext.request.contextPath}/back/doLogin" class = "form - horizontal" method = "POST">
```

根据 action 属性的值,当用户单击提交按钮时,将访问 doLogin 类。

(3) 注册功能的实现。在 com.action.login 包中创建 Servlet 的类 Register.java,通过 @WebServlet("/back/register")设置虚拟路径。在该文件中仅实现管理员用户的注册,主要代码如文件 13-16 所示。

文件 13-16   Register.java 文件的主要代码

```
1  protected void doGet(HttpServletRequest request, HttpServletResponse response) throws ServletException, IOException {
2   String role = request.getParameter("role");
3   String username = request.getParameter("username");
4   String password = request.getParameter("password");
5   if(Constant.SYS_USER.equals(role)){
6       new UserDao().saveUser(username, password);
7   }
8   response.sendRedirect(request.getContextPath() + "/back/showLogin");
9  }
```

读取参数信息后,通过 UserDao 类的 saveUser()方法,将用户名和密码信息写入 user 表中。注册成功后,请求重定向到用户登录页面。

文件 13-2 register.jsp 文件主要代码的第 10 行,通过 action 属性指定接收表单提交的资源为 Register 类。其代码如下:

```
<form action = "${pageContext.request.contextPath}/back/register" id = "myform" class = "form - horizontal" method = "POST">
```

2. 管理员模块

创建 com.action.admin 包,用于存放管理员端的 Servlet 文件。此处以通知管理介绍管理员模块功能的实现。

(1) 通知信息浏览和查询。在 com.action.admin 包中创建名为 noteManager.java 的 Servlet 类,设置虚拟路径为"/admin/noteManager"。noteManager.java 文件的主要代码如文件 13-17 所示。

文件 13-17　noteManager.java 文件的主要代码

```
1   protected void doGet(HttpServletRequest request, HttpServletResponse response) throws
    ServletException, IOException {
2   Integer pageNo = 1;
3   if(request.getParameter("pageno")!= null
4       && !request.getParameter("pageno").isEmpty()){
5           pageNo = Integer.parseInt(request.getParameter("pageno"));
6       }
7   String name = request.getParameter("title");
8   PageInfo<Note> grade = new NoteDao().findByPage(pageNo, 5, name);
9   request.setAttribute("pageInfo", grade);
10  request.getRequestDispatcher("/view/adminpage/noteManager.jsp")
11  forward(request, response);
12  }
```

在文件 13-17 实现了查询所有通知、查询指定标题的通知及分页浏览的功能。

文件 13-17 中用变量 pageNo 指定要显示的页号。第 2 行指定页数变量 pageNo 初始值为 1;第 3～6 行读取请求参数 pageno 的值,如果参数不为空,就以参数值重置变量 pageNo 的值,否则不变;第 7 行获取通知标题参数并存储到变量 name 中;第 8 行获取通知内容,并根据变量 pageNo 的值指定当前页号,变量 name 指定通知标题,如果变量 name 为空,就返回所有通知信息;第 9 行将获取的通知内容存储到 request 域中;第 10 和第 11 行将请求转发到通知管理页面 noteManager.jsp 文件。

选择图 13-5 所示的"通知管理"菜单项,单击"查询"按钮,通知下方的浏览图标及以管理员身份登录时,都会调用 noteManager.java 文件。

(2) 通知信息保存。在 com.action.admin 包中创建名为 SaveNote.java 的 Servlet 类,设置虚拟路径为"/admin/saveNote"。SaveNote.java 文件的主要代码如文件 13-18 所示。

文件 13-18　SaveNote.java 文件的主要代码

```
1   protected void doGet(HttpServletRequest request, HttpServletResponse response) throws
    ServletException, IOException {
2   String title = request.getParameter("title");
3   String content = request.getParameter("content");
4   String id = request.getParameter("id");
5   Note grade = new Note(null,title, content, new Date());
6   if(id != null && !id.isEmpty()){
7       grade.setId(Integer.parseInt(id));
8       new NoteDao().update(grade);
9   }else{
10      new NoteDao().save(grade);
11  }
12  response.sendRedirect(request.getContextPath() + "/admin/noteManager");
13  }
```

在图 13-7 所示的添加通知页面中单击"提交"按钮时,将调用 SaveNote.java 文件。

(3) 删除通知信息。在 com.action.admin 包中创建名为 DelNote.java 的 Servlet 类,设置虚拟路径为"/admin/delNote"。主要代码如下:

```
1  protected void doGet (HttpServletRequest request, HttpServletResponse response) throws
   ServletException, IOException {
2      Integer id = Integer.parseInt(request.getParameter("id"));
3      new NoteDao().delete(id);
4      RespInfo info = new RespInfo("删除成功",true);
5      response.getWriter().write(new Gson().toJson(info));
6  }
```

3. 学生端模块

创建 com.action.student 包,用于存放学生端 Servlet 文件。其功能实现类似管理员模块的实现。由于篇幅所限,不再详细介绍。

13.3 基于 Spring MVC 的系统设计

13.3.1 Spring MVC 环境搭建

Spring MVC 环境搭建参看第 12 章。基于 Spring MVC 的系统目录结构如图 13-16 所示。

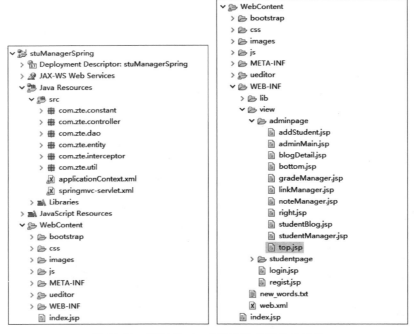

图 13-16 基于 Spring MVC 的系统目录结构

目录内容介绍如下。

(1) com.zte.entity 包中存放实体类,与 13.2.3 节中介绍的 com.entity 包的实体类相同。

(2) com.zte.dao 包中存放 JDBC 操作数据库方面的功能类和 JDBC 工具类,与 13.2.3 节中介绍的 com.dao 包的内容相同。

(3) com.zte.interceptor 包中存放拦截器,存放一个类 LoginInteceptor,以实现对未登录

用户的拦截。

（4）com.zte.util 包中存放工具类，CreateCodeUtil 创建验证码图片。

（5）com.zte.controller 包中存放控制类，存放类 BackController、AdminController 和 StudentController。其中，类 BackController 实现对用户登录和注册的映射路径的控制；类 AdminController 实现对管理员模块映射路径的控制；类 StudentController 实现对学生模块映射路径的控制。

（6）页面文件存储在 view 文件夹中，文件夹的构成与 13.2.2 节中介绍的 view 文件夹的相似。页面文件的设计也是相同的。

（7）new_words.txt 文件中存储的是将会显示在验证码图片上的数字。

（8）index.jsp 为项目默认首页。

（9）3 个配置文件：applicationContext.xml、springmvc-servlet.xml 和 web.xml。

在上述内容中，大部分内容与前面所介绍的相同。下面主要介绍 3 个配置文件和 Controller 控制类的设计。

13.3.2 配置文件

1. web.xml 文件配置

在 web.xml 文件中添加 Spring MVC 的配置。其代码如文件 13-19 所示。

文件 13-19　web.xml 文件代码

```
1   <?xml version = "1.0" encoding = "UTF-8"?>
2   <web-app xmlns:xsi = "http://www.w3.org/2001/XMLSchema-instance" xmlns = "http://xmlns.
    jcp.org/xml/ns/javaee" xsi:schemaLocation = "http://xmlns.jcp.org/xml/ns/javaee http://
    xmlns.jcp.org/xml/ns/javaee/web-app_3_1.xsd" id = "WebApp_ID" version = "3.1">
3       <display-name>stuManagerSpring</display-name>
4       <welcome-file-list>
5           <welcome-file>index.html</welcome-file>
6       </welcome-file-list>
7       <context-param>
8           <param-name>contextConfigLocation</param-name>
9           <param-value>classpath:applicationContext.xml</param-value>
10      </context-param>
11      <listener>
12          <listener-class>org.springframework.web.context.ContextLoaderListener</listener-class>
13      </listener>
14      <filter>
15          <filter-name>encodeFilter</filter-name>
16          <filter-class>org.springframework.web.filter.CharacterEncodingFilter</filter-class>
17          <init-param>
18              <param-name>encoding</param-name>
19              <param-value>UTF-8</param-value>
20          </init-param>
21          <init-param>
22              <param-name>forceEncoding</param-name>
23              <param-value>true</param-value>
24          </init-param>
25      </filter>
26      <filter-mapping>
27          <filter-name>encodeFilter</filter-name>
```

```
28        <url-pattern>/*</url-pattern>
29      </filter-mapping>
30      <servlet-mapping>
31        <servlet-name>default</servlet-name>
32        <url-pattern>*.js</url-pattern>
33        <url-pattern>*.css</url-pattern>
34        <url-pattern>/images/*</url-pattern>
35      </servlet-mapping>
36      <servlet>
37        <servlet-name>springmvc</servlet-name>
38        <servlet-class>org.springframework.web.servlet.DispatcherServlet</servlet-class>
39        <init-param>
40          <param-name>contextConfigLocation</param-name>
41          <param-value>classpath:springmvc-servlet.xml</param-value>
42        </init-param>
43        <load-on-startup>1</load-on-startup>
44      </servlet>
45      <servlet-mapping>
46        <servlet-name>springmvc</servlet-name>
47        <url-pattern>/</url-pattern>
48      </servlet-mapping>
49    </web-app>
```

在上述文件中指定 Spring MVC 的配置文件为 springmvc-servlet.xml。

2. 创建 Spring MVC 的配置文件

在 src 文件夹下创建 springmvc-servlet.xml 文件,对 Spring MVC 进行配置,如文件 13-20 所示。

文件 13-20   springmvc-servlet.xml 文件代码

```
1    <context:component-scan base-package = "com.zte">
2        <!-- 只扫描控制器。 -->
3        <context:include-filter type = "annotation" expression = "org.springframework.stereotype.Controller"/>
4    </context:component-scan>
5        <!-- 3  配置视图解析器   ViewResolver -->
6        <bean class = "org.springframework.web.servlet.view.InternalResourceViewResolver">
7    <!--          (/WEB-INF/view/)   hello  (.jsp) -->
8            <property name = "prefix" value = "/WEB-INF/view/" />
9            <property name = "suffix" value = ".jsp" />
10   <!--       <property name = "viewClass" value = "org.springframework.web.servlet.view.JstlView" /> -->
11       </bean>
12       <mvc:default-servlet-handler />
```

通过配置文件的设置,使得每次请求都会到 Controller 当中去查找对应的请求。

13.3.3 Controller 控制类

以管理员模块为例介绍控制类的实现。

在 com.zte.controller 包中创建类 AdminController.java 文件,返回登录页面和添加学生

信息页面的代码如文件 13-21 所示。

文件 13-21　AdminController.java 文件的部分代码

```
1    @Controller
2    @RequestMapping("/admin")
3    public class AdminController {
4        @RequestMapping("/showLogin")
5        public String showLogin(){
6         return "login";
7        }
8        @RequestMapping("/addStudent")
9        public String addStudent(Model model,HttpServletRequest request){
10            String id = request.getParameter("id");
11           Student s = null;
12           if(id != null && !id.isEmpty()){
13               s = new StudentDao().findById(Integer.parseInt(id));
14           }
15           List<Grade> grades = new GradeDao().findAll();
16           request.setAttribute("grades", grades);
17           request.setAttribute("s", s);
18           return "adminpage/addStudent";
19       }
```

其他控制类的代码与之类似。

13.4　本章小结

本章主要讲解了学生管理系统的设计,分别介绍了本系统基于 MVC 模式和 Spring MVC 模式的实现。只有通过实训演练才能更好地掌握学习的知识点,也为将来就业积累经验。

图书资源支持

感谢您一直以来对清华版图书的支持和爱护。为了配合本书的使用,本书提供配套的资源,有需求的读者请扫描下方的"书圈"微信公众号二维码,在图书专区下载,也可以拨打电话或发送电子邮件咨询。

如果您在使用本书的过程中遇到了什么问题,或者有相关图书出版计划,也请您发邮件告诉我们,以便我们更好地为您服务。

我们的联系方式:

地　　址:北京市海淀区双清路学研大厦A座714

邮　　编:100084

电　　话:010-83470236　010-83470237

客服邮箱:2301891038@qq.com

QQ:2301891038(请写明您的单位和姓名)

资源下载:关注公众号"书圈"下载配套资源。

书圈

获取最新书目

观看课程直播